中国小城镇的问题、希望与路径

Problems, Prospects and Development Pathways of Small Towns in China

陈　鹏　魏　来　陈　宇　蒋　鸣
李　亚　郭文文　田　璐　张雨晴　著

中国建筑工业出版社

图书在版编目（CIP）数据

中国小城镇的问题、希望与路径 = Problems,
Prospects and Development Pathways of Small Towns
in China / 陈鹏等著 . -- 北京：中国建筑工业出版社，
2024. 12. -- ISBN 978-7-112-30610-7

Ⅰ. F299.21

中国国家版本馆 CIP 数据核字第 2024MC1904 号

责任编辑：吴　绫　吴人杰
责任校对：王　烨

中国小城镇的问题、希望与路径

Problems, Prospects and Development Pathways of Small Towns in China

陈　鹏　魏　来　陈　宇　蒋　鸣
李　亚　郭文文　田　璐　张雨晴　　著

*

中国建筑工业出版社出版、发行（北京海淀三里河路 9 号）
各地新华书店、建筑书店经销
北京雅盈中佳图文设计公司制版
天津裕同印刷有限公司印刷

*

开本：787 毫米 × 1092 毫米　1/16　印张：$18\frac{1}{2}$　字数：338 千字
2024 年 12 月第一版　2024 年 12 月第一次印刷
定价：188.00 元
ISBN 978-7-112-30610-7
　　（43899）

"月明乌镇桥边夜，梦里犹呼起看山。""绿水青山亭阁幽，三河交汇古城头。""一江烟水照晴岚，两岸人家接画檐。""君到姑苏见，人家尽枕河。古宫闲地少，水港小桥多。"自古以来，中国人对小城镇的印象就是如此地富有诗情画意和令人神往。然而，近些年来，小城镇似乎处于被"遗忘"、被"边缘化"的困境，成为一个"失去的世界"——活力在丧失，特色在遗失，人口在流失。

那么，当前中国的小城镇到底存在哪些问题？未来是否还有希望？如何选择正确的路径？很多人可能都有这样的疑问或困惑，也能滔滔不绝说上一番，但能够深入思考和系统梳理的恐怕不多，如果还能够纵横视野、条分缕析，那就更属难能可贵！从这个意义上讲，本书值得一读。

改革开放初期，在国家一系列政策的支持下，小城镇开始走向繁荣。在2000年以前，小城镇作为承接农村剩余劳动力转移的"蓄水池"、城镇化发展的主战场、经济发展的重要引擎，在我国经济社会发展和城镇化进程中发挥了重要作用。然而，进入21世纪以来，尤其是中国加入世界贸易组织之后，小城镇发展却似乎显得后继乏力，并没有延续以往的辉煌，其中到底隐含了什么深层次的发展逻辑？

当我们走出国门，已经不再惊讶于国外大都市鳞次栉比的高楼大厦和车水马龙的繁华街道，却常常流连忘返于一座座风景如画、闲适宜人的美丽小镇。反观我们的小城镇，除了极少数旅游型城镇之外，大部分小城镇的人居环境和建筑风貌都不尽如人意，低端工业化的建设模式大行其道，传统的文脉和有趣的肌理荡然无存，不仅与城市的差距越来越大，甚至不如很多地区的乡村建设。这真的只是政策和资金支持不到位，还是我们的建设理念与模式出了偏差？

当全国迈入新时代新征程，很多人关心"城之尾、乡之首"的小城镇在中国式现代化中将发挥怎样的作用。在古代，小城镇是农村大经济生产体系上的重要组织节点，是衔接国家管治和地方自治的弹性空间。在当前，小城镇肩负着在城镇化进程中衔接城乡发展、促进城乡要素双向流动的重要职责。在未来，小城镇的作用将更加多元，在很多国家战略中都能找到自己的位置，或许就像本书作者所言——小城镇可能不再是"主角"，但却是更加全能的"配角"。

当人们说起小城镇的未来发展，那就更是仁者见仁、智者见智。有的人看到了几个成功案例，就开始盲目乐观，以为复兴轻而易举；有的人碰了几次壁，就开始垂头丧气，变得消沉而无所作为。事实上，中国太大太复杂，我们对小城镇的发展要怀有敬畏之心，不能以偏概全，更不能摇摆于两个极端之间。否则，这样的认识和行为岂不就是盲人摸象？

1995年，费孝通先生曾经在《小城镇研究十年反思》里形象地说："我这10多年只吃了小城镇这颗核桃的肉，而丢了核桃的壳。软件固然味道好，硬件也应该注意，不然这小城镇就会熙熙攘攘，乱成一团，好好的江南水乡本色弄得乱糟糟，不成格局，更严重的是污染青山绿水，连鱼虾都遭了殃。城乡一体化说说容易，不留意就会出大毛病。"30年转瞬即逝，能否弥补先人的遗憾，就成为今人的责任。陈鹏博士团队的这本书，其实体现的正是这样一种"责任"。

最后，我用四句短语简略概括全书对中国小城镇的论述——贡献不可磨灭，问题不可忽视，作用不可替代，复兴不可速成。当然，还有很多精彩等待读者自己去发现、去体会。也希望有更多的人能够关注小城镇、研究小城镇，并投身小城镇建设事业当中。

中国城市规划学会理事长、全国工程勘探设计大师

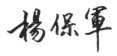

杨保军

在我国改革开放以来 40 多年的城镇化进程当中，小城镇发挥了十分特殊的作用。中国特有的城乡二元结构以及悠久的农业文明与乡土情结，使得我国的城镇化表现出对"三农"问题的高度敏感性，也让连城带乡的小城镇承担了不可替代的重要职责。因此，我国的小城镇既不能仅仅被理解为国家行政管理体系的末梢，也不能仅仅以规模效益来衡量其价值。

纵观我国小城镇的发展历程，可以看到小城镇的繁盛或沉寂与时代要求息息相关。1983 年，费孝通先生提出"小城镇、大问题"之后，小城镇开始走向繁荣，一方面是由于国家对小城镇发展建设的松绑，另一方面则是当时处于工业化与城镇化初期，发展小城镇是打破长期以来城乡隔离的一种低成本、渐进式城镇化模式创新。1998 年，国家提出"小城镇、大战略"之后，小城镇反而进入发展的调整期，背后的重要原因是世纪之交我国的发展逻辑发生了重大调整，小城镇的成本优势逐步被城市的集聚优势所取代。2002 年之后，我国对"三农"政策目标进行了重大调整，明确工业反哺农业政策转变的取向，促进城乡二元体制向一元体制转变，小城镇转向有重点的发展，成为城镇化和新农村建设互促共进的重要载体。2012 年，随着党的十八大报告提出了新型城镇化战略，构建"以工促农、以城带乡、工农互惠、城乡一体的新型工农、城乡关系"，小城镇发挥着城乡之间重要的中介和缓冲功能，起到更加多元化的作用，发展分异特征日益显著。如今，在"双循环"新发展格局下，小城镇又被赋予了新的时代使命。畅通城乡循环、促进城乡融合发展是构建新发展格局的重要环节，而小城镇在促进城乡要素双向流动过程中具有独一无二的优势地位。

在中国式现代化新征程中，小城镇有着不可取代的战略价值。超大的规模体量、显著的地域差异、紧张的人地关系、悠久的农业文明，决定了我国不能片面强调发展大中城市或小城镇，而是要真正做到各级、各类城镇协调发展。小城镇承担的主要任务，不在于服务经济发展，而是更加强调服务农业农村、带动乡村振兴、维护安全稳定等。小城镇提供了多样化的城镇化路径选择，降低了城镇化过程中的社会风险和成本，有利于国家粮食安全和构建新型城乡关系。小城镇是区域分工的重要环节，也是城乡体系的重要节点，在推动城乡公共服务均衡方面发挥着重要作用。小城镇具有亲近自然的先天优势，有利于建设成为绿色低碳、优美宜居的空间场所。很多小城镇历史较为悠久，相对完整地保留了丰富的历史文化资源，也是非物质文化遗产、民俗文化的重要载体，有利于农耕文明的传承以及和现代文明的互动。边境地区的小城镇，在守土固边方面意义重大，是安邦定国的前沿阵地、内陆沿边开放的重要载体、跨境民间交往的门户枢纽。此外，小城镇作为乡村地区的治理中心，在夯实国家治理根基、维护社会稳定方面也起着"压舱石"的作用。

理想很丰满，现实却很骨感。近20年来，伴随着社会经济地位和作用的下降，长久不被重视制约了小城镇功能的发挥，小城镇的发展、建设、治理、保障等方面，均出现了显著的问题。由于小城镇自身发展不理想，加之国家政策方向主要聚焦于县城和村庄两个层级，对小城镇战略作用的质疑也开始增多，行动也变得迟缓和犹疑不决。

事实上，小城镇发展和建设都必须久久为功。从国内外的经验看，一般都需要为小城镇提供20年左右的培育期，完善相关的配套政策，加强各类要素支撑保障，为小城镇健康发展注入动力。同时，应根据不同区域、不同阶段的差异，明确小城镇建设工作重点，循序渐进推进实施。创新小城镇建设管理机制，加强人、地、财等各类要素的保障，对有发展潜力的小城镇充分实现放权，引领小城镇差别化、特色化发展。针对不同类型的小城镇，实现差异化的建设指引，重点培育"三农"服务、加工制造、商贸流通、历史文化、休闲旅游、抵边固边等方面的专业化职能，突出小城镇在区域分工中扮演的角色，并引导小城镇发展从个体分化走向区域分工，实现和城市群都市圈、乡村地区的协同联动与统筹发展。

小城镇发展建设一直是社会关注的热点议题之一。本书通过全面的现状分析与问题剖析，找到小城镇目前面临问题的根源所在，对小城镇的发展趋势作出研判，并重点探讨了新形势下小城镇的战略作用。通过对国内外小城镇建设经验的比较研究，为中国小城镇的发展提供宝贵的借鉴和启示。本书提出的优化小城镇发展建设的战略路径，不仅为政府决策提供了参考，也为小城镇的可持续发展指明了方向。本书不仅是对小城镇发展问题的一次全面梳理和思考，更是对未来小城镇建设路径的一次积极探索，可以为小城镇问题的学术研究和地方发展建设提供一定的借鉴。

当然，正如费孝通先生在 1983 年所说，"小城镇研究是一个长期的研究课题""我们今天对于小城镇的认识，过些时候回头一看，如能发现它的肤浅和幼稚，那就证明我们的认识有了进步"。因此，本书必然存在诸多不足和局限，诚盼各位读者批评指正。只要能在小城镇认识的道路上前进哪怕一小步，此心足矣！

·中篇· 希望何在?

· 附录 ·

1 | 导论

1.1 何谓小城镇？

从 20 世纪 80 年代费孝通先生提出"小城镇、大问题"以来，小城镇已逐渐成为一个耳熟能详、家喻户晓的名词，这一概念也常见诸政府报告、政策文件及学术研究中。然而，对于小城镇的概念却一直没有清晰的界定。各界对小城镇的概念始终没有达成共识，甚至随着时间的流逝反而有了更大的分化，多学科的交叉、理论与实践的错位以及社会发展的动态性等造成了小城镇这一概念的模糊与多义[1]。

对小城镇概念的界定并非易事。从国际比较视野来看，对小城镇的界定标准存在差异，亚洲、欧洲、北美等不同区域、不同国家具有不同的界定标准。从政策制定的角度看，不同时期、不同地区对小城镇这一概念的界定也存在诸多差异。从学术上讲，小城镇并非一个严格科学意义上的专有名词，而是一个极易含混不清的概念，与之相关联的词还有"镇""建制镇""集镇""市镇""乡镇""村镇"等[2]。

小城镇在中国有特殊的语境，它不仅仅属于小城市或建制镇范畴，也不仅仅属于乡集镇范畴，是城市、农村在城镇化进程相互耦合的过程中产生的，其在不同的情境下有不同的定义。客观上看，应当允许对这一概念有不同的理解，不必也很难强求一律。但在开展具体研究前，仍需要明晰小城镇的基本概念，让相关研究工作有一个能够共同讨论的基本平台。

1.1.1 我国小城镇概念的演进

（1）改革开放至 20 世纪 80 年代中期："小城镇"被广泛使用，但概念相对笼统

1965 年，毛泽东同志在对《长冈乡调查》的批注中提到"小城镇"，指出"只是因为当时'左'倾路线的中国共产党中央一定要在乡村中及在落后的小城镇中（那里只有手工业，没有机器工业），命令工人领导农民①"，这是目前查到小城镇概念最早的出处。

改革开放后，小城镇已经被广泛使用。例如，1979 年《中共中央关于加快农业发展若干问题的决定》提出"有计划地发展小城镇建设和加强城市对农村的支援";20 世纪 80 年代初,费孝通先生也提出,小城镇已经成为约定俗成的习惯性名词[3]。虽然小城镇这一名词已经被广泛使用,但这一时期小城镇的概念仍然相对笼统。1979 年,《中共中央关于加快农业发展若干问题的决定》中所指代的小城镇,其范畴大致包含了县城、县以下经济比较发达的集镇或公社所在地、大城市周边新建的卫星城镇等②。费孝通先生将小城镇定义为"新型的正在从乡村性的社区变成多种产业并存的向着现代化城市社区转变中的过渡性社区,它基本上已脱离了乡村社区的性质,但还没有完成城市化的过程。"但当时小城镇具体的指代对象也较为宽泛。例如,费孝通先生在对吴江县小城镇的研究中,就提到了小城镇的三个分层和五个级别,主要包括县属镇(县城、非县城县属镇)、公社镇(商业人口接近县属镇的公社镇、设有公社商业机构的镇)、大队镇,可见当时小城镇情形之复杂[3]。

(2)20 世纪 80 年代中期至 21 世纪初:小城镇概念逐步明确具体

从 20 世纪 80 年代中期开始,小城镇的概念开始得到较为明确的界定。1984 年,《关于调整建制镇标准的报告》指出:"现在对已具备建镇条件的地方,地方政府要积极做好建镇工作,成熟一个,建一个,不要一哄而起。要按照建镇标准,搞好规划,合理布局,使小城镇建设真正起到促进城乡物资交流和经济发展的作用。"文件同时明确了建制镇的设置标准,根据这 文件,小城镇主要指建制镇(包括县城城关镇)。

此后,国家相关政策中基本延续了这一界定标准。2000 年 6 月中共中央和国务院出台《关于促进小城镇健康发展的若干意见》。根据 2000 年 7 月 5 日人民日报发表的《积极稳妥推进小城镇发展》一文,小城镇的内涵是"指国家批准的建制镇,包括县(市)政府驻地镇和其他建制镇"[4]。2002 年,党的十六大报告中指出,"发展小城镇要以现有的县城和有条件的建制镇为基础,科学规划,合理布局,同发展乡镇企业和农村服务业结合起来"。结合这一报告,小城镇的内涵仍然是指国家批准的建制镇,但针对当时小城镇建设盲目攀比、盲目扩大的倾向,报告对小城镇建设的重点进行了聚焦。2006 年,《小城镇建设技术政策》中指出,"小城镇发展的重点是县城镇和部分区位优势明显、基础条件好、发展潜力较大的建制镇,逐步按照区域规划和经济发展需要,强化小城镇的功能,使其真正成为所在地区的经济文化中心"。由此可见,这一时期政策文件中的小城镇均主要指建制镇(包括县城城关镇)。

(3)21 世纪以来:对小城镇概念的认识视角更加多元

21 世纪之初,各界对小城镇的关注增加,小城镇的分化也越来越明显。国内许多学者从社会学、地理学、经济学、管理学等不同视角对小城镇的概念进行界定，也有学者尝试从跨学科整合的视角进行概念界定[5][6]；不同地区在政策制定过程中，小城镇所指的对象也存在较大差异。这一时期开始，对小城镇概念的认识视角更加丰富，小城镇的概念也变得更加模糊。总体上看，大致可以分为三种不同的认识视角。

一是基于居民点体系视角。这种观点主要从镇区人口规模角度界定小城镇，可以将小城镇理解为城镇体系中的一环。例如，李国庆等主张将小城镇从建制镇中抽离出来，3万～10万人规模的为小城镇，以发展二三产业为主，一般建制镇人口在3万人以下，主要服务于周边农村社区[7]；何兴华则认为可以用小城市的市区、建制镇的镇区和各类集镇作为当今中国居民点意义上的小城镇[8]。

二是基于行政管理视角。这种观点认为建制镇与非建制镇在行政体制、社会管理、财政税收等方面存在着明显的区别，小城镇主要就是指建制镇。例如，王雪芹等认为县城和建制镇在经济发展、城镇建设、产业结构、人口规模等方面同时具备"城"属性和"村"属性，更能反映小城镇连接城市和乡村的特性，因此将小城镇界定为包含县城城关镇的全部建制镇，不包含乡及县级市[9]；晏群则认为小城镇应指行政建制"镇"的"镇区"[10]。

三是基于政策对象视角。作为政策对象的小城镇的界定是某种政策的适用范围，这虽然也是治理手段，但是时效往往更短，具有更多的公共权力动态干预的特征。《成都市小城镇规划建设导则（试行）》（2008）中，将小城镇界定为县城、重点镇之外的一般乡镇；《浙江省美丽城镇建设指南（试行）》（2019）、《湖北省"擦亮小城镇"建设美丽城镇三年行动实施方案（2020–2022年）》中，均将小城镇界定为"建制镇（不含城关镇）、乡、独立于城区外的街道建成区"。何兴华曾指出，小城镇发展的争议，往往是误将作为居民点和管理单位的现有小城镇，与作为政策对象的小城镇混为一谈。

1.1.2 国际上相关概念比较

（1）日本

日本的行政区划分三级：中央—都道府县—（区）市町村。在行政体制层面，日本将作为基础自治单位的"市町村"中的市定义为城市，町、村定义为农村[11]。在人口规模方面，日本设市的标准为人口5万人以上，在2004年所指定的市町村合并特别条例中，允许3万人以上设市。町、村虽统一作为农村，但两者也有差别。其中，村是乡村地区，町是在城镇化发展程度方面介于（区）市和村之间的地区。因此，在传统意义上，可以将日本的町类比为我国的小城镇[12]。在昭和大合并（1953～1961年）过程中，以学校为基准（建立一所中学所需的人口规模），为町、村制定了8000人的人口规模标准[13]。因此，可以大致判断当时日本小城镇的人口规模在8000人至5万人之间。

在昭和大合并后，随着市、町、村范围的扩大，传统的统计模式表现出一定的不适应性，日本开始使用"人口集中区"（即DID）概念进行城乡划分。然而，这一标准非常严苛（对人口密度和规模都有较高的要求），导致日本大量城市型的建筑区域不被计入人口集中地区，根据统计，全日本有一百多个市没有DID[14]。因此，从国际比较的角度，将日本的町类比为我国的小城镇仍更为贴切③。

（2）美国

从法律和政府运营的角度来看，美国的城（City）、镇（Town）、村（Village）大多为宪法赋予自治权的自发成立的地方政府，三者之间、三者与县政府均无从属关系④，城、镇、村的区分主要参考各州宪法规定的成立自治政府的标准（城的标准不一定比镇和村高，各州差异也很大，有的州甚至没有设市设镇的人口标准），以及居民点的自身认知。

从统计角度来看，美国人口普查局提供了城乡分类标准。20世纪50年代以前，美国人口普查局将任何人口大于2500以上的居民点定义为城市。在20世纪50年代，随着郊区化的不断加剧，美国人口普查局引入了城市化地区的概念，将人口达到或超过5万人的建制市边界内密集居民点定义为城市化地区（Urban Areas），将人口在2500人到5万人之间的建制市边界外的密集居住社区均定义为城镇组群（Urban Clusters）。到2020年，美国人口普查局开始采用最新的统计标准，将城市化地区和城镇组群这两个概念合并，城镇人口达到5000人或住房单元达到2000个的地理空间单元都被定义为城市化地区[15]。

总体而言，为提供可用于国际比较的小城镇概念，可采用最新人口普查中所使用的5000人标准作为美国小城镇的最低人口门槛；仍沿用上一版人口普查中所使用的5万人标准作为美国小城镇的人口上限，以此区别小城镇和城市。因此，可以将人口在5000人到5万人之间的地理空间单元视作美国的小城镇。

（3）欧洲

为便于国际比较和欧盟区域政策的实施，欧盟统计局采用人口栅格数据建立了城市化程度的分类标准和技术术语，通过人口密度和人口规模两个指标，定义城市、城镇和乡村地区。欧盟界定了密集城镇和半密集城镇两个城镇类型，密集城镇是指人口在 5000 人以上、每平方公里至少有 1500 人的居民点；半密集城镇是指人口在 5000 人以上、每平方公里至少有 300 人的居民点；人口规模超过 5 万人的大型聚落即为城市。因此，人口在 5000 人到 5 万人之间、每平方公里人口大于 300 人的聚落可以视作城镇。另外，欧洲城镇技术报告在城市化程度的框架下继续对城镇进行分类，将人口在 5000 人到 1 万人之间的居民点分为小型城镇，将人口在 1 万人到 2.5 万人之间的城镇分为中型城镇，人口在 2.5 万人到 5 万人之间的居民点分为大型城镇[⑤]（表 1-1）。

欧盟城镇（市）分类 表 1-1

居民点类型	人口规模等级	城镇（市）数量	城镇占比
小型城镇	5000 ~ 1 万人	4872	61%
中型城镇	1 万 ~ 2.5 万人	2372	30%
大型城镇	2.5 万 ~ 5 万人	729	9%
所有城镇	5000 ~ 5 万人	7973	100%
城市	> 5 万人	685	—

数据来源：欧盟统计局，2023

同时，各国统计局根据具体情况也制定了城乡分类标准。以英国为例，"城"的标准更多取决于地方政府是否被授予城市地位。英国现在具有城市地位的城镇聚落主要由三类构成：一类是早期没有详细记载何时、如何被授予城市地位的聚落；第二类是过去因拥有教区大教堂而获得城市地位的聚落；第三类是英国君主依据《英皇制诰》授予城市地位的聚落，君主决定在重要的皇家周年纪念等场合举行城市地位竞赛，聚落可报名参与竞赛以获得被授予城市地位的荣誉，一般由君主根据大臣们的建议亲自下令授予。从法律和行政管理角度来说，英国城和镇的区别就是是否被授予城市地位。

从英国统计局的建成区（Built-Up Area）规模分类报告来看，人口在 5000 人到 20 万人的建成区可以归类为城镇，其中人口在 5000 人到 7.5 万人的建成区可以归类为中小城镇；另外，英国统计局在城镇分析报告中将人口在 5000 人到 22.5 万人之间的建成区定义为城镇，其中人口大于 7.5 万人的城镇为大型城镇和城市。结合这两份官方报告，我们认为可以将英国人口在 5000 人至 7.5 万人之间的建成区视作中小城镇，人口超过 7.5 万人的建成区为大型城镇，城市的人口规模门槛大约在 20 万人（表 1-2）。

英国建成区规模分类 表1-2

常住人口数量范围	建成区规模类型	近似聚居点类型
0~5000人	微型	村落或村庄
5000~2万人	小型	大型村庄或小型城镇
2万~7.5万人	中型	中型城镇
7.5万~20万人	大型	大型城镇或小型城市
>20万人	特大型	城市

数据来源：英国国家统计局，2021

（4）小结

总体上看，国际上小城镇概念的界定主要基于行政建制和人口规模两个维度。从行政建制角度来看，各国独特的制度历史导致基层政府的组成方式和建制标准不一，例如，日本在应对城乡"过密—过疏"问题的过程中曾提出统一的标准，而美国和欧洲的基层政府自古以来多以自治成立为主而无统一建制标准。从人口规模角度来看，多个国家及地区均由统计部门制定以人口数量和人口密度为主要指标的量化方式，以科学计算城镇化率和辨别小城镇；不同国家的小城镇人口规模上限和下限指标存在较大共性——当一个地理空间单元或是居民聚居点的人口在5000人至5万人时可以认定为小城镇；部分国家还将人口密度作为小城镇界定的指标，但由于不同地区人口分布情况差异较大，导致国家之间人口密度指标缺乏可比性（表1-3）。使用人口规模为统计量化的依据易于在国际上达成共识，可以成为跨国小城镇建设研究的基础，对中国完善城镇分类标准有较大借鉴意义。

国际小城镇概念比较 表1-3

小城镇内涵	人口规模等级	日本	美国	欧洲
作为行政单位	类似行政层级	行政区划中的町类	城、镇、村三类地方政府	没有城市地位的城镇
	人口上限指标	3万人或5万人	各州标准不一	
	人口下限指标	8000人		
作为统计单元	人口上限指标	—	5万人	5万人
	人口下限指标	5000人	5000人	5000人
	人口密度指标	4000人/平方公里	—	300人/平方公里

资料来源：笔者自制

1.1.3 本书对小城镇的界定

通过梳理可以发现，虽然对小城镇的界定比较模糊，但总体上存在一定的共识，即认为小城镇属于空间规模较小的非农业人口居民点，它是我国城镇体系之尾、乡村发展之头，是连接农村和城市的过渡地带。

因此，对小城镇的概念界定大致有以下几种类型（表1-4）：①按照乡村地域具有城市特征的空间概念，小城镇是各级各类镇，包括县城关镇、建制镇及一般集镇，这是最为广义的界定；②按国家现行的行政建制规定划分，小城镇可界定为建制镇（含县城城关镇）；③按在乡村区域发挥的功能划分，小城镇为建制镇（不含城关镇）和集镇；④按照人口规模划分，小城镇为一定规模的建制镇；⑤综合行政建制规定与乡村区域服务功能，小城镇是县城城关镇之外的建制镇。可见，对小城镇实体形态的不同解释，主要的分歧集中于一点，即小城镇是否包括集镇和城关镇。

对小城镇概念界定比较 表1-4

界定视角	县城城关镇	县城城关镇之外的建制镇	集镇
乡村地域具有城市特征的空间	包含	包含	包含
国家现行的行政建制规定	包含	包含	不包含
在乡村区域发挥的功能	不包含	包含	包含
人口规模	不包含	部分包含	不包含
综合行政建制规定与乡村区域服务功能	不包含	包含	不包含

资料来源：笔者自制

总体上看，集镇一般规模较小、农业人口占比高，在实际中更多按照乡村地区管理，因此，不建议纳入小城镇的范畴；县城城关镇作为县域核心，为整个县域服务，在实际工作中已经形成了相对健全的管理要求。城关镇以外的建制镇，城镇人口占比较高，服务于整个镇域乃至更大区域，建设形态和风貌又区别于城市和乡村，是我国基层治理的重要单元，更接近一般意义上的小城镇。出于研究需要，本书将小城镇界定为县城城关镇之外的建制镇。同时，重点关注镇区而非镇域，特指建制镇（非城关镇）实际或规划成片开发建设、市政公用设施和公共设施基本具备的地区，不包含周边的农村地区。此外，在我国东部沿海省份，出现了一批人口规模较大的镇（镇区常住人口超过10万人），这些镇的实际管理需求已经和传统的小城镇明显不同，在建设管理需求方面更加接近小城市；同时，也有部分建制镇实际上已经与县城或城市连片发展，这些镇是否纳入小城镇的范畴也可进一步讨论。

当然，从更长远的视角看，小城镇的概念可以进一步与国际接轨。对比国际经验，可以发现各个国家根据各自社会经济发展的特点，制定了不同的城镇定义标准，除基于法律和行政体制的规定外，人口规模是界定小城镇的核心指标，这与我国以行政建制作为界定小城镇的主要依据有比较明显的区别。小城镇归根结底是一种居民点，以人口集聚为基础，人口指标是最能反映小城镇发展潜力的综合性指标。不同规模的小城镇，在不同地区的作用可能不一样，但适用的经济社会规律是共通的。从今后的发展趋势看，建制镇内部的分化将越来越明显，特别是规模差异将十分显著，把建制镇笼统界定为小城镇，在政策制定过程中容易出现偏差，只有建立了定量的界定标准，才能逐步建立科学的政策支持。因此，可以借鉴国际经验，进一步探索建立基于人口规模视角的小城镇界定标准。

1.2　何谈小城镇?

我们为什么要关注小城镇?

小城镇是个特别的地方。它既不像城市那样人多地大、高楼林立，但也少了很多喧嚣与拥挤；也不像乡村那样人烟稀少、偏僻寂寥，而是多了一些繁华与温情。小城镇兼具城市和乡村的特点，并有自己独特的价值和认同感，镇上的居民有自己的就业途径，也有交际和娱乐的生活方式。然而，无论是国外还是国内，小城镇的发展似乎都面临一定的挑战和困境，尽管由于发展阶段和背景条件的不同，这些挑战和困境有相当大的差异，但都值得我们投入更多的关注。

1.2.1　放眼国际：在全球化冲击下，实现可持续发展

在国际上，小城镇一般指不超过 5 万人的城市地区。由于优良的自然环境、高水平的公共服务以及独特的文化魅力，发达国家的小城镇往往是城镇化的高端形态，大量的人口居住在小城镇，并且居住的人多为中产阶层甚至富裕阶层。在这些居民的心目中，小城镇是这个高速运转世界中的避风港，他们可以在小城镇中从容地全球思考、在地行动。然而，越来越多的人发现，全球化从两个方面破坏了很多小城镇的独特性，开始威胁着它们的活力和文化，威胁着慢节奏的惬意和舒适 [16]。

一方面，全球化带来的国际劳动分工的改变，一些小城镇由于区位交通和规模集聚的劣势，没有足够的比较优势来维持竞争力，导致了几十年经济和人口的停滞。外迁的人口大部分是聪明、有活力和有教养的年轻人，而留下日益老龄化的人

口，眼光越来越狭隘、局限，缺乏远见和领导能力。由于经济衰落以及日益局限的应变能力，环境恶化和社会萧条就成了长期的问题。

另一方面，全球化无情地导致了地方企业的衰落，地方特色、特点和场所感也随之丧失。全球经济的互相依赖性和重组已经削弱和干扰了地方经济，并使它们前所未有地面对来自外部的控制。与全球化相关的社会和文化力量已经覆盖了地方的社会和文化习俗，全球化创造了一个不安分的世界——越来越多的小城镇改变了它们当初的样子，也越来越难保持地方的独特性。镇中心曾经集中了独立的肉店、报摊、烟摊、酒吧、书店、杂货店和家庭运营的小商店，现在正迅速被标准化超市、快餐连锁、手机店和全球时尚品牌过季产品打折店所取代。很多传统的地方食品、小商品消失了或者处于消失的边缘，这种趋势不仅侵蚀了地方小企业，而且也缩小了消费者的选择范围，以及多样性和创新。因此，大量的小城镇逐渐丧失个性，不再是当地居民和来访者可以轻松识别和区分的"家园镇"，而沦为乏味的、千镇一面的"克隆镇"。

1.2.2 聚焦国内：在国家新格局中，找准定位、重塑活力

改革开放初期，小城镇在我国经济社会发展和城镇化进程中发挥了重要作用，主要体现在三个方面。第一，小城镇是经济发展的重要引擎。2000年，我国国内生产总值的近1/3、农民收入的1/3、工业增加值的近1/2、出口创汇的近2/5、农村社会增加值的近2/3都来自乡镇企业。第二，小城镇是城镇化发展的主战场。1985年到2000年，我国城镇化水平每年提高0.83个百分点，其中，小城镇贡献0.46个百分点，超过城市贡献的0.37个百分点。第三，小城镇是承接农村剩余劳动力转移的"蓄水池"。2000年，稳定转移的农村劳动力数量约1.13亿，在城镇就业的比例约65.81%，其中，在建制镇的比例约24.54%，超过县级市的13.54%、地级市的14.53%和省会城市的13.20%（图1-1）[17]。

1998年《中共中央关于农业和农村工作若干重大问题的决定》强调"发展小城镇，是带动农村经济和社会发展的一个大战略"，这即是所谓"小城镇、大战略"的由来。自此以后，"促进大中小城市与小城镇协调发展"成为我国城镇化战略的主要基调。

然而，进入21世纪后，小城镇的发展动力却逐步减弱，经济效率低下、环境问题突出、建设水平不高等短板显现，对小城镇战略作用的争论逐渐增多。同时，在党的二十大报告中，城镇化的战略表述并未提及小城镇，而是提出"以城市群、都

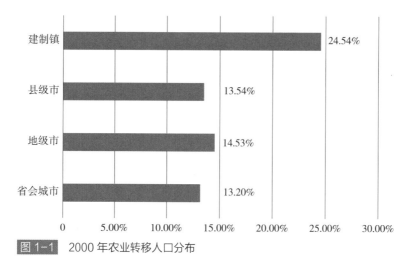

图 1-1 2000 年农业转移人口分布

资料来源：笔者参考《中国小城镇发展战略研究》一文绘制

市圈为依托构建大中小城市协调发展格局，推进以县城为重要载体的城镇化建设"，"小城镇"几个字不见踪影，很多人开始困惑国家层面是否仍然重视小城镇。那么，"小城镇"是否还是"大战略"，或者说在新时期的国家发展战略格局中，小城镇是否还有其独特的价值，已经成为我国城镇化和经济社会发展不可回避的重大课题。

因此，本书试图重点回答三个问题：

（1）问题何由——小城镇的发展为何陷入困境？

（2）希望何在——小城镇面临的形势和趋势是什么？

（3）路在何方——我们应如何认识和发展新时期小城镇？

注释：

① 批注的位置是"选民登记"部分的"工人领导"问题：对于工、农选举代表标准的分别，群众中有生疑问者。正确了解"工人领导"这个问题的，全乡不足十分之一。

② 该文件指出，"有计划地发展小城镇建设和加强城市对农村的支援……全国现有两千多个县的县城，县以下经济比较发达的集镇或公社所在地，首先要加强规划，根据经济发展的需要和可能，逐步加强建设。还可以运用现有大城市的力量，在它们的周围农村中，逐步建设一些卫星城镇……"。

③ 目前，日本町的数量约 750 个。

④ National League of Cities，2020.

⑤ EuroStat，2023.

参考文献：

［1］吴闫.我国小城镇概念的争鸣与界定[J].小城镇建设，2014（6）：50-55.

［2］邹兵.小城镇的制度变迁与政策分析[M].北京：中国建筑工业出版社，2003.

［3］费孝通.费孝通论小城镇建设[M].北京：商务印书馆，2021.

［4］积极稳妥推进小城镇侧重发展.人民日报，2000-07-05（2）.转引自小城镇的制度变迁与政策分析.

［5］宁越敏，项鼎，魏兰.小城镇人居环境的研究：以上海市郊区三个小城镇为例[J].城市规划，2002（10）：31-35.

［6］石忆邵.中国农村小城镇发展若干认识误区辨析[J].城市规划，2002（4）：27-31.

［7］李国庆，王广和，李宏伟，等.小城镇概念的界定及其他[J].四川建筑科学研究，2007（4）：212-214.

［8］何兴华，张立.小城镇发展战略的由来及实际效果[J].小城镇建设，2017（4）：100-103.

［9］王雪芹，戚伟，刘盛和.中国小城镇空间分布特征及其相关因素[J].地理研究，2020，39（2）：319-336.

［10］晏群.小城镇概念辨析[J].规划师，2010，26（8）：118-121.

［11］冯旭，王凯，毛其智.基于国土利用视角的二战后日本农村地区建设法规与规划制度演变研究[J].国际城市规划，2016，31（1）：71-80.

［12］张立，白郁欣.东亚小城镇建设与规划[M].北京：九州出版社，2022.

［13］焦必方，孙彬彬.日本的市町村合并及其对现代化农村建设的影响[J].现代日本经济，2008（5）：40-46.

［14］陈鹏，魏来.基于国际比较的我国远景城镇化水平研判及其思考[J].城市发展研究，2020，27（7）：33-39.

［15］Department of Commerce Census Bureau（2022）.Urban Area Criteria for the 2020 Census—Final Criteria. Federal. Register/Vol.87，No.57/Thursday，March 24，2022/Notices.

［16］保罗·L.诺克斯，诺克斯.小城镇的可持续性：经济、社会和环境创新[M].易晓峰，苏燕羚，译.北京：中国建筑工业出版社，2018.

［17］袁中金.中国小城镇发展战略研究[D].上海：华东师范大学，2006.

上篇
问题何由？

当前小城镇的现状特征
改革开放以来小城镇的发展历程
小城镇面临的主要问题及其根源

2 | 当前小城镇的现状特征

2.1 小城镇人口规模与演变

2.1.1 小城镇人口规模与分布

（1）全国小城镇人口规模与结构

小城镇人口规模总量大，平均人口规模较小。根据第七次全国人口普查数据计算，2020 年小城镇镇区常住人口总规模约 1.6 亿人，占全国城镇人口的 17.7%，平均每个镇区常住人口约 0.9 万人。

小城镇人口规模分布差异大。从镇域来看，人口最多的是广东省佛山市南海区狮山镇，2020 年常住人口达到 95.53 万；最少的是内蒙古自治区呼伦贝尔市额尔古纳市恩和哈达镇，仅 14 人。从镇区来看，2022 年，全国 74% 的建制镇镇区常住人口在 1 万人以内，20.9% 的镇区常住人口为 1 万人至 3 万人，3 万人以上的镇占 5.1%。其中，以国际通行的标准来看，5000 人到 5 万人之间的镇数量约占 50.7%，人口规模则占建制镇镇区常住人口总量的 67.4%（图 2-1、图 2-2）。

（2）不同地区小城镇人口规模特点

不同人口规模的小城镇分布地区差异显著。河北、辽宁、黑龙江、江西、贵州、陕西等省份镇区常住人口达到 5 万人以上的小城镇占比不足 0.5%，江苏、浙江

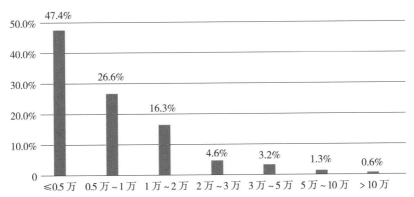

图 2-1 2022 年全国不同镇区人口规模的小城镇数量占比

数据来源：中国城乡建设统计年鉴

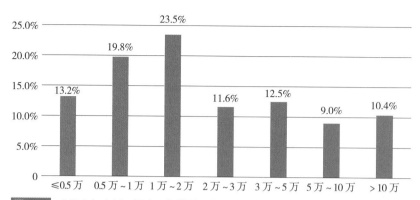

图 2-2　2022 年全国不同人口规模的小城镇人口占比

数据来源：中国城乡建设统计年鉴

等省份占比则超过 5%。云南、西藏、甘肃、新疆等省份（自治区）没有镇区常住人口 5 万以上的小城镇，1 万人以内的小城镇占比在 90% 左右（图 2-3）。

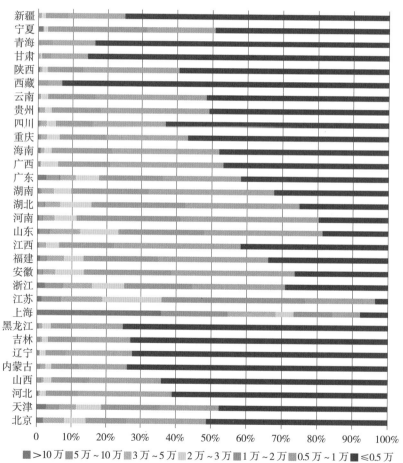

图 2-3　2022 年全国 31 个省（自治区、直辖市）不同人口规模小城镇数量占比

数据来源：中国城乡建设统计年鉴

2.1.2　小城镇人口增减情况

（1）小城镇人口增减分化

小城镇人口增减情况分化明显。2016年，全国小城镇详细调查数据显示，不同类别、不同情况的小城镇人口增长率差异大，具有一定人口规模和产业发展动力的镇人口增长较快，经济欠发达地区的镇人口明显减少（图2-4、图2-5）[1]。根据2020年同济大学《建制镇数据汇总统计分析报告》，镇区人口增长、稳定、减少的小城镇约各占1/3。城关镇和其他小城镇的人口变化情况也存在较大差异，以晋城市陵川县为例，除县城驻地崇文镇外，2010年至2022年间，小城镇人口均呈流出状态（图2-6）。

（2）小城镇人口增长特点

人口增长的小城镇呈现镇区人口增长比镇域快，常住人口增长比户籍人口增长快的特点。2005～2015年间，全国121个调查小城镇镇域户籍人口平均增长15%，常住人口增长17%；镇区户籍人口增长38%，常住人口增长41%。根据中国城乡建

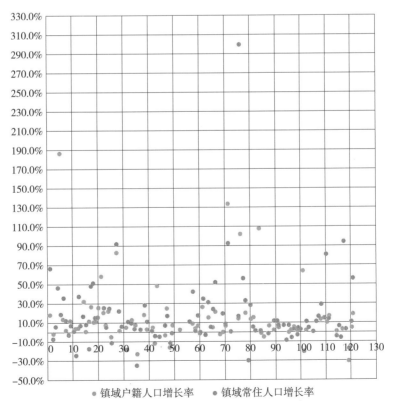

图2-4　小城镇2005～2015年镇域户籍人口和常住人口增长率分布

资料来源：《说清小城镇：全国121个小城镇详细调查》

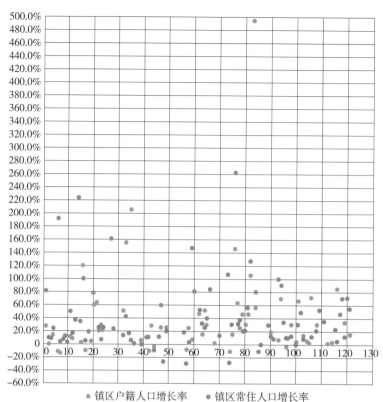

图 2-5 2005 ~ 2015 年镇区户籍人口和常住人口增长率分布

资料来源：《说清小城镇. 全国 121 个小城镇详细调查》

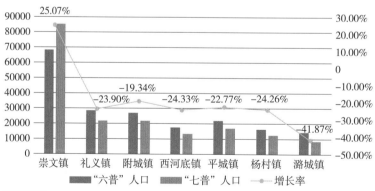

图 2-6 晋城市陵川县小城镇人口变化情况

数据来源：陵川县第七次全国人口普查公报

设统计年鉴数据，近 3 年镇区常住人口平均增速为 0.45%，比户籍人口增速快 0.27%（图 2-7）。

2022 年，31 个省、自治区、直辖市（不含港澳台）中有 25 个常住人口与户籍人口比值大于 1。分地区看，东部地区小城镇镇区人口吸引力强，常住人口与户籍

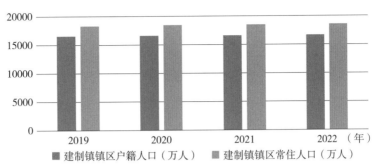

图 2-7　建制镇镇区户籍人口与常住人口变化情况
数据来源：中国城乡建设统计年鉴

人口之比为 1.26，其中，上海市小城镇镇区常住人口超过户籍人口 1 倍。中部、西部地区小城镇镇区常住人口与户籍人口比值基本相当（表 2-1）。东北地区小城镇镇区人口流失情况普遍，常住人口与户籍人口比值仅为 0.96，其中，吉林和黑龙江小城镇镇区常住人口流失较为严重（图 2-8）。

2022 年分地区建制镇镇区常住人口与户籍人口情况　　　　　　　　表 2-1

地区	镇区常住人口（万人）	镇区户籍人口（万人）	常住人口 / 户籍人口比值
东部地区	8260.24	6563.44	1.26
中部地区	5220.50	5129.62	1.02
西部地区	4241.98	4124.85	1.03
东北地区	752.10	783.09	0.96

数据来源：中国城乡建设统计年鉴

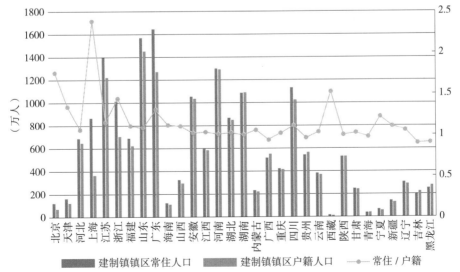

图 2-8　2022 年全国 31 个省（自治区、直辖市）建制镇镇区常住人口与户籍人口情况
数据来源：中国城乡建设统计年鉴

2.1.3 小城镇人口迁移特点

（1）小城镇镇域人口主要流向城市和县城

2016 年小城镇调查显示，镇域户籍人口中约有 18% 外出务工，外出务工人员占镇域人口 20% 以上的镇占了四成，劳务输出成为部分小城镇家庭的主要收入来源（图 2-9）。小城镇流失的人口中约四成到大城市、县城工作居住，或在县城工作但在镇里居住。小城镇对外来人口的吸引力和吸引范围都有限，即使在经济较为发达的省份小城镇镇域人口收缩也十分普遍，如江苏省调研的 61 个小城镇中，超过 80% 常住人口在 2010 年至 2020 年间呈减少的状态，其中约一半的小城镇人口减幅达 20% 以上 [2]。

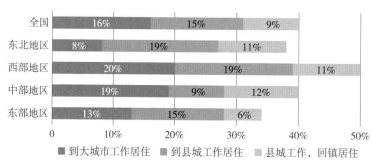

图 2-9 不同地区小城镇外出务工人员去向分布

数据来源：《说清小城镇：全国 121 个小城镇详细调查》

（2）小城镇镇区人口来源多元化

从不同小城镇来看，受资源禀赋、区域分工等影响，人口流入、流出情况不一。在许多小城镇人口向县城、城市梯度转移的大趋势下，有条件的小城镇吸引着退休人员、远程办公人员、文化创意从业人员、旅居者等。农村居民因为改善生活条件、方便子女上学、工作等原因搬迁到镇区。如温州市鳌江镇吸引了大量就业人口和旅游人口，近十年人口增长率近 16.2%（图 2-10）。

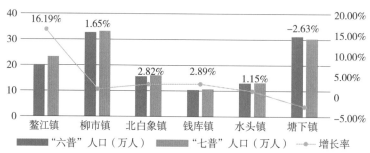

图 2-10 温州市各强镇人口变化情况

数据来源：第六次、第七次全国人口普查数据

2.2 小城镇产业发展与转型

农民工就业选择是观察乡镇经济发展情况的一个重要窗口。为了追求更高的经济收入，众多农民工选择到沿海大城市打工就业，而本地农民工（即在户籍所在乡镇地域以内从事非农产业的农民工）数量变化恰恰能够反映出乡镇经济在全国经济格局中的发展情况。2012 年本地农民工在全部农民工中数量占比为 37.79%。近年来，本地农民工占比份额一直呈上升趋势，2022 年占比达到了 41.85%（图 2-11），也意味着小城镇经济发展取得了一定成效，在返乡创业兴起的趋势下，迎来了更多发展机遇。

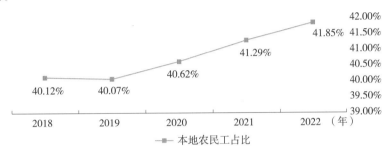

图 2-11   农民工留在户籍所在镇域的比例
数据来源：国家统计局农民工监测调查报告

2.2.1 小城镇制造业发展逐步转型

我国乡镇制造产业的发展起源于改革开放初期的乡镇企业，经过 40 余年的发展，乡镇产业的布局特点、市场主体、生产特点都发生了较大变化。

（1）产业布局从"村村点火、户户冒烟"转向入园发展

发展之初，很多企业分散在村庄之中，造成建设用地分散、管理困难和集群效益难以发挥等问题，近年来这一情况有所好转，城镇增量空间被逐步框定，许多地方转向对存量空间的挖潜利用，加快整合分布零散的工业用地，促进集聚和集约发展。以苏南模式的典型代表江阴市为例，成立了"工改办"，腾退全市相对分散、低效的工业用地，形成集中连片的大型工业园区。其中，周庄镇土地开发强度已经达到 50%，各类市场主体总量超 2 万家，面对村级工业园区多、小、散、弱的情况，提出亩均税收 40 万元的"工改"门槛，腾退出低效用地，用于集中发展或承接大型产业项目。

（2）企业从"家庭作坊"转向品牌化发展

乡镇产业的市场主体往往由众多小型企业和家庭作坊构成，共同承接外贸订单，传统商业成长路径下，企业品牌知名度的成长时间较为漫长，成本也相对较高。随着直播电商经济兴起，乡镇小型企业也开始谋求品牌化发展道路，乡镇工厂与消费者可以建立直接的联系渠道，根据市场需求快速完成产品和技术的迭代，乡镇制造的产品打造独立品牌的难度有所降低。

（3）发达地区小城镇产业有从劳动密集型向技术创新和数字化转型趋势

我国小城镇产业发展以技术相对低端的劳动密集型产业为主，依赖低成本优势和区域协作优势实现了产业的快速增长。随着劳动力跨区域流动越来越频繁，依赖低成本优势难以保持持续增长，小城镇的平均工资水平相比东南亚国家也不具备比较优势。在原有产业发展的基础上，小城镇也在谋求转型，逐步建立起技术创新体系，通过与周边大城市科研机构与高校合作，提高产业的技术水平。以"块状经济"发达的浙江省为例，大约20%的小城镇设有市级以上创新创业基地，58%的小城镇建立了为工业企业提供展示、办公等服务的"小镇客厅"。

2.2.2 小城镇商贸走向规模化和品牌化

小城镇镇区自古以来就是周边乡村地区农产品交易的集市，农民教育、就医、购物、休闲等日常活动主要集中在小城镇，农用具、农产品、日用品等相关业态发达，商贸产业是小城镇的发展重心。许多小城镇都有一条商业业态丰富的主街，人流、车流十分密集。2016年全国第三次农业普查显示，68.1%的乡镇有商品交易市场，39.4%的乡镇有以粮油、蔬菜、水果为主的专业市场，10.8%的乡镇有以畜禽为主的专业市场，4.3%的乡镇有以水产为主的专业市场。在传统交易市场的基础上，乡镇商贸产业随着电商下乡和农村消费升级开始呈现出新的变化。

（1）生鲜、快递和各类快消品牌下沉，丰富了乡镇商贸零售业态

快递进村犹如当年的"村村通公路"铺开了农村的电商下沉道路，截至2022年年底，全国已有27.8万个村级快递服务站点，实现乡乡设所、村村通邮，快递网点乡镇全覆盖，95%的建制村实现快递服务覆盖。与此同时，农村实物商品网络零售额突破了2万亿元，增速高于全国平均水平，抖音、拼多多、京东三大电商平台中下沉市场新用户贡献率均超过了50%。电商下沉在一定程度上替代了乡镇的各类生活用品、食品等门店。另外，随着美团优选"明日达超市"等平台的下沉，进一步冲击了乡镇的生鲜销售，但也丰富了乡镇的商贸业态。

（2）乡镇的商贸零售呈现出大型化、综合化的趋势

随着农村地区小汽车的普及和居民收入水平的提高，传统的以5天或7天为周期的集市难以满足日常生活需求，农村居民对商品种类、品牌品质的需求越来越高，小城镇的商业也由一家家的小门店向大型超市、百货商场方向转型，商店的规模、体量都显著扩大。以浙江省为例，73%的小城镇设有品牌连锁超市，48%的小城镇设有商贸综合体，小城镇生活日益便利。

2.2.3　小城镇旅游业与乡村振兴联系更加紧密

（1）传统的古镇游业态模式面临转型

很多古镇都是小桥流水、青砖白墙、红灯笼的"刻板形象"，古镇的商铺和业态以各类小吃为主，同质化严重，缺乏独特韵味和价值，过度商业化问题也比较突出。古镇旅游从早期的文化观光型、消费体验型开始转向休闲度假型，通过新业态实现体验提质升级。以乌镇、拈花湾等为例，年轻游客对文化、艺术、环境和身心健康的需求日益提高，推动古镇更加关注在地文化和特色空间。

（2）乡村旅游的兴起激发了小城镇旅游发展活力

大多数小城镇的全国知名度并不高，以服务周边居民的度假休闲为主。例如，北京市文化和旅游局总结推出了八种全新乡村旅游业态，分别是乡村酒店、国际驿站、采摘篱园、生态渔村、休闲农庄、山水人家、养生山吧、民族风苑。南京竹镇镇、晶桥镇等发展出一批特色休闲农业景区，承接南京中心城区的度假旅游人群，常州天目湖镇、戴埠镇等充分利用优越的山水资源进行全域旅游开发，也已成长为长三角地区生态旅游、康养度假的重要目的地。随着乡村微度假的兴起，景点与乡村之间、乡村组团之间、乡村与镇区之间联合发展的趋势日益明显，通过合理分工，提供差异化的旅游产品，放大小城镇旅游资源的带动能力。

2.2.4　小城镇各类新业态逐步涌现

小城镇的新兴业态主要集中在创意产品、平台经济和高新技术产业等方面。新业态的兴起与年轻人的回归、"小镇青年"的崛起密不可分。随着大城市生活成本日益提高，返乡创业成为热潮，具有一定城市工作经验，积累了人脉资源、合作机会和部分资金的中青年回到家乡镇村创业，促进了本地特色资源开发和创意产品研发。互联网经济下，一批淘宝镇兴起，小城镇的各类博主受到广泛关注，以本地特色产品为卖点的直播业态兴起。部分高新技术企业也逐渐迁移至大城市周边的小城镇，距离大城市1个小时左右车程，生态环境较好、土地成本较低的重点镇、经济强镇成为企业落户的重要承接地，也为小城镇产业发展带来了新的增长点。

2.3　小城镇土地利用与变迁

2.3.1　小城镇土地利用总体情况

小城镇建设用地总量经历了持续扩张的过程，目前逐步趋于稳定。根据中国城乡建设统计年鉴，2022 年全国建制镇镇区总面积达到 44229.7 平方公里，自 2000 年以来，年均增长率约 4.1%，镇区平均面积从 1.02 平方公里增加到 2.30 平方公里，增加了 1.25 倍；在此期间，县城建成区平均面积从 7.85 平方公里增加到 14.24 平方公里，增加了 0.82 倍；城市建成区平均面积从 33.85 平方公里增加到 91.62 平方公里，增加了 1.71 倍。总体来看，城市扩张速度最快，建制镇次之。从不同时期建制镇与县城、城市建成区扩张速度的相对关系来看，建制镇在 2005 ~ 2012 年扩张速度相对较快，2012 年之后，建制镇扩张速度明显下降（图 2-12）。

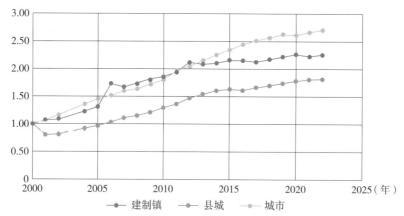

图 2-12　建制镇、县城、城市平均建成区面积扩张倍数（相较于 2000 年）
数据来源：中国城乡建设统计年鉴

小城镇开发建设强度较低，具有建筑体量小、层数低和密度低的特点。调查显示，小城镇平均容积率仅为 0.7，平均建筑层数仅为 2.4 层，93% 的小城镇镇区主要为平房和低层建筑，少数位于城市周边的小城镇建筑以多层、高层为主。小城镇大多没有明显的功能分区，建设用地以居住功能为主，居住用地的平均比例达到51%，土地混合利用程度较高，以"上居下店"的商住空间最为典型，延续邻里关系的同时，灵活且便捷地满足着镇区居民和周边村民的日常购物需求。部分小城镇在建设过程中借由房地产业实现"以地兴镇"，在经济发达地区房地产业成为小城镇经济的一个重要支柱，有的甚至与乡镇工业并驾齐驱。许多小城镇居住和产业用地占比较大，服务设施用地规模偏小，存在配套不足的现象[3-4]。

2.3.2　政策倒逼下的土地利用模式变迁

在资源紧约束的背景下，小城镇新增建设空间将越来越少，建成区面积扩张速度进一步放缓，存量土地空间利用成为重点。从 2022 年建制镇人口密度来看，各地普遍较低，并且相互之间的差异较大。建制镇人口密度最高的为上海市，达到0.61 万人 / 平方公里；人口密度最低的为内蒙古自治区，仅为 0.20 万人 / 平方公里（图 2-13）。总体来看，小城镇的存量用地仍有较大的挖潜与提升利用空间。

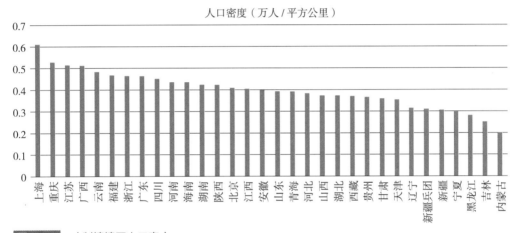

图 2-13　建制镇镇区人口密度
数据来源：中国城乡建设统计年鉴

针对低效用地问题，自然资源部 2023 年出台《关于开展低效用地再开发试点工作的通知》，指出"长期以来，在一些城镇和乡村地区，包括城中村、老旧厂区，普遍存在存量建设用地布局散乱、利用粗放、用途不合理等问题。"自然资源部在北京等 43 个城市开展低效用地再开发试点，明确低效用地再开发的重点区域，合理确定低效用地再开发空间单元，探索土地混合开发、空间复合利用、容积率奖励、跨空间单元统筹等政策，推动形成规划管控与市场激励良性互动的机制。各地也在积极探索推进低效用地再开发，例如，莱西市姜山镇将辖区工业园分为 7 个片区，详细走访摸排了闲置低效土地、厂房及批而未建、批而未供土地，确认闲置面积、原因、权属、性质、联系人等详细情况，摸排统计闲置低效土地 3376.87 亩，并围绕主导产业发展，推动闲置低效土地、厂房与优强项目资源对接，实现项目快速落地、投产增效。

2.4 小城镇规划进展与创新

2.4.1 小城镇总体规划概况

2019 年修正的《中华人民共和国土地管理法》第十九条规定，乡（镇）土地利用总体规划应当划分土地利用区，根据土地使用条件，确定每一块土地的用途，并予以公告。同年修正的《中华人民共和国城乡规划法》第十七条提出，镇总体规划应当包括发展布局，功能分区，用地布局，综合交通体系，禁止、限制和适宜建设的地域范围，各类专项规划等，同时明确了与城市总体规划相同的强制性内容。2019 年出台的《中共中央 国务院关于建立国土空间规划体系并监督实施的若干意见》要求，整合原城乡规划、土地利用规划，构建了国土空间规划体系（表 2-2）。其中，乡镇国土空间总体规划在"五级三类"国土空间规划体系中居于第五层级，既要传导落实市、县（区）国土空间规划的任务，也要指导城镇开发边界内详细规划与城镇开发边界外村庄规划的实施，更加注重指导实施。文件要求各地可以将市县与乡镇国土空间规划合并编制，也可以几个乡镇为单元编制乡镇级国土空间规划。

乡镇国土空间规划与传统乡镇规划比较　　　　　　　表 2-2

类型	乡镇国土空间规划	乡镇总体规划	乡镇土地利用总体规划
规划定位	是对省级、市级、县级国土空间总体规划和相关专项规划的深化落实，是编制详细规划和实施国土空间规划用地管制的重要依据	是城市规划编制工作的第一阶段，也是城市建设和管理的依据	是土地用途管制的基本依据，是合理开发、利用和保护乡镇土地资源，优化配置各类用地和空间布局，以及加强土地利用的宏观调控和计划管理的重要手段
管控范围	全域空间	以建设空间为主	以保护耕地与基本农田为目标
管控方式	刚性与弹性相结合，对村庄建设的底线管控	战略引导地方发展，镇村体系引导村庄规划建设	土地指标垂直分解，刚性划定土地用途边界

资料来源：《乡镇国土空间总体规划的转变方向与编制思路》

从各地的编制情况来看，不同地区小城镇由于区位、规模、经济发展水平和城镇化阶段等差异，规划编制的重点和深度不同。如北京、上海等超特大城市，城市建设规模达到上限，更重视生态区管控和建设用地减量，小城镇规划的重心也往往聚焦于此。而其他城镇化发展阶段相对滞后的省份，更加注重对小城镇的产业带动，侧重底线管控基础上的经济产业发展引导。规划编制实施过程中，也暴露出一些短板和问题，例如，乡镇规划指标实行自上而下控制，可以解决一些地方盲目扩大建设占用耕地的问题，但未能充分考虑部分小城镇经济快速发展的需要。

2.4.2 各地小城镇规划创新

相较于城市，小城镇普遍对规划重视程度不高，规划类型也相对单一，除了统一编制的乡镇国土空间规划外，其他规划较少。部分地区针对小城镇发展过程中面临的资源有限、发展不统筹、对建设支撑不足等问题，开展了规划探索，比较典型的有四川的乡镇片区规划、湖北的乡镇"四化同步"规划以及浙江的美丽城镇建设规划。

（1）四川：多镇联合，突出中心镇带动作用

四川盆地乡镇普遍存在镇域小、居点散、耕地少、产业弱、场镇旧等问题，单个乡镇独立发展模式下，内部资源有限、支撑不足，且乡镇之间相互竞争，导致资源要素分散投入，成效不明显。都江堰、武胜县等在县域内构建了以中心镇为基本发展单元的县域村镇规划体系，突出中心镇带动，形成县域总体规划—联镇单元分区规划—联村社区详细规划三级体系。多个中心镇单元分区规划组成县域空间规划基本框架，再根据需要选择性地进行重点街道、社区的详细规划，满足项目实施管理的需要。可以突破单个小城镇行政范围、整合腹地资源，理顺场镇与服务片区的交通路网联系、生态保护格局、产业分工协作。

（2）湖北：突出发展指引，促进"四化同步"发展

2013 年，湖北省开展了"四化同步"示范乡镇试点工作，选取了 21 个试点镇。规划的核心思路是以乡镇为战略节点，以协调工业、农业、城镇、信息技术的城乡统筹为中心环节，推动城乡土地增减挂钩、财政资金整合、社会化筹资、行政管理公共服务等一系列改革，形成以"四化同步"为核心的新型发展模式。以湖北省五里界镇为例，建立了由全域、镇区、新农村社区构成的三级法定规划体系，由产业发展专项规划、土地利用专项规划、美丽乡村专项规划等构成的专项规划体系，以及生态保护专题与村庄、村民调查及公众参与专题等构成的专项研究体系。[5]

（3）浙江：突出建设指导，编制小城镇建设方案

浙江省推动美丽城镇行动过程中提出了"一县一计划、一镇一方案"的规划要求，从县域统筹的角度加强对建设活动的安排和指导。其中，县级计划应包含县域美丽城镇建设目标、分类定位、实施路径、总体布局、"五美"建设重点任务、城乡融合发展体制机制等内容，全面统筹部署县域美丽城镇建设。镇级方案应明确各乡镇美丽城镇建设的目标定位、实施策略、重点任务、建设项目库要求及建设时序引导等内容。

2.5 小城镇建设进程与特点

2.5.1 小城镇房地产建设

随着城镇化进程的不断推进和大城市房地产业的竞争日益激烈，房地产开发开始涉足小城镇，特别是位于城市群和都市圈内、经济较为发达的建制镇。例如，位于南京都市圈外围的句容市宝华镇，依托临近仙林大学城的区位优势和良好的自然生态景观，吸引了一大批较有实力的开发商，房地产业快速发展，对全镇财税贡献率一度达到80%[6]。

普通小城镇也在逐渐引入房地产开发，2015年全国小城镇调查显示，约14%的居民购买商品房居住。近年来，房地产开发在建制镇房屋建设中的投入比重在40%左右（图2-14）。房地产在小城镇的兴起改变着当地的镇容镇貌和居民的生产生活条件。

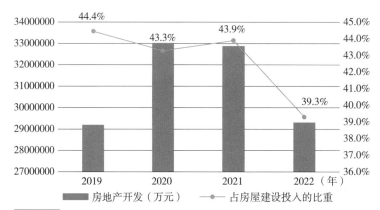

图 2-14　建制镇房地产开发建设投入情况

数据来源：中国城乡建设统计年鉴

2.5.2 重要设施的建设

国家积极推进城乡基础设施共建共享、互联互通，在县域和小城镇层面支持供水保障、燃气下乡、生活污水垃圾处理等，小城镇建设不断投入，基础设施建设水平逐步提升。2015年到2022年，全国小城镇人均供水普及率从83.8%提升至 90.8%，燃气普及率从 48.71% 提升至 59.16%，污水处理率从 50.95% 提升至 64.86%，生活垃圾处理率从 83.85% 提升到 92.34%，建设成效显著（图 2-15）。

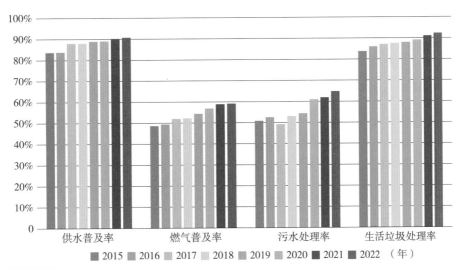

图 2-15　2015 ~ 2022 年建制镇各类设施建设情况
数据来源：中国城乡建设统计年鉴

同时，各地按照公共服务设施配置标准和县域商业体系建设要求，不断推进小城镇基础教育、医疗卫生和商业服务等设施配套。小城镇的幼儿园、小学、初中等普及率较高，达到 80% 左右，设施硬件条件普遍较好。从设施配置上来看，镇区人口在 1 万人以上的教育、医疗设施数量更多，在镇区内就学的比例也更高（图 2-16）。

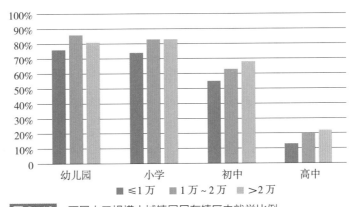

图 2-16　不同人口规模小城镇居民在镇区内就学比例
资料来源：《说清小城镇：全国 121 个小城镇详细调查》

2.5.3 小城镇风貌特色塑造

各地小城镇自然资源、产业资源、建筑环境、历史人文资源差异较大，但大多与周边山水自然环境相融合，以田园为依托。2015 年全国小城镇调查显示，近六成小城镇沿水而建，与农田、村庄自然过渡。小城镇内部开发建设强度较低，多呈现建筑体量小、层数低和密度低的特点。

自然生态资源优越或历史文化资源丰富的小城镇对人居环境建设、城镇风貌管控有更高要求。如浙江、辽宁、湖北等地注重传承利用传统文化，塑造小城镇特色风貌，将小城镇典型文化符号和建筑元素广泛运用到街道、广场、公园等公共空间及主要公共建筑、重要节点。

2.6 小城镇管理结构与制度

乡镇政权是我国政权体系中最基层的一级，乡镇以下实行村民自治，村庄的行政管理更多依靠镇一级进行统筹协调。经过多次改革调整，现行的我国乡镇治理体制结构大致如下文。

2.6.1 领导班子

乡镇人民代表大会是地方国家权力机关，由乡镇选民直接选举产生的人民代表组成，代表人民行使国家权力，每届任期 5 年。乡镇一级的人民代表大会是没有常委会，不具备立法权；乡镇党委是党在乡镇的基层组织，对本地各项工作实行政治领导，具有核心作用；乡镇人民政府是本级人民代表大会的执行机关和基层的国家行政机关，乡镇人民政府要向乡镇人民代表大会负责并报告工作，接受乡镇人民代表大会的监督，并对县（市、区）一级人民政府负责及向其报告工作。

2.6.2 部门机构

"七站八所"是 20 世纪 80 年代国家为适应农村发展的需要而构建的一整套提供农村基本功服务的机构和体制。"七"和"八"都是概指，并非确数，每个乡镇通常在 20 个以上，大致分为三类：一是乡镇直属事业站（所），包括司法所、房管所、农机站、农技站、水利站、城建站、计生站、文化站等；二是区直部门与乡镇双层管理的站（所），包括土管所、财政所、派出所、林业站、法庭、卫生院等；三是"条条管理"的机构，包括国税分局（所）、邮政（电信）所、供电所、工商所、信用社等。

2.6.3 财税制度

"乡财县管"是指乡镇财政的"三权"不变，即预算管理权不变、资金所有权和使用权不变、财务审批权不变，以乡镇为独立核算主体，实行"账户统设、预算统编、票据统管、采购统办、集中收付"的财政管理方式，由县级财政主管部门直接管理并监督乡镇财政收支，同时调整乡镇财政所管理体制和职能。乡镇消费支出实行包干制，乡镇人民政府只能依靠拨付经费和专项资金进行运转和项目建设，每一项资金都有明确的用途。"乡财县管"在合理使用乡镇支出上取得较好的效果，不仅确保了工资发放，减少了财政供养人员，而且节约了开支，杜绝了乡镇新增不良债务的发生。

2.6.4 综合执法

乡镇不具有执法权，1996 年出台的《中华人民共和国行政处罚法》将行政处罚权限制在县级人民政府及其职能部门，没有赋予乡镇人民政府行政处罚权。这主要基于三方面考虑：一是避免乱罚款和滥罚款；二是避免机构膨胀，人浮于事；三是考虑未来乡镇可能走村民自治道路。随着管理职能下沉，部分省份探索乡镇综合执法，成立综合执法大队，由县级以上人民政府行政主管部门授权。乡镇综合执法权差异较大，如 2020 年 4 月 16 日发布的《北京市人民政府关于向街道办事处和乡镇人民政府下放部分行政执法职权并实行综合执法的决定》要求，自 2020 年 7 月 1 日起，原由城管执法部门、生态环境部门、水务部门、农业农村部门、卫生健康部门行使的共计 431 项行政执法权下放至街道办事处和乡镇人民政府并以其名义相对集中行使，实行综合执法。

参考文献：

［1］ 赵晖. 说清小城镇：全国 121 个小城镇详细调查 [M]. 北京：中国建筑工业出版社，2017.
［2］ 江苏：2021 年小城镇调查报告 [R/OL]. 澎湃网.（2022-03-11）[2024-04-15]. https://m.thepaper.cn/baijiahao_17063766.

［3］ 付悦，刘玉亭 . 小城镇建设用地扩张特征与影响因素研究 [J]. 大众标准化，2022（9）：68-70.

［4］ 孙卓元，黄勇，万丹，等 . 工业型小城镇用地演变的驱动机制分析：以四川省绵阳市松垭镇为例 [J]. 现代城市研究，2021（11）：106-114.

［5］ 李云新，吕明煜 . 湖北省推进"四化同步"的实践探索及政策启示：基于 22 个试点乡镇改革实践的考察 [J]. 江汉学术，2017，36（1）：111-117.

［6］ 张飞，间海 . 南京大都市边缘区小城镇发展问题及策略研究：以句容市宝华镇为例 [J]. 小城镇建设，2018，36（8）：11-18.

3 | 改革开放以来小城镇的发展历程

改革开放以来我国的小城镇发展，大致可以划分为三个阶段：一是从 1978 年到 2002 年，在政策和市场的双重驱动下，小城镇得以实现蓬勃发展；二是从 2003 年到 2012 年，在我国快速城镇化进程中，小城镇的职能发生转变，从全面发展转向有重点发展；三是从 2013 年开始，在城乡融合发展的新时期，小城镇作为城乡之间的黏合剂，步入多元转型发展的新阶段。在不同的发展阶段，小城镇肩负着不同的职责，国家对小城镇的发展也有着不同的指导思想和政策方针。

3.1 在政策和市场的驱动下蓬勃发展（1978 ~ 2002 年）

3.1.1 经济体制改革带来小城镇的迅速发展

改革开放后，国家允许农民自理口粮到集镇落户，一大批农民进镇落户，"离土不离乡、进厂不进城"的就地就近城镇化模式初现。随着农村商品经济的繁荣和产业结构、人口结构的变化，小城镇作为城乡之间经济与政治纽带，逐步得到了复苏与发展。1980 年 12 月，《国务院批转全国城市规划工作会议纪要》（国发〔1980〕299 号）中提出，要控制大城市规模、合理发展中等城市、积极发展小城市，依托小城镇发展经济。小城镇内生动力被激活，在国家积极鼓励下，镇域内的各类经济主体快速发展。随着乡镇企业繁荣，农村非农生产要素加速向乡镇流动，主要经济活动开始向乡镇集中。1992 ~ 1994 年，国家对小城镇实行"撤、扩、并"，并允许农民进入小城镇务工经商，以发展农村第三产业，转移剩余劳动力。在政策与市场的双重驱动下，小城镇快速恢复，进入迅速发展期。

这一时期小城镇的飞速发展，得益于 1978 开始的具有深刻历史意义的经济体制改革。农业生产经营制度、农产品流通制度、城乡户籍制度、城镇土地使用制度等一系列制度的改革，带来了日益强化的市场化趋向，更加重视调动基层政府和经济主体的积极性，更加强调保护社区集体、企业和个人的产权和利益，更加强调赋予企业和个人更多的自主选择权利和发展机会，使得整个改革向有利于市场机制运行的方向推进。在这一导向下，一系列的制度变迁使得小城镇发生了翻天覆地的变化，不仅数量和规模大大增加，而且完成了经济和社会结构的根本转变[1]。

乡镇企业的异军突起，实现了我国小城镇由传统型向现代型的转变，并构成这一时期小城镇发展的根本动力。乡镇企业的发展，改变了农村的经济结构，使小城镇拥有独立的产业基础，从而彻底改变了传统小城镇的单纯消费性质，使小城镇成为现代工业生产基地，并拥有了支持自身发展的重要经济支柱。乡镇企业的利润，成为小城镇建设的直接资金来源。一方面，政府税收提高后，可以增加对城镇道路、基础设施、公共设施建设的投入；另一方面，乡镇企业自身各项设施的建设也是小城镇建设的一部分，显著改善了小城镇面貌。乡镇企业带动的农村工业化，在增加农民收入、提高生活水平的同时，也促进了农民自身素质、个人观念、价值取向等的变化，并进一步带来生产生活方式的更替，这些变化也带来了小城镇社会结构的演化和新社会阶层的产生。随着乡镇企业向小城镇的进一步集聚，大量劳动力进入小城镇工作，扩大了小城镇的人口规模和消费市场，同时吸引了大量非乡镇企业职工进镇居住并从事相关服务行业，从而形成了人口城镇化的良性循环。

3.1.2 密集出台的政策积极引导小城镇建设

这一时期针对小城镇发展的政策方针也较为密集，对小城镇的建设起到了积极引导作用。1980年，胡耀邦指出，如果我们的国家只有大城市、中城市，没有小城镇，农村的政治、经济、文化就没有"腿"。《国务院批转全国城市规划工作会议纪要》（国发〔1980〕299号）指出，"要积极发展小城市。我国现有3300多个小城镇，其中设市建制的有105个。依托小城镇发展经济，有利于生产力的合理布局，有利于就地吸收农业剩余劳动力，有利于支援农业和促进当地经济文化的发展，有利于控制大城市的规模。从长远看，对逐步缩小城乡差别和工农差别，也有重要的意义。今后，应当通过经济建设发展小城市。"此后，先后发布了《国务院关于发布〈村镇建房用地管理条例〉的通知》（国发〔1982〕29号）、《村镇规划原则》（1982年，国家建设委员会、国家农业委员会）、《国务院关于严格控制城镇住宅标准的规定》（国发〔1983〕193号）、《国务院关于加强乡镇、街道企业环境管理的规定》（国发〔1984〕135号）、《国务院批转民政部关于调整建镇标准的报告的通知》（国发〔1984〕165号）等相关政策文件，为小城镇建设提供指导。

1993年，在江苏省苏州市召开全国村镇建设工作会议，确定以小城镇建设为中心，带动村镇建设，促进农村经济全面发展的工作方针。会后提出了"625"工程，对小城镇建设开展多层次、多方位的试点工作。1994 年，江泽民总书记强调指出"要引导乡镇企业在小城镇适当集中，使小城镇成为区域的中心"。《关于加强小城镇建设的若干意见》（建村〔1984〕564 号）中提出"小城镇已经成为农村经济和社会进步的重要载体和中心，把积极引导和加强小城镇建设作为进一步推动农村经济全面发展的一项重要工作"。1995 年建设部令第 44 号公布了《建制镇规划建设管理办法》，和后续的《村镇规划编制办法（试行）》和《村镇规划标准》等法规一起，逐步构建起了较为完善的村镇建设法规体系，有力地指导了当时小城镇的发展建设。1998 年，党的十五届三中全会通过《中共中央关于农业和农村工作若干重大问题的决定》首次提出"发展小城镇，是带动农村经济和社会发展的一个大战略"。

21 世纪初，国家仍持续出台小城镇发展的相关支持政策。2000 年，《中共中央国务院关于促进小城镇健康发展的若干意见》中强调了小城镇的重要地位，提出重点发展现有基础较好的建制镇，搞好规划，逐步发展。2001 年"十五"计划中明确指出，发展小城镇是推进我国城镇化的重要途径，应着重发展小城镇。《"十五"城镇化发展重点专项规划》指出，"突出重点，积极引导小城镇健康发展。……有重点地发展小城镇。发展小城镇要突出重点、合理布局、科学规划、注重实效。小城镇建设要规模适度、增强特色、强化功能。发展小城镇要与引导乡镇企业集聚、市场建设、农业产业化经营和社会化服务相结合，繁荣经济、集聚人口。重点发展县城和部分基础条件好、发展潜力大的建制镇。"

3.1.3 小城镇人口、经济均得到显著增长

小城镇作为这一时期我国城镇化和经济发展的主战场，承载超过 55% 的新增城镇人口；2000 年，小城镇贡献国内生产总值的 30%。1978 ~ 2002 年，小城镇数量从 2173 个增加至 20601 个；1990 ~ 2002 年，镇区建设规模从 82.5 万公顷增加至 203.24 万公顷。服务设施不断丰富，除了集市等繁荣的商业设施，许多小城镇都改建新建了影剧院、图书馆，有艺术俱乐部、体育场，还有的新建少年之家、老年之家等。

从浙江省临海市的小城镇发展历程中，可以管窥这一时期小城镇的蓬勃活力。根据《临海市志（1986-2012）》记载，1986 年，临海全市分城关镇和 11 个区，下设 11 个建制镇、71 个乡（此时的每个区会下辖若干镇、乡），初步形成以市区带动建制镇、以建制镇带动农村的经济社会发展格局。是年，各建制镇完成基础设施投

资总额 94.50 万元，新建商业街 6 条。1988 年，市委、市政府将汛桥镇划为经济开发区，加大基础设施投入，拉开集镇框架。1989 ~ 1990 年，大田镇、杜桥镇和白水洋镇、汛桥镇先后被列为省对外开放重点工业卫星镇。

1992 年，临海全市推行撤区扩镇并乡，调整设立 30 个乡镇，其中建制镇 16 个。是年起，市委、市政府调整村村办厂、全面开花的发展战略，转而要求各乡镇在交通便捷、临近集镇地段创办工业小区，实行重点突破，推动乡镇企业集聚发展。各乡镇创办 55 个工业小区，后经整顿验收，重点发展城关、东滕、大田、杜桥、尤溪、水洋、小溪等地工业小区。同时，各乡镇调整粮经种植结构，发展"二高一优"农业，逐步形成涌泉蜜橘、羊岩茶叶、上盘西兰花、白水洋杨梅、大石葡萄等农业特色产业。1995 年，全市有 19 个乡镇工业产值超亿元，鹿城工业小区、江南工业城、谢里王工业小区、太平洋彩灯城、塘渡汽配工业小区、水洋镇化工区、杜桥镇工业小区、大田镇工业小区、尤溪镇工业小区、白水洋镇工业小区被评为"十强工业小区"。1996 年，根据《临海市城市总体规划》，大田镇列入市中心区，杜桥、上盘、东洋、桃渚 4 镇和溪口、川南、市场、连盘 4 乡按东部城镇组群，白水洋、双港、张家渡 3 镇按西部城镇组群，分别进行规划和建设。1998 年，全市 30 个乡镇除黄坦、岭景外，其余乡镇全部开辟街道，拉开集镇框架。18 个建制镇全年完成市政基础设施投资 2962 万元，这 数据是 1996 年全市建制镇基础设施投资总额的 30 多倍[①]。

3.1.4 在农村剩余劳动力转移中的作用突出

这一时期，由于城市经济对农村剩余劳动力的吸纳能力很有限，小城镇就扮演了城镇化进程中农村剩余劳动力转移"蓄水池"的重要角色，在农村剩余劳动力向城镇转移的过程中发挥了非常重要的作用和历史性贡献，推动农民就地就近的城镇化进程。

从国际经验看，在很多发达国家和发展中国家工业化进程中，农村剩余劳动力是通过向城市流动实现转移的。但是在当时的中国，城市也正面临日益加重的人口压力，相对薄弱的基础设施难以负担不断集聚的人口。同时，大城市的生存成本也大大高于小城镇和农村，多数农民受到自身素质等方面的限制也难以在城市获得稳定且满意的收入。不仅如此，随着国有企业改革的逐步深化，从国有企业中排出的富余人员数量会逐渐增多，劳动力就业压力比任何时候都大，外地民工原有的部分就业岗位被这些下岗职工所取代，使得农村剩余劳动力向城市转移的余地逐渐减小。在这种情况下，乡镇企业和中小城镇就成了农村剩余劳动力转移的主要场所[2]。

　　小城镇吸纳农村剩余劳动力的优势体现在经济、社会、文化诸多方面。根据学者测算，20 世纪 80 年代，在小城镇安排一个劳动力就业，需要提供生产性投资和商业服务性投资共约 5000 多元，而在大城市安排一个劳动力就业，仅生产性投资就需要一万元以上。从成本的角度看，小城镇在吸收剩余农村劳动力方面有着很大的优势。此外，乡镇企业对小城镇的人力、物力、财力投入也使得小城镇的发展无需过多依赖国家的财政投入[3]。农村剩余劳动力进入小城镇，一般都不会远离自己的家乡，可以较为便利地实现务农"兼业"，这种"离土不离乡""离乡不背井"的城镇化方式在照顾家庭、文化认同等方面也更有优势。除了直接吸纳农村剩余劳力就业外，乡镇企业还通过带动小城镇的建设，进一步在吸纳人口方面发挥作用。乡镇企业在小城镇的集聚发展，形成了连片的非农产业区，借助乡镇企业的发展而兴起的小城镇催化出新兴的交通运输、旅游、商业、餐饮甚至金融等服务性行业，提供了大量新的就业机会。

3.2　在快速城镇化进程中有重点发展（2003 ～ 2012 年）

3.2.1　新背景下小城镇政策支持有所弱化

　　2002 年，随着党的十六大召开，中国对"三农"政策目标进行重大调整，明确工业反哺农业的政策取向，促进城乡二元体制向一元体制转变。基本确立"大中小城市及小城镇协调发展，形成城镇化和新农村建设互促共进机制"的政策方针。随着城镇化、工业化的大规模推进，各方资源不断向城市涌入，乡村中人力、物力等各类资源要素向城市集中。城市，特别是大城市，在城镇化进程中的地位愈发重要，形成了都市区、都市圈、城市群等城镇化发展空间新形态，更大空间范围、更远迁徙距离的异地城镇化发展成为主要途径。部分临近中心城市的小城镇通过行政建制调整，直接成为市辖区的一部分。小城镇的战略作用有所弱化，发展建设进入调整期。

　　在经历了上一个时期的快速发展后，小城镇自身也出现各种各样的问题。小城镇布局不合理等问题在区域层面开始显现，小城镇内部逐渐面临配套设施建设不足或过度、产业选择不当、环境污染等一系列挑战[4]。例如，随着乡镇企业发展势头减弱，部分乡镇企业甚至逐步失去发展空间，小城镇吸纳劳动力和人口集聚能力下降，以小城镇为载体的就近城镇化进程减慢。部分地区的小城镇规划编制工作滞后，规划执行存在各种各样的困难；少数地区存在忽视客观条件和经济社会发展规律而好大喜功的倾向；很多小城镇的基础设施配套不足，治理能力有限，制约了小城镇的发展前景，等等。

面对部分地区镇的数量增加过快、质量不高、规模偏小的问题，2002 年国家暂停撤乡设镇工作，并提出要加强小城镇基础设施建设，搞好环境保护，促进为农服务产业发展，严格土地管理，促进小城镇的健康发展。针对城镇化发展的新形势和小城镇面临的新问题，国家开始推行有侧重地发展小城镇的方针，逐步将东部中心城镇、中西部县城和重要边境口岸建设成为中小城市，进一步加强其公共服务和住房功能，提升服务质量成为小城镇发展建设的共识 [5]。

3.2.2 相关政策聚焦小城镇的示范性工作

在新阶段的管理政策中，党和国家增强了关于建制镇与城镇体系的顶层设计与宏观指导，并在逐渐分异的小城镇中进一步强调在关键领域的指导与规定。2002 年，党的十六大明确了要"统筹城乡经济社会发展""逐步提高城镇化水平，坚持大中小城市和小城镇协调发展"。同时推行的财政管理体制改革，也使小城镇的发展面貌发生了很大变化。2002 年，我国建制镇的数量达到 19811 个，第一次超过了乡的数量。此后，随着《国务院办公厅关于暂停撤乡设镇工作的通知》（国办发〔2002〕40 号）的出台，小城镇数量开始回落，从追求城镇数量转向注重发展质量。为了更好地落实《小城镇综合改革试点指导意见》等相关政策，国家公布了第一批 113 个全国发展改革试点小城镇。各地根据自身特点和试点要求，积极开展小城镇建设实践调研，制定试点方案。

2006 年，"十一五"规划纲要指出，要把城市群作为推进城镇化的主体形态，其他城市和小城镇点状分布。2007 年住房和城乡建设部出台了《镇规划标准》GB 50188—2007，为小城镇的规划建设提供技术指导。2011 年，"十二五"规划纲要继续强调"促进大中小城市和小城镇协调发展""有重点地发展小城镇"。这一阶段的各部委相关政策聚焦在小城镇的示范性工作上，如国家发展和改革委员会关于发展改革试点镇的探索，住房和城乡建设部关于小城镇建设示范镇、全国重点镇、绿色低碳重点小城镇的探索，等等 [6]。在户籍管理制度改革、历史文化保护、污水处理及再生利用、生活垃圾处理、节能减排等各个专项领域，国家也相继出台了系列政策文件指导小城镇建设，等等。但这类文件大多并非针对小城镇单独发布，而是面向城镇化发展中大中小城市和小城镇面临的普遍问题。总体来看，这一时期国家对小城镇的支持力度显得不够，且伴随新城新区建设、房地产救市等一系列政策的出台，使得人口向城市集聚的态势一直在加强，小城镇作为城镇化载体的作用有所下降。

3.2.3　小城镇由数量增长转变为规模扩张

2002 年之后，我国小城镇数量基本稳定，小城镇的成长方式由数量增长转变为规模扩张，尤其体现在镇域人口规模和镇区面积的增加上。虽然小城镇数量趋于稳定甚至稍有下降，但小城镇占同级行政单元数量的比重仍在稳定增长。我国建制镇的人口规模迅速增长，根据第五次、第六次全国人口普查资料，建制镇的平均镇域人口从 2000 年的 24611 人增长到 2010 年的 30874 人，建制镇的平均人口规模在十年间增长了 25.45%。我国小城镇的镇区人口和镇区面积也在增长，根据中国城乡建设统计年鉴的村镇统计资料，2000 年我国村镇地区建制镇的平均镇区面积为 102公顷，2010 年达到 189 公顷；镇区户籍人口从 2000 年的 6871 人增长到 2010 年的8274 人。

伴随小城镇规模迅速扩张的，是粗放发展模式造成的土地资源浪费。根据 2005年建设部开展的小城镇研究课题显示，2000 ~ 2005 年建制镇人均用地扩大的速度是 20 世纪 90 年代的 1.5 倍。而且越是在人口多、土地资源相对紧缺的东部地区，人均镇区用地面积越高（183 平方米 / 人）；在人口少、土地资源相对宽松的西部地区，人均镇区用地面积相对较低（138 平方米 / 人）。东部地区小城镇镇区用地是城市人均建设用地的 2 倍，也超过农村人均建设用地的水平。这表明当时小城镇的土地利用集约程度与当地的人口规模和土地资源情况无关，而与经济的发达程度密切相关，其主要原因是工业用地的比重相对较大。事实上，这一时期小城镇的居住用地集约程度还是在不断提高，根据建设部的统计资料计算，全国建制镇新建住宅用地的容积率在 20 世纪 90 年代平均为 0.96，2000 ~ 2005 年期间则上升到 1.11。小城镇新增建设用地主要是以工业用地为主的生产性用地，且存在着不顾实际需求盲目设定过大的工业区规模的倾向，工业用地普遍建筑密度过低、道路和绿地标准偏高，进一步造成了土地资源的浪费。与之相对应的，是民生类基础设施和公共服务设施的相对不足，造成小城镇人居环境普遍较差 [7]。

这一时期小城镇建设不断推进，但由于盲目模仿城市，也引发品质不高、环境污染等诸多问题。2005 年建设部"百镇调研"结果显示，当时的小城镇普遍面临规划质量差、技术水平低的问题，小城镇规划理论、技术标准、实践经验都缺乏专门及有针对性的研究，小城镇规划往往简单套用城市规划模式，模仿和照搬城市规划的编制方法和内容，最突出的体现就是盲目追求镇区空间规模的扩张。一些小城镇盲目追逐"现代化"或各种舶来的国际风格，盲目追求"大广场、宽马路"，这些都造成小城镇在对城市的简单模仿中原本尺度宜人、肌理细腻、融合自然的特色丧失，呈现千镇一面的倾向。有学者在对各国小城镇发展经验的总结对比中指出，当时的中国小城镇为了"赶上快速现代化的进程，而把小镇的文化、历史和传统置于巨大的风险之中"，对原真性、地方文化、手工艺和传统项目缺乏关注，小镇成为"正在消失的世界"[8]。

3.2.4 小城镇在国家的地位作用趋于下降

该阶段对于小城镇的发展，国家的态度由乐观向慎重转变，集中精力重点发展县城和条件好的建制镇，小城镇的数量、人口和面积增长的步伐开始放缓。《国务院办公厅关于暂停撤乡设镇工作的通知》（国办发〔2002〕40 号）出台后，从 2002 年到 2010 年，小城镇数量由 1.98 万个减少至 1.68 万个。2010～2020 年全国城镇人口增加约 2.07 亿人，增幅约 46%；小城镇人口增加 0.16 亿人，增幅约 13%，明显低于城市人口增长。2000 年以后，在国家由"短缺经济"转入"过剩经济"以及扩大对外开放的过程中，乡镇企业逐步失去了发展的空间。小城镇在中国特色城镇化发展进程中的总体地位趋于下降。该时期有重点地发展小城镇的思路逐渐清晰，国家加强了对各类试点示范镇的支持力度，小城镇分化加剧。

这一时期我国财政管理体制的变革，在一定程度上造成了小城镇发展的乏力。1983 年，随着人民公社体制的解体，乡镇政权重新确立，按照"一级政府、一级财政"的原则，乡镇一级财政也相应建立，乡镇政府拥有了自主的财政收支与预决算体系，形成了"乡财乡管"体制。但是，随着 1994 年分税制改革后财力大幅度上移，以及 2000 年后农村税费改革的实施，乡镇收支矛盾日益加剧，乡镇财政运行暴露出支出缺乏规范、财政供养人员膨胀、正常公共服务支出难以保障等问题[9]。"乡财县管"有其积极作用，但也导致乡镇政府财权与事权的进一步分离，削弱了乡镇治理能力，不仅增加了行政成本、降低了工作效率，而且还影响了乡镇本身的工作积极性和主动性。

制约小城镇发挥作用的另一因素是其责、权、利的不对等。经济社会发达的强镇普遍面临着"财政留成少、人手紧缺、事权不足"等多方面的限制，"责任大、权力小、功能弱、效率低"的艰难处境,制约了城乡社会发展。责任大是指乡镇作为基层政府直接面对居民,担负着推动地方经济社会发展与为广大居民直接提供公共服务的重要职责;权力小是指乡镇缺乏独立的管理与执法权,在城建、安全、环保等领域,存在"看得见的管不着、管得着的看不见"的问题;功能弱是指乡镇缺乏完成任务的资源和手段,特点是在现行分税制下,大部分财政收入要上缴,可支配的财力并不多,根本无法满足城镇建设和公共服务的需要。效率低是乡镇治理在上述困境下的综合表现,这种困境在一些经济强省尤为严重,严重制约了镇域经济社会的进一步发展。

3.3　在城乡融合发展时期的多元转型发展(2013年至今)

3.3.1　城乡融合发展时期的转型发展

党的十八大报告提出新型城镇化战略,即"加快完善城乡发展一体化体制机制,着力在城乡规划、基础设施、公共服务等方面推进一体化,促进城乡要素平等交换和公共资源均衡配置,形成以工促农、以城带乡、工农互惠、城乡一体的新型工农、城乡关系。"在构建新型工农、城乡关系中,小城镇有着重要作用。小城镇在城乡之间发挥着重要的中介和缓冲功能,能够加强城乡之间的交流和合作,密切二者之间人员、物资和信息的联系,从而促进城乡一体化发展[10]。党的十九大报告指出,发展不平衡不充分问题已成为我国社会主义建设新的瓶颈。而城乡发展不平衡、农村发展不充分则是"不平衡不充分"问题的重要方面。促进共同富裕,最艰巨最繁重的任务在农村。在以大城市为核心的城镇化无法有效缩小城乡差距的背景下,中小城市和小城镇的作用日渐凸显,小城镇在未来我国缩小城乡差距、实现共同富裕之路上将发挥重要的作用[11]。小城镇一方面是城镇体系的末端,另一方面是农村地区的经济文化中心和集聚基地,上可承接城市的技术、资金和人才等要素,下可作为广大农村地区的增长极,这一城乡二元属性特征使其成为吸纳跨区域流动人口和资本的重要载体,在解决"半城镇化"问题、预防和治理"农村病""城市病"等问题上具有举足轻重的作用[12]。

随着经济社会发展逐步进入后工业化、信息化时代,发展需求从经济导向、效率优先,转向兼顾效率与公平、统筹安全和发展等更加综合的多元目标。小城镇的发展模式、发展方向也随之作出调整,小城镇建设进入转型发展期。但无论如何,小城镇的基本功能都应包括其城镇属性、乡村属性和城乡过渡属性，并且始终有其作为地域中心的乡村服务功能和作为城镇体系节点的生产交换功能所带来的发展动力。新发展格局中的小城镇，其基本功能包括以下方面：一是作为城乡统筹和城乡一体化联系纽带的功能；二是作为面向乡村的基本公共服务供给中心的功能；三是作为城镇化承载功能的重要组成部分；四是作为人口从乡到城转移的承载地和缓冲地的功能；五是作为城镇化格局中地方特色和传统文化传承的承载地功能[②]。因此，新时期的小城镇发展，更多的是立足自身优势的特色化发展，在新型城镇化、乡村振兴、生态文明、文化传承等领域找准自身的定位。不同地区的小城镇，其发展差异也不断拉大，呈现日益明显的分异趋势。

3.3.2　政策方针聚焦小城镇分类发展

顺应小城镇发展的分异趋势，国家对小城镇的政策引导也主要集中在分类指引和有选择的发展上。2014 年发布的《国家新型城镇化规划（2014—2020 年）》明确指出，城市群地区是城镇化的主战场。同时，延续了有重点地发展小城镇的发展方针。2016 年发布的《国务院关于深入推进新型城镇化建设的若干意见》（国发〔2016〕8 号），特别强调了要提高县城和重点镇基础设施水平，加强县城和重点镇公共供水、道路交通、燃气供热、信息网络、分布式能源等市政设施和教育、医疗、文化等公共服务设施建设。2016 年，住房和城乡建设部、国家发展和改革委员会、财政部联合印发《关于开展特色小镇培育工作的通知》（建村〔2016〕147 号），以更好贯彻落实党中央、国务院关于特色小镇建设的精神，推进"十三五"规划纲要，加快特色小镇建设，积极培育休闲旅游、现代制造、商贸物流、教育科技、美丽宜居、传统文化等领域的特色小镇。这些实践体现了国家差异化发展和创新探索小城镇建设的思路，为今后小城镇建设积累了丰富经验。

党的十九大首次提出实施乡村振兴战略，"以城市群为主体构建大中小城市和小城镇协调发展的城镇格局""加快农业转移人口市民化"。这意味着小城镇的发展建设，应当以促进资源和城乡要素双向流动为目标，加速一二三产业融合，促进城乡、区域协调发展。2021 年，国家"十四五"规划纲要指出，要因地制宜发展小城镇，促进特色小镇规范健康发展。2022 年中共中央、国务院印发的《扩大内需战略规划纲要（2022—2035 年）》提出"按照区位条件、资源禀赋、发展基础，分类引导小城镇发展。促进特色小镇规范健康发展"。作为连接城市和农村的重要纽带，小城镇在城乡融合发展的重要战略支点作用再次得到重视。

县域单元是新时期国家城镇化和乡村振兴相关政策的主要载体。2021年中央一号文件明确指出"加快县域内城乡融合发展"，并明确提出"把县域作为城乡融合发展的重要切入点，强化统筹谋划和顶层设计，破除城乡分割的体制弊端，加快打通城乡要素平等交换、双向流动的制度性通道。"2022年中共中央办公厅、国务院办公厅印发《关于推进以县城为重要载体的城镇化建设的意见》《乡村建设行动实施方案》，指明了县域城镇化以及乡村振兴的发展目标和具体任务。在县域单元统筹城乡发展的过程中，小城镇同样扮演重要角色。以县域为单元推动城乡融合，不能只依靠县城，小城镇的作用同样不可或缺。在国家"十四五"规划纲要中的"实施乡村建设行动"部分，提出要"强化县城综合服务能力，把乡镇建成服务农民的区域中心"。我国农村量大面广、布局分散，在城市与县城直接辐射范围之外的地区，大量的直接与农业、农民打交道的服务内容必须依托更贴近乡村的小城镇来完成。尽管城乡之间交通基础设施有了大幅改善，但部分面向乡村的日常性生产生活服务功能，仍需要由小城镇来提供。

3.3.3 规模增长缓慢、发展分异明显

从人口与用地变化来看，小城镇规模呈现缓慢增长态势。2010～2020年，建制镇镇区人口增加0.18亿，增幅12.4%；2021年，全国1.88万个小城镇镇区总面积433.6万公顷，相比2011年，增加95万公顷，增幅28.0%。小城镇发展质量不断提升，在人均住宅建筑面积、供水普及率、人均公园绿地面积等反映基础设施和公共服务水平的指标上提升较快。如供水普及率从2007年的76.6%增长到2010年的79.6%和2020年的89.1%，人均公园绿地面积从2007年的1.8平方米增长到2010年的2.0平方米和2020年的2.7平方米。小城镇发展分异明显，人口方面，小城镇人口增减差异明显；在功能方面，具有区位优势、资源禀赋的小城镇专业功能凸显。

当前，我国乡镇级行政区发展整体表现出"数量多、差异大、两极化、不平衡"的特点。在乡镇中有一批"人口众多、经济发达"的强镇，户籍人口分布同样符合"胡焕庸线"规律，尤其以长江中下游地区和两广地区乡镇户籍人口数量最多。以2020年统计数据为例，户籍人口最多的广东省佛山市南海区狮山镇高达379078人（图3-1）。经济社会方面，总体上江苏、浙江、广东三省乡镇经济发达，西部地区乡镇经济欠发达。2020年地方一般公共预算收入前1000位乡镇中，预算收入首部与尾部乡镇同样表现出显著的"两极分化"特征，首部乡镇的预算收入最

高能达到尾部乡镇预算收入的 46.1 倍（图 3-2）。放眼全国乡镇，首部与尾部乡镇预算收入的不平衡性必然更加显著。与县级行政区相比，全国有 133 个乡镇地方一般公共预算收入能超过其他 1257 个县（市）预算收入，更加突显了经济强镇的不俗实力。上述人口与经济强镇已经部分具有或超过了我国一般县（市）社会经济发展水平，但其仍作为乡镇级行政单位，乡镇一定程度上受到行政管理体制约束。

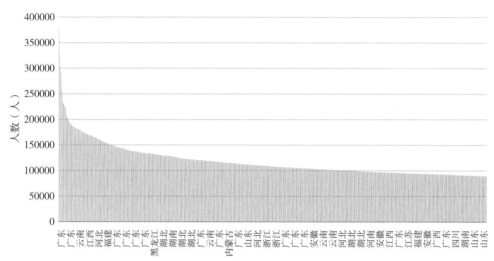

图 3-1　2020 年全国前 1000 位乡镇的户籍人口数量对比[3]

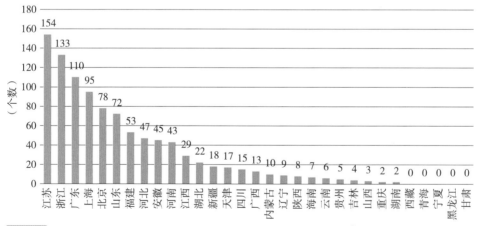

图 3-2　2020 年乡镇地方一般公共预算收入进入全国前 1000 位数目[4]

3.3.4　在国家战略中的作用有待明确

小城镇作为居民点体系的中间环节，自古至今都是客观存在的，但其作为管理单元和政策对象，发挥的作用却随着时代背景和价值取向而处在动态变迁之中[13]。

这一时期，随着国家的主要政策方向聚焦于县城和村庄两个层级（相当于绕过了小城镇），各界对小城镇能够发挥的作用存在一些争议。

引发争议的部分原因是近年来小城镇总体发展情况并不理想。一是乡镇企业的没落，2000 年以后，在国家由"短缺经济"转入"过剩经济"以及扩大对外开放的过程中，乡镇企业逐步失去了发展的空间；二是人口集聚能力的下降，对城镇化发展的带动不足；三是部分职能被城市取代，随着交通、通信等技术的发展，以及居民对服务品质需求的提高，小城镇的部分服务职能（特别是医疗、教育等）弱化；四是小城镇的问题和短板显现，表现出经济效率低下、环境问题突出、建设水平不高等问题。对小城镇战略作用的质疑也开始增多，主要包括以下几个方面：

第一，小城镇并非走中国特色城镇化道路的必然选择。发展小城镇有许多困难难以克服，多数小城镇仍然处在交通不便、技术水平低、投资分散的状态，对人口的吸引力不强，发展建设小城镇容易造成乱占乱用土地、重复建设、浪费资源等问题。

第二，小城镇经济效益不高。与大中城市相比，小城镇的综合经济效益是比较差的，小城镇与大城市相比经济优势较弱，管理水平较低，难以形成规模经济效益，集聚效应、辐射能力差，对投资的吸引力相对有限，而且资源利用效率较低，不利于在国际竞争中经济的增长。

第三，小城镇资源、环境绩效不高。长期以来，小城镇一直由于资源利用不合理、规模偏小导致公共建设成本高效益差、环境治理能力低而遭受批评。反对小城镇发展的主要理由之一就是建设小城镇造成了资源的大量浪费，环境的严重污染。

但应当注意的是，小城镇量大面广，不能一概而论。新时代小城镇的发展，需要根据网络社会和生态文明的时代要求不断进行优化和分类指导。例如，位于大中城市辐射范围之内的小城镇，要作为大中城市的组成部分，与所在城市共同考虑，其公共设施应尽量利用城市，不宜搞小而全的重复建设；位于大中城市辐射范围之外的小城镇，要根据其在县域范围的地位，区分城关镇、中心镇、一般镇等不同情况分别考虑；有特殊区位条件的小城镇，例如物资集散地、交通沿线镇及边境线上的集镇等，要参照更大范围的区域发展战略一同考虑；重点小城镇发展，需要围绕土地核心问题，从人口、产业、资源、财税、文化等方面进行统筹的治理创新。可以认为，作为一个群体而言的小城镇，仍将在我国新型城镇化和乡村振兴的进程中扮演重要角色，但具体到某一小城镇个体，则需要根据其资源禀赋、发展阶段、区域作用等多重影响因素来确定差异化的发展道路。

3.4 不同阶段相关研究评述

对小城镇的研究与其发展阶段息息相关。从研究文献数量来看，1992年开始对于小城镇的研究文献明显增加，2000年左右文献数量出现大幅增长，至2010年达到顶峰，随后文献数量开始下降。这与全国政策层面对于小城镇发展的关注度高度一致。对比同一时期内，城市、镇、村的相关研究成果数量，城市领域相关研究远超镇、村领域。同时，自1984年以来，对于村这一领域的研究关注也一直高于镇（图3-3）。

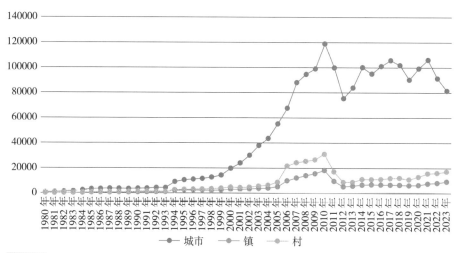

图3-3 分别以"城市、镇、村"为关键词在知网搜索相关文章数量变化
资料来源：笔者自制

从镇这一层级的相关研究来看，不同发展阶段对于小城镇的地位作用、发展趋势、应对策略等关注重点均有所不同。回望过去40多年的发展，对以往小城镇发展建设进行总结，探讨小城镇发展的特点和问题，旨在更加科学地看待小城镇发展规律，以期对未来的小城镇发展提出更好的建议。

3.4.1 1978～2002年：对小城镇的关注不断升温

（1）小城镇建设快速推进，但建设质量不高

1978～2002年，相关研究显示，这一时期小城镇发展取得明显成效的同时，存在规模过小、布局不合理、对区域经济的带动作用不强等问题，并且在规划建设标准、基础设施配套、生态环境保护、土地配套政策等方面的短板不断凸显。该时期建制镇数量的过度膨胀，使建制镇作为城镇居民点的质量总体上不断下降。除此之外，小城镇的管理体制、财政功能、基础设施集资来源等也成为研究讨论的关注点。李铁等研究认为小城镇政府的管理体制不完善，财政功能不健全；对于小城镇发展用地，存在相当大的政策限制；小城镇的规划和布局受短期利益制约，缺乏长远打算。周一星等研究发现乡镇工业集中在镇驻地的不到50%；在镇驻地的镇规划中，还分别划出办事处工业区、镇办工业区和每个驻地村各自的村办工业，乡村工业化和城镇化分散程度严重。

（2）小城镇是推进城市化的重要载体

尽管小城镇建设发展存在诸多问题，但相关研究对小城镇在城镇化进程中的重要作用给予肯定。李铁等研究认为中国未来的城市化进程，小城镇发展是一个重要的载体。小城镇发展，核心是解决农村人口转移问题；人口转移，必须解决土地问题。在我国，要转移农村劳动力、减少农民，发展小城镇是一条根本出路。相关研究对小城镇产业的关注较多，一致认为非农产业是小城镇发展的重要基础。史育龙等认为乡镇行政区划调整，说到底是生产力布局的调整。要坚持把促进生产要素合理流动和资源优化配置，有利于农村非农产业的发展，加快小城镇建设和城市化进程作为乡镇撤并的主要目的。周一星等认为乡村工业化大发展的市场机遇与创业环境不再，乡镇企业分散布局的形式不可持续。

（3）小城镇的健康发展需要适当引导

因此，引导小城镇健康发展是实施城镇化战略、缓解城乡就业压力、加快农业和农村经济结构调整、提高农民素质和生活水平、促进国民经济持续快速健康发展等的迫切需要。这一时期对于小城镇的发展，"坚持因地制宜、分类指导，从经费、人员、技术等方面对村镇规划进行支撑"成为共识。部分研究学者提出撤并乡镇工作不宜采取行政推动的方式，需变"简单的行政推动"为"因地制宜的区域指导"。汪光焘等强调了两类小城镇建设，分别是在县城和条件好的中心镇（或重点镇）、风景名胜核心区周边的小城镇。何兴华等希望通过小城镇作为城乡联结的纽带，探讨城乡统一规划管理的可能性。李铁等认为应鼓励和支持富有活力的小城镇或小城市的发展，并通过改革传统的行政等级化的城镇管理体制，提升现行的具有相当经济实力和人口规模的小城镇或小城市的管理层次。周一星提出要变"重点发展小城镇"为"发展重点小城镇"，小城镇的功能定位应从"基层行政管理中心"逐步发展为"农村地域性经济中心"等。

3.4.2 2003～2012 年：对小城镇的研究热度持续

（1）小城镇建设盲目无序，导致问题不断积累

2003～2012 年，面对小城镇发展积累的问题，相关研究对其发展趋势及对策的认知也出现变化。这一时期，小城镇在产业基础、发展动力、设施建设、土地利用等方面存在诸多问题。具体来看，由于缺乏统一有效的扶持小城镇发展的政策，导致小城镇发展重点不突出，基础设施建设滞后，产业基础薄弱，发展动力不足。建设缺乏分类引导，小城镇存在盲目攀比、建设无序等问题。土地利用粗放，工业用地浪费与环境污染等现象突出。脱离实际，以城市模式建设镇，盲目追求镇区空间规模的扩张，盲目追求"现代化"和建筑体量及建筑高度，失去了镇的特色风貌。彭镇伟等认为小城镇政府在对经济的管理中，往往热衷于追求经济的短期快速增长，较少考虑长远的发展。陈秉钊等认为小城镇的级差不明显，不大不小的规模，使许多设施难以配套，配则不经济、无法维持，不配又影响生产、生活，破坏生态环境。

（2）小城镇在统筹城乡发展中有着重要作用

尽管存在诸多问题，但小城镇的重要性仍不可忽视。一方面，研究认为小城镇建设是解决"三农"问题和农村全面建成小康社会的重要途径。从统筹城乡发展、解决"三农"问题的高度，小城镇尤其是重点镇，是农村发展的抓手、是解决"三农"问题的桥梁、是破解农村腿短的金钥匙、是城镇化发展的空间归宿主体。仇保兴等认为小城镇提供了低门槛、低成本的创业与就业环境，小城镇具有引导分流的作用。李兵弟等认为小城镇的比较优势是能就近吸纳农村人口，可以成为农民工回乡的创业之地、乡镇企业的再生之地、县域经济的富民之地。另一方面，研究认为农业建设仍是小城镇政府应当重视的问题，不能因为第二、三产业的发展而偏废了农业的发展。小城镇政府应当把注意力从产业的增长转到产业的发展上来，达到工业产业的稳步健康发展。同时，随着工业的发展，环境保护也成为小城镇政府的一项重要任务，小城镇进入产业结构调整、体制机制创新的重要时期。彭镇伟等认为小城镇政府职能的转变应当从以前无所不在又效率低下的"无限政府"向精简高效的"有限政府"转变。

（3）小城镇建设要突出重点、分类指导

对于小城镇的发展建设，研究一致认为要分类指导、突出重点，充分运用市场机制，加快重点镇和城郊小城镇的建设与发展；要坚持可持续发展战略，注重保护资源和生态环境；推进小城镇公用设施建设，鼓励区域性基础设施共建共享联营等。在推进城镇化过程中，小城镇政府要注意结合自身实际进行制度创新。各等级的城、镇、村合理级配，承担不同的职能，互补协同，形成体系、形成整体。汪光焘等提到要加快重点镇和城郊小城镇的建设与发展。仇保兴等认为要建立强有力的协调机制，并将小城镇发展模式细分为城郊的卫星城镇、工业主导型、商贸带动型、交通枢纽型、工矿依托型、旅游服务型、区域中心型、边界发展型、移民建镇型、历史文化名镇等十类。李兵弟等对不同区域小城镇发展提出应对策略，东部沿海经济发达地区要将基础设施和社会服务设施向周边农村地区延伸，加大整个城市区域内反哺农村的力度；中部地区要更多地关注中心城市周边地区的城乡协调发展；西部地区则是有重点地支持部分小城镇的发展等。陈秉钊等指出发展小城镇应坚持循序渐进，防止盲目攀比、一哄而起。应充分考虑现有小城镇的发展水平、区位优势和资源条件以及今后的发展活力，选择已经形成一定规模、基础较好的小城镇予以重点支持，发展小城镇经济，加快小城镇建设。

3.4.3　2013年至今：对小城镇的关注明显下降

（1）小城镇发展出现分化，建设欠账严重

2013年至今，小城镇发展战略实施后，不同地区、不同类型的小城镇的功能内涵甚至有了更大分化。有的小城镇显然属于城市范畴，是城市型经济和社会发展的载体；有的小城镇仍然是农村的服务中心、文化中心和教育中心。小城镇中的活动人口越来越多流向县城，大多数地区小城镇的发展都存在着供需关系严重结构性不平衡的状况等。在我国快速城镇化推进的过程中，小城镇发展欠账严重，普遍存在环境污染、管理不善、人居环境退化、就业不足等方面的问题。仇保兴等研究提到大中小城市和小城镇发展失衡的问题越来越突出。近十年间，我国小城镇居住人口减少了10%。小城镇的衰退和人口流失，不仅会导致大量人口涌入大城市，加剧"大城市病"，也会弱化小城镇作为"三农"服务基地的作用，影响农业现代化进程。何兴华等提到从全国整体情况看，小城镇的功能不强。没有足够的吸引力促进人口和产业集中，没有起到引导农业生产、加快农村发展、促进农民增收的作用。

（2）小城镇在城镇体系中仍有着重要地位

从最初主要为农业农村服务的中心，到乡村工业化的载体，再到公共服务延伸和城市生活扩展所需的场所，小城镇是中国农村大经济生产体系上的重要组织节点，是衔接国家管治和地方自治的弹性空间，是推动农业产业现代化的重要组织单元，小城镇的地位作用仍不可小觑。杨保军等认为，扶持小城镇特色化发展，其意义和价值并不立足于"造城"，而在于"助乡"。李铁等提到要发挥特大城市周边中小城市和小城镇对城镇人口和产业功能的疏解作用，增加这些城镇对周边农村的辐射和带动能力。要尊重市场规律，因势利导，吸引资金和资本流向中小城市、小城镇以及农村地区。要允许一定规模的工业企业到小城镇和村庄落户，降低企业的发展成本，同时为农村产业发展带来长期收益。

（3）小城镇发展建设应由各方力量共同推动

对于小城镇未来发展，专家认为小城镇既不可能都大发展，也不可能都不发展，要分类引导、有重点发展小城镇，多样性、个性化是小城镇应该追求的发展模式，在人居环境提升改造、服务设施建设、治理体制等方面对小城镇建设进行提升。仇保兴等认为要围绕大城市新建一批卫星城，缓解"大城市病"。利用高铁优势使其沿线小城镇成为适宜养老和旅游的聚点。要制止部分地区层层分解城镇化指标、人为造城等错误做法，实现大中小城市和小城镇的协调发展。研究认为理性的小城镇发展战略必须由政府自上而下与社会由下而上的协作共同推动；要通过要素资源的优化配置和产业发展，培育适应高端需求的新型产业。彭震伟等研究发现沿海经济发达地区充分利用了小城镇发展的政策环境优势并发挥小城镇对城市地区发展的支撑作用，出现了大量新兴的小城镇，并表现为从"一镇一品"到产业集群的经济发展模式。张庭伟等认为应鼓励地方人才回流，依靠深入的制度改革，大力支持小城镇的经营者，减少条条框框及各种税收，使经营者有合理的利益可期，使他们长期留下，成为小城镇复兴的"锚"。小城镇要从原先主要承接城市资金转向各方社会力量参与、企业为主体的运营机制及市场化的运作方式，并落实国家新型城镇化战略所提出的投融资体制机制的改革，实现小城镇建设的融资方式创新，探索产业基金、股权众筹、PPP等融资路径和市场化机制。

3.4.4 小结

从上述研究可以看出，2000年以前，相关研究集中于探讨乡镇企业的作用、空间布局及其管理转型等小城镇自身问题。2000年之后，开始更多地关注产业培育和区域要素配置，跳出了小城镇自身范畴，拓展到更大的区域层面来探讨小城镇的发展方向，研究内容也更加细化和深化。对于小城镇在国家城镇化进程中地位和作用也均给予了肯定，并一致认为在未来，小城镇仍是新型城镇化的重要一环。

对于小城镇发展应对策略，相关研究从顶层设计、发展战略、发展方向等宏观方面，对小城镇发展面临的问题进行讨论，认为小城镇因地制宜、分类施策的发展理念应贯穿始终；小城镇的发展要分类引导、有重点发展；在人居环境、服务设施、治理体制等方面对小城镇建设进行提升。小城镇的发展应引入多元力量、市场机制，并由政府自上而下与社会由下而上的协作共同推动；尤其要重视小城镇产业的发展等。相关研究成果从不同方面为促进我国小城镇的健康发展起到了积极作用。经验总结对于小城镇后续发展建设有着重要的借鉴意义。

注释：

① 《临海市志（1986–2012）》第三十九编：镇、街道。

② 曹广忠.展望小城镇发展：数量和产业承载功能或将减少。

③ 根据《中国县域统计年鉴（2021）》数据，对2020年我国乡镇户籍人口统计数据分析，得到乡镇户籍人口全国前1000位。其中户籍人口最多的前五名分别是：广东省南海区狮山镇379078人、河北省三河市燕郊镇371914人、广东省南海区大沥镇331311人、江苏省昆山市玉山镇300369人、浙江省苍南县灵溪镇295066人。整体上看，前1000位乡镇中，户籍人口在30万以上的乡镇有4个，户籍人口在20万～30万之间的乡镇有17个，户籍人口在10万～20万之间的乡镇有651个，户籍人口在10万以下的乡镇有328个，户籍人口最少的为江西省安远县欣山镇89358人。不在这前1000位的全国其他乡镇级行政区划，其户籍人口均在10万人以下。

④ 根据《中国县域统计年鉴（2021）》数据，统计了2020年各地区地方一般公共预算收入居全国前1000位的乡镇级行政区。江苏省、浙江省、广东省入列数量最多，表明三地乡镇经济在全国走在前列。其中，江苏省共有154个乡镇一般公共预算收入位居全国前1000位。在收入前100位中，江苏省有32个乡镇入列，同样位居榜首；在收入前500位中，江苏省有98个乡镇入列，数量最多。前100个乡镇预算收入总和占所有1000个乡镇一般公共预算收入总和的34.71%，其他900个乡镇预算收入总和只占收入总和的65.29%。

参考文献：

［1］ 邹兵.小城镇的制度变迁与政策分析[M].北京：中国建筑工业出版社，2003.

［2］ 徐桂华.中国乡镇企业的发展和农村剩余劳动力转移[J].经济评论，1999（2）：5，55–59.

［3］陈宗兴，等 . 中国乡镇企业发展与小城镇建设 [M]. 西安：西北大学出版社，1995：34.

［4］冯长春 . "新格局"下小城镇发展探讨 [J]. 小城镇建设，2021，39（11）：7.

［5］刘悦，等 . 乡村振兴战略背景下小城镇发展建设 [M]. 北京：中国建筑工业出版社，2022：31.

［6］朱建江 . 小城镇发展新论 [M]. 北京：经济科学出版社，2021：45-46.

［7］建设部课题组 . 新时期小城镇发展研究 [M]. 北京：中国建筑工业出版社，2007：24-26.

［8］保罗·L. 诺克斯，海克·迈耶 . 小城镇的可持续性：经济、社会和环境创新 [M]. 易晓峰，苏燕羚，译 . 北京：中国建筑工业出版社，2018.

［9］马光荣，张玲 . "乡财县管"改革、基层政府治理与经济发展 [J]. 金融研究，2023（1）：39-56.

［10］王昱皓 . 小城镇在城乡关系中的功能：基于费孝通相关文本的分析 [J]. 西部学刊，2019（5）：3.

［11］郑风田 . 小城镇在缩小城乡差距中的重要作用 [J]. 国家治理，2022（8）：27-31.

［12］彭震伟 . 小城镇发展与实施乡村振兴战略 [J]. 城乡规划，2018（1）：11-16.

［13］何兴华 . 小城镇发展争议之我见 [J]. 小城镇建设，2018（9）：2.

4 | 小城镇面临的主要问题及其根源

在过去的二十年时间里，小城镇长期被"遗忘"，甚至处于进一步被"边缘化"的态势，似乎成为"失去的世界"——活力在丧失，特色在遗失，人口在流失。长久不被重视制约了小城镇功能的发挥，小城镇的发展、建设、治理、保障等方面，均出现了显著的问题，可以笼统地概况为六个"不"，即定位不明、动力不足、品质不高、特色不显、施策不准、保障不力。当然，这六个"不"中，既有问题的表象，也有问题的成因，需要进一步加以甄别。

4.1 小城镇面临的主要问题

4.1.1 有战略价值，但地位作用不清

历史上看，小城镇曾经是农民进城的"第一站"，也是乡村地区公共服务与商品流通服务的中心，甚至曾经扮演了我国经济和城镇化发展的"主力军"；现状来看，小城镇数量众多、集聚的人口规模不小、建设用地规模可观。因此，小城镇毫无疑问仍具有重要的战略价值。然而，多年以来各界对小城镇地位作用的认识却不够清晰，主要表现为"城乡身份"的模糊、"重视程度"的分歧、"主要功能"的疑惑三个方面。

（1）"城乡身份"的模糊

居于城乡之间、连城带乡是小城镇的特点和优势，但也造成了小城镇地位的模糊，小城镇"亦城亦乡"，也"非城非乡"，到底把小城镇归于"城"的范畴，还是"乡"的范畴，存在一定的争议。例如，从城乡人口划分的角度看，小城镇的人口被统计到"城"的一端，而按照乡村的定义，小城镇又属于"乡"的范畴。这种"城乡身份"的模糊，无疑对小城镇的发展建设造成了困扰，究竟应该把小城镇归入"城"的政策领域，还是"乡"的政策领域？更适合参考"城"的标准建设小城镇，还是采用"乡"的模式建设小城镇？这些问题都亟待回应。

（2）"重要程度"的分歧

当前及今后的发展进程中，小城镇需要得到何等程度的重视，也是一个具有较大争议的问题。长期以来，我国提倡走大中小城市和小城镇协调发展的城镇化道路，但在党的二十大最新的政策表述中小城镇未被提及，同时，从实际的政策支持力度来看，客观现实依然是偏重发展大中城市，并没有使小城市，特别是使小城镇"协调"发展起来。一种观点认为小城镇的地位不再重要，应把重点放在城市和乡村；也有学者提出以前忽视了小城镇的发展，新型城镇化要以县城和小城镇为重点。可见，是否要重视小城镇、是否该发展小城镇，在各界也存在较大的分歧。

（3）"主要功能"的疑惑

小城镇的发展源于乡村服务需求与产业经济发展，同时，小城镇的功能因区域发展阶段、发展模式和发展条件的变化而变化。近年来，随着信息化、机动化的发展，以及"行政上移"后小城镇管理能力的下降，小城镇的商贸服务、农业服务功能部分被城市取代，其作为农村地区服务中心与商品集散中心的地位似乎有所削弱；另一方面，乡镇企业萎缩后，小城镇承载产业经济的作用也大大降低。与此同时，在坚持总体国家安全观、实现中国式现代化、构建新发展格局等新要求引领下，小城镇的地位作用也将随之转变，但目前对其新地位与新作用的认识仍显不足。小城镇的传统功能是否还能有效发挥？小城镇又能承载哪些新的功能？这些问题也都有待明晰。

4.1.2 有产业基础，但发展动力不足

改革开放以来，小城镇曾经历过一段时期的快速发展，为此后小城镇的发展建设奠定了基础。时至今日，大部分小城镇仍具有一定的产业基础。据统计，2020 年全国建制镇规模以上工业企业数量 19.42 万个，占全国的 48.62%[1]。然而，近年来，小城镇的发展动力明显不足，传统发展动力逐步减弱、新发展动能尚待培育、居民就业不充分。

（1）传统发展动力逐步减弱

改革开放后至 2000 年以前，小城镇的发展动力源自乡镇企业带动和外商投资。2000 年以后，受到中国加入世界贸易组织等因素的影响，大中城市得到了更多的发展机会。也是从这一时期开始，小城镇传统的发展动力逐步减弱，乡镇企业开始走向衰落，外商投资也主要转向城市。同时，在这样的环境下，部分小城镇为了维持"正常"运行，仍然沿用高投入、低产出、高消耗、低效率的发展模式，产业结构

相对低端、生产效率滞后[2]，也对小城镇的生活、生态环境造成了负面影响。

（2）新发展动能尚待培育

伴随着经济社会发展阶段的演进，以及"消费经济"的逐步兴起，在交通、互联网等相关技术的支持下，小城镇的发展将逐步形成更加多元的动力。总体上看，小城镇的发展动力主要源自自身的资源禀赋（土地、水、矿产、景观、历史等自然和人文资源），以及外部的环境改善（外部交通改善、区域人口流动、制度政策创新等）。然而，在当前阶段，小城镇的多元发展动力尚在培育阶段，除了少部分区域，大量的小城镇仍未能将其资源优势与整体环境有效结合，形成真正能够支撑小城镇转型的动力源，小城镇培育多元动力的模式、路径等仍有待探索和创新。

（3）居民就业不充分

与城市相比，小城镇居民的就业机会少、居民收入低。2015年全国小城镇调查显示，小城镇就业人口在第一、二、三产业的分布比例为47：30：23，在企业和事业单位就业的人口只占到全部人口的1/5左右，其余80%均为务农、打工、经商等个体就业；小城镇居民收入仅相当于城市居民的一半，在镇里生活的居民约只有3成对镇上的就业机会满意，是调查过程中居民满意度最低的领域（图4-1）。同时，小城镇发展缺乏年轻劳动力，大量小城镇没能实现其人口"蓄水池"和就近就业目的地的作用。

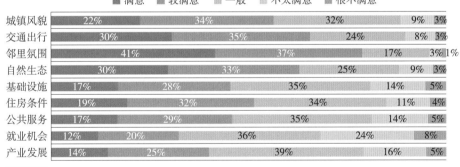

图 4-1 小城镇居民满意程度调查分析图

资料来源：引自《说清小城镇：全国121个小城镇详细调查》

4.1.3 有服务需求，但建设品质不佳

小城镇需要为镇区居民和周边农村人口提供安全且有品质的住房和较为完善的基础设施和公共服务。但目前，我国小城镇建设短板突出，特别是人居环境建设滞后、基础设施建设短板明显，甚至出现"镇不如县、也不如村"的现象。

（1）住房品质不高

首先，小城镇住房安全水平有待提升，小城镇自建房较多，约70%的居民住在自建房里，部分地区仍存在危房、老旧房屋等。其次，小城镇住房的功能不完善，2015年全国小城镇调查显示，约27%的家庭没有独立洗澡设施，约33.50%的家庭没有水冲式厕所（图4-2）。随着小城镇居民生活水平的提升，这些问题在不断改善，但与城市的差距仍较为明显。

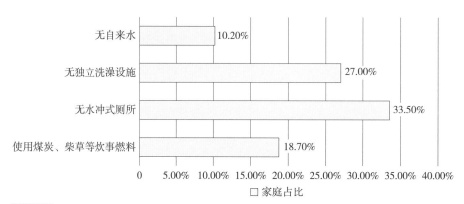

图 4-2 小城镇家庭各类设施使用情况比例
资料来源：引自《说清小城镇：全国121个小城镇详细调查》

（2）基础设施短板明显

小城镇基础设施建设"有没有"和"好不好"问题同时存在。在"有没有"方面，小城镇污水处理率、燃气普及率仅60%左右，人均公园绿地面积仅不足3平方米，与城市、县城差距明显（表4-1）。在"好不好"方面，小城镇的供水、道路等设施建设数据虽然与城市、县城差距不大，但质量不高。大量小城镇镇区管网老旧，供水漏损、水质不达标等问题仍然较为严重。小城镇道路管护和照明设施建设等方面存在较大差距。2023年乡村建设评价抽样调查显示，40%的小城镇存在道路破损、凹陷、积水、泥泞等现象，镇区道路照明设施覆盖率仅为40.6%。此外，小城镇基础设施普遍建成时间较久，同时缺乏设施运行管护费用，设施效果往往难以保证。

城市、县城、建制镇建设数据比较（2022年）　　　　　　　　表 4-1

	供水普及率（%）	生活垃圾处理率（%）	污水处理率（%）	燃气普及率（%）	人均公园绿地面积（m²）	人均道路面积（m²）
城市	99.39	99.98	98.11	98.06	15.29	19.28
县城	97.86	99.82	96.94	91.38	14.50	20.31
建制镇	90.76	92.34	64.86	59.16	2.69	17.21

数据来源：中国城乡建设统计年鉴

（3）公共服务设施难以满足群众生活需求

现在很多小学、初中都向乡镇集中，乡镇寄宿制学校数量逐渐增多，但一些学校建设质量不高，学校住宿、用餐、上课等条件有待提升。根据2023年乡村建设评价抽样调查，28.99%的村民生小病、12.47%的村民生大病到乡镇卫生院就诊，但乡镇卫生院的急救功能不完善，远程医疗服务水平较低，医护人员的数量和水平都急需提升。群众盼望增加体育健身设施、文化礼堂、戏台等文体、休闲设施。但小城镇满足老年人及儿童等特定人群需求的活动场所不足，体育、文化等设施普及率较低（表4-2）。此外，部分小城镇商业配套设施较为缺乏，只有单一功能的商店、超市。小城镇提供的公共服务和商业服务"质"的欠缺问题较为凸显。

小城镇部分设施建设状况　　　　　　　　　　　　　　　表4-2

设施类型	拥有率（%）	用地均值（公顷）
公园广场	68.6	4.4
镇文化中心	71.9	0.5
老年活动中心	43.8	0.5
儿童活动场所	20.7	0.6
体育活动场所	36.2	0.8
传统文化场所	37.0	0.4

资料来源：《说清小城镇：全国121个小城镇详细调查》

4.1.4　有资源条件，但环境特色不显

小城镇拥有较好的自然与人文资源，但大多缺乏科学的保护、利用和管理，除部分历史文化名镇、特色景观旅游镇保留了较好的风貌外，大量小城镇环境风貌不佳，"千镇一面"现象突出。

（1）小城镇环境品质不佳

小城镇人居环境"脏乱差"现象较为普遍。在城镇化快速发展的过程中，小城镇曾出现以牺牲环境换取经济效益、以违章搭建寻求发展空间等现象，建设随意性较强。镇容镇貌不佳，不少小城镇存在私搭乱建、沿街立面不美观等问题（图4-3）。根据2023年乡村建设评价抽样调查，约60%的小城镇存在乱占道、乱停车、乱倒垃圾的现象，65%存在"空中蜘蛛网"现象。

（2）小城镇风貌特色不突出

历史文化特色丧失问题较为严重，小城镇的古街、传统建筑等历史文化资源保护难度大，部分传统民居、街巷面临荒废、破败、损坏等情况，小城镇传统肌理和历

图 4-3 中部某省小城镇镇区现状图
资料来源：笔者自摄

史文脉难以延续传承。新建建筑缺乏引导，甚至随意移植外来的欧式、现代等建筑风格，在设计与建设上缺少对传统元素和工艺的传承利用，建筑形式、色彩风格等与历史风貌和环境不相协调。风貌特征趋同，在标准化、工业化生产的挑战下，许多小城镇建筑和公共空间简单复制，空间形态较为单调，缺乏标志性和辨识性（图 4-4）。

图 4-4 中部某省份小城镇镇区现状图
资料来源：笔者自摄

4.1.5 有保障责任，但治理能力不高

2021 年出台的《中共中央 国务院关于加强基层治理体系和治理能力现代化建设的意见》中明确指出，要加强基层政权治理能力建设，包括增强乡镇（街道）行政执行能力、增强乡镇（街道）为民服务能力、增强乡镇（街道）议事协商能力、增强乡镇（街道）应急管理能力。可见，小城镇在我国基层治理过程中，承担着重要的责任。然而，当前小城镇普遍面临"权小、人少、事多、责大"的局面，治理能力有待提升。

（1）管理权限中"一刀切"现象严重

当前，我国小城镇出现了明晰分化，呈现出不同的发展水平，形成不同的类型。理论上看，应该实行分类指导，对不同小城镇加以区分，给予不同的管理权限。而实际上，我国普遍实行小城镇管理"一刀切"形式（仅有少量小城镇实现强镇扩权），无论是机构设置、权限职能还是考核指标，都未体现出差异性，这非常不利于小城镇治理工作的开展，造成小城镇治理能力弱、治理效率低，缺乏完成治理任务的资源和手段，难以迅速、高效地解决治理过程中面临的问题。

（2）小城镇政府职能的错位

小城镇政府具有促进经济发展、增加农民收入、强化公共服务、着力改善民生，加强社会管理、维护农村稳定，推进基层民主、促进农村和谐等多重功能。不同的发展阶段，小城镇政府的职能侧重点存在差异。现实中，小城镇在履行促进经济发展职能上表现得更为积极主动，时常深入经济一线，腾出主要精力用于招商引资，拉动经济发展，推动增长，这必然会削弱其公共管理和社会服务方面的职能。这种职能的错位一定程度上降低了政府的公信力和群众的认可度，直接影响了小城镇政府治理能力和治理水平的提升。

（3）小城镇社会关系面临挑战

首先，小城镇政府与居民群众之间没有形成良好的互动。由于信息不对称、服务能力不足、沟通不充分等原因，老百姓对镇政府存在一定程度的不信任、不支持、不理解现象。其次，镇村之间也是存在矛盾。乡村关系冲突，最经常发生也最突出的表现为部分小城镇政府仍然习惯地把村民委员会当作自己的行政下级或派出机构，要求村民委员会的一切行动都听命于乡镇政府，还是习惯于传统的命令指挥式的管理方式。最后，小城镇政府与上级部门所设的"七站八所"之间的关系不顺。有实权的站所一般由上级部门直接管理，如国土、工商等部门。小城镇政府履行职责时必须依托这些部门，但又无权管理这些部门，常常引发政府工作的低效运行或无效管理。

4.2　小城镇问题产生的根源

4.2.1　发展逻辑转变

不同时期国家社会经济发展逻辑的转变，是小城镇兴衰演替的决定性因素，也是当前小城镇问题产生的客观根源。改革开放初期，大力发展小城镇，是新中国成立后长达 30 年城乡隔离局面被打破后具有中国特色城镇化道路的战略选择，是在既定约束条件下以尽可能低的摩擦成本渐进式推进城镇化的制度创新。小城镇作为中国农村城镇化的过渡环节，在很大程度上避免了城镇化过程中出现激烈的社会对抗，并能在社会变革的震荡中保持着经济的高速增长和城镇化的推进，具有增量改革的性质和意义[3]。然而，作为我国新旧体制转轨时期城乡结构转换的产物，20 世纪末期小城镇的发展具有浓重的时代特征，随着我国经济社会和城镇发展进入新阶段，小城镇的时代价值逐步弱化，其发展态势的阶段性衰退也难以避免。

（1）发展模式从"分散"走向"集聚"

1983 年，费孝通先生提出"小城镇、大问题"之后，小城镇开始走向繁荣，一方面是由于国家对小城镇发展建设的松绑，另一方面则是当时处于工业化与城镇化初期，分散的小城镇成本优势明显，能够异军突起。改革开放之初，国家处于工业化与城镇化初期，社会有效供给不足，分散的小城镇在人口集聚和产业发展等方面的成本优势明显。1998 年，国家提出"小城镇、大战略"之后，小城镇反而进入发展的调整期，背后的重要原因是世纪之交我国的发展逻辑发生了重大调整，城镇化和经济社会发展从"分散阶段"转入"集聚阶段"，小城镇的成本优势逐步被城市的集聚优势所取代，小城镇在与城市的竞争中处于劣势。

一是城镇化发展进入集聚阶段。20 世纪 90 年代末，我国面临通货紧缩的强大压力，经济发展的主要矛盾也从供给约束转向需求约束。在这样的背景下，加速推进城镇化成为扩大内需和拉动经济增长的重要手段。依托城市吸引人口集聚，并创造市场需求，进而创造更多的就业岗位，成为这一时期重要的战略选择。2000 年"十五"计划中也对我国城镇化战略作出调整，提出"在着重发展小城镇的同时，积极发展中小城市，完善区域性中心城市功能，发挥大城市的辐射带动作用，提高各类城市的规划、建设和综合管理水平，走出一条符合我国国情、大中小城市和小城镇协调发展的城镇化道路"。

二是经济发展进入集聚阶段。20 世纪 80 年代之后小城镇的发展，最重要的动力来自乡镇企业的带动。但随着宏观经济形势的变化，特别是我国加入世界贸易组织后，依托城市参与国际竞争合作成为产业经济发展的重要动力，城市的科技、金融、产业集聚优势得以发挥。我国的经济当时主要由位于沿海的经济特区和开放城市推动，国外直接投资涌入这些城市的同时，农民工也绕开小城镇来到这些城市。在沿海大城市，农民工可以获得比在传统乡镇企业工作和农业生产更高的收入。乡镇企业生产的初级工业产品纷纷失去了市场竞争力，而市场经济的推进使得乡镇企业以往具有的体制性优势减弱或消失，其资金和技术方面的劣势逐渐突出。面对城市工业和外资企业的竞争，技术含量很低的、由农民自己创办的散布在农村的初级加工业面临着被逐出市场的挑战。由于来自大城市的经济拉力实在太强，小城镇作为农村—城市连续系统中的稳定力量作用被削弱了。

（2）可持续发展要求提高了小城镇的建设成本

进入 21 世纪后，转变经济发展模式、实现可持续发展成为重要政策方向，节约利用土地和保护生态环境逐步成为政府环境保护政策的核心目标，国家在认可小城镇成绩的同时，强化了土地、环保等方面的规范要求，提高了小城镇发展建设的成本。

乡镇企业虽然推动了小城镇的发展，但乡镇企业分散化、粗放式的土地利用方式也造成了一定程度的土地资源浪费。根据建设部的资料，1997 年底，我国特大城市和大城市人均建设用地面积分别为 75 平方米和 88 平方米，中等城市和小城市分为 108 平方米 / 人和 143 平方米 / 人，而建制镇的人均建设用地面积为 154 平方米。随着国家对集约节约利用土地的重视，对乡镇企业的传统空间利用模式形成了挑战。同时，小城镇的产业发展大量利用集体土地，但集体土地使用逐步受到政策的严格限制，也对小城镇的产业发展造成制约。

小城镇粗放的发展模式，也造成了较为严重的环境污染。与城市相比，农村工业中污染性行业所占比重较大，有数据表明，乡镇纸厂每生产一吨纸所排放的污水量为国有大企业的 3 倍，有机物为 4 倍，而悬浮物则高达 14 倍[4]。更为严重的是，集中于城市的工业对环境的污染一般是点污染，比较容易集中治理，而分散的小城镇工业粗放式经营对环境的污染则是面污染，更难以集中治理。在我国开始强调可持续发展的背景下，小城镇的生产模式也面临重大挑战。

4.2.2　建设模式偏差

（1）对现代化理解片面，盲目模仿大城市

小城镇盲目模仿城市发展方式、建设模式，反而引发发展模式粗放、发展路径单一、风貌特色破坏等更多问题。之所以盲目模仿城市，本质上是由于对现代化的片面理解。我国的现代化进程在一定程度上是"追赶式"的现代化，在学习借鉴发达国家经验的过程中，对传统的、本土的东西珍惜不足。同时，长期以来，我国主流的规划思想主要由欧美引入，由于行政体系的差异，对小城镇的适用性不强。

受此影响，一些地方把推进现代化片面地理解为加强城镇建设，热衷于建设大广场、大马路和标志性建筑。许多小城镇在规划设计时，带有较大的盲目性，尤其是盲目模仿大城市的建筑风格，不考虑自身经济条件及改造的能力，出现小城镇的规划建设与自身的实际需求不相符，忽略了自身环境所具有的特殊性，导致小城镇个性差异和可识别性不足。长期模仿大城市的建设模式，小城镇偏离地方特色，发展路径不明。

（2）缺乏因地制宜的差异化建设引导

小城镇数量众多、千差万别，需要进行差异化、针对性的建设引导。然而，现有技术规范对小城镇的特点和差异性考虑不足，难以有效指导小城镇建设。目前镇规划编制领域只有《镇规划标准》GB 50188—2007 一项技术规范，内容主要是参照城市规划的方法与技术制订，且制订时间较早，越来越难以适应新时期小城镇规划建设的需要。例如，我国城市规划建设的相关标准，对城市各类建设用地比例提出了明确的建议，而《镇规划标准》GB 50188—2007 中对小城镇公共设施用地内容，只给出一个笼统的用地比例 12% ~ 20%，缺少细节要求，一定程度上造成小城镇各类公共服务功能并没有得到足够重视，乃至公共服务设施的建设被忽视[5]。此外，"一刀切"的技术标准，导致小城镇设施建设与自身功能特色需求不匹配，造成设施建设的适用性不足。

（3）缺乏有效的建设统筹

当前，小城镇规划建设通常缺乏统筹建设的理念，造成不同小城镇之间公共服务设施布局和建设缺乏有效的共建共享，基础设施建设模式选择不合理，建设风貌缺乏有效协调。同时，小城镇建设运营的系统性也有待加强。相关政策更关注基础设施和公共服务设施的前期建设，对后期的维护、运营一体化关注不够。目前，小城镇建设的各类公共设施仍以"政府建、政府管"为主，社会资本参与不多，市场化力量未充分得到调动，对项目"建 – 管 – 运"一体化谋划和运营主体多元化的考虑相对不足。特别是市政基础设施等方面的运营管护资金，受限于小城镇自身财力，容易出现"建得起、用不起"的窘境，长效运营资金保障存在困难。

4.2.3 制度政策约束

（1）早期的制度改革红利逐步消失

改革开放之初，小城镇在国家没有大量投入的情况下仍然快速发展，其背后的动力是制度改革所释放出来的巨大红利。其中，最为关键的制度创新主要包括三个方面。一是企业制度改革带动了乡镇企业的崛起，而乡镇企业的崛起则带动了小城镇的繁荣；二是农业经营与流通制度的改革解放了大批原来被束缚在土地上的农民，刺激了小城镇第三产业的发展，重新恢复了小城镇的市场功能；三是户籍制度放松后，相当数量的农民开始进入城镇务工经商、安居乐业，农民的大量流入有力地增强了城镇化自下而上的动力，使小城镇人口增长逐步恢复。

然而，这些改革都是适应当时时代背景的举措，经过多年的发展，改革红利逐步消失，已经难以继续发挥推动小城镇发展的作用。同时，面对新时期小城镇发展建设的主要问题，相关的制度改革进展相对缓慢，小城镇的管理能力、要素保障能力均受到限制，制约了小城镇的进一步发展。

（2）小城镇发展建设缺乏连贯的政策设计

在我国目前的行政运行机制下，小城镇作为我国最基层的行政单元，面临"权小职大、职权倒挂"或"小马拉大车"的矛盾，使得小城镇的发展受到限制。长期以来，我国资源要素在大城市等高层级过度集聚、在中小城市和小城镇等低层级出现短缺。近年来，随着县域城镇化、乡村振兴等战略的实施，县城和村庄在国家层面已经得到充分的政策支持。相比而言，量多面广的小城镇成为"被跳过的层级"，处于政策"真空区"，出现政策"进城下乡不过镇"的现象。这如同人体血脉，资源要素在各层级行政单元合理流动，促进均衡发展；若过度集聚于高层级单元，则导致处于末端的低层级单元失去发展动力（图4-5）。

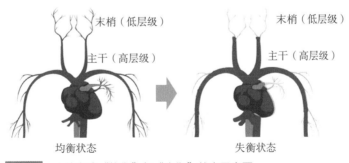

图4-5　人体血脉"均衡"与"失衡"状态示意图
资料来源：笔者自绘

多年以来，针对小城镇的政策设计缺乏连续性和稳定性，相关政策与标准老旧，不适应新时期的需要，对小城镇发展和建设支撑不足。2000年以前，小城镇相关政策法规数量较多，包括1993年出台的《村庄和集镇规划建设管理条例》、1995年出台的《建制镇规划建设管理办法》（2011年非实质性修订）、2000年出台的《中

共中央 国务院关于促进小城镇健康发展的若干意见》等，但这些法规政策都已老旧，明显难以满足新时期指导小城镇建设的需求。2000年以后，小城镇相关政策法规数量明显减少，主要以发布相关试点、示范工作的通知为主（表4-3）。

小城镇政策脉络梳理 表4-3

文件名称	出台时间	主要作用和内容
《关于进一步加强集镇建设工作的意见》（已失效）	1987年	调整完善村镇规划；抓好集镇建设；发展农村经济的同时，注意抓好农村的社会发展工作
《村庄和集镇规划建设管理条例》	1993年	为加强村庄、集镇的规划建设管理，改善村庄、集镇的生产、生活环境，促进农村经济和社会发展，制定本条例
《关于加强小城镇建设的若干意见》	1994年	确定重点发展的小城镇，作出全面的规划部署。对沿路、沿江河、沿海、沿边境等地理位置和交通条件较好、乡镇企业有一定基础或农村批发和专业市场初具规模的小城镇，要首先有重点地抓好规划和建设
《建制镇规划建设管理办法》	1995年	制定和实施建制镇规划，在建制镇规划区内进行建设和房地产、市政公用设施、镇容环境卫生等管理，必须遵守本办法
《建设部关于发布〈村镇规划编制办法（试行）〉的通知》	1996年	促进小城镇健康发展，规范村镇规划编制工作
《中共中央 国务院关于促进小城镇健康发展的若干意见》	2000年	原则：尊重规律、循序渐进；因地制宜、科学规划；深化改革、创新机制；统筹兼顾、协调发展。内容：涉及规划布局、经济发展、建设用地、引入市场机制、户籍制度改革等
《建设部关于贯彻〈中共中央 国务院关于促进小城镇健康发展的若干意见〉的通知》	2000年	把15%的建制镇建成…的农村区域经济文化中心；抓好中心镇的建设，一般每个县1~2个为宜
《建设部关于加强城镇污水处理厂运行监管的意见》	2004年	进一步加强城镇污水处理厂的监督与管理
《建设部关于加强村镇建设工程质量安全管理的若干意见》	2004年	突出重点，分类指导，例如对于建制镇、集镇规划区内的所有公共建筑工程、居民自建两层（不含两层）以上，以及其他建设工程投资额在30万元以上或者建筑面积在300平方米以上的所有村镇建设工程、村庄建设规划范围内的学校、幼儿园、卫生院等公共建筑
《建设部关于印发〈小城镇建设技术政策〉的通知》	2006年	提出"小城镇发展的重点是县城镇和部分区位优势明显、基础条件好、发展潜力较大的建制镇。以产业发展为依托，发展重点小城镇。依据不同地区条件，以市场为导向，大力培育和发展小城镇优势特色产业。"
《建设部关于印发〈县域村镇村体系规划编制暂行办法〉的通知》	2006年	统筹县域城乡健康发展，加强县域村镇的协调布局，规范县域村镇体系规划的编制工作，提高规划的科学性和严肃性
《历史文化名城名镇名村保护条例》（2017年修订）	2008年	加强历史文化名城、名镇、名村的保护与管理，继承中华民族优秀历史文化遗产

资料来源：笔者自制

4.2.4　要素保障不足

（1）人才保障不足

小城镇在建设发展中普遍存在专业技术人员匮乏、流动性大的问题，人才引进难、留住人才更难。由于小城镇在基层技术管理、综合执法等方面缺乏专业技术人才，给推进工作带来了不少困难。为详细了解各地乡镇建设管理机构设置、人员配备和管理情况，相关部门曾在 2022 年对全国 28 个省份 81 个县的 231 个乡镇进行调研和电话沟通。通过梳理各地情况，发现主要存在三个方面的问题。

一是乡镇建设管理机构设置不健全。住房和城乡建设部针对 231 个乡镇的调查显示，85 个乡镇没有专门的村镇建设管理机构，占 36.8%；79 个乡镇将村镇建设管理机构合并到其他机构，占 34.2%；67 个乡镇有专门的村镇建设管理机构，占 29.0%。机构改革后，原先负责村镇建设的机构大多被撤销或合并，缺乏专门管理机构，管理责任难以落实。

二是管理人员配备不足且缺乏专职人员。上述调查的 231 个乡镇共有从事建设管理的工作人员 1194 人，其中，专职 607 人，兼职 587 人。231 个乡镇常住人口541.2 万人，约有 240 万套农房。平均每个工作人员服务约 4500 人，负责 2000 套左右农房。很多管理人员除负责农房建设外，还负责镇区的路、水、垃圾、燃气等建设和运行管理、监督检查等。

三是缺少专业人才。乡镇机构改革调整使一批长期从事村镇建设管理的人员被分流，加上乡镇对人才吸引力不强，使得乡镇建设专业人才凤毛麟角，大多数工作由乡镇干部临时兼职"顶班"。

（2）土地要素制约明显

作为重要的空间发展资源，建设用地按照行政层级逐级下拨的方式予以配置。目前，国家对建设用地供给总量控制日趋严格，加上行政层级配置的约束，小城镇很难获得下拨土地指标。结合笔者参与的各地国土空间总体规划，发现"三区三线"划定后，除部分产业园区所在镇，其他镇的城镇开发边界基本保持现状。对于有产业园区的重点小城镇，虽然城镇开发边界有少量拓展，但难以满足实际的建设需求。笔者在对浙江、湖北等地调研的过程中发现，乡镇招商引资的产业项目往往由于没有空间落地造成项目"流产"。对于非重点小城镇而言，由于其话语权更小，甚至连必要的公共服务设施和基础设施建设用地供给也难以保障。诚然，小城镇土地利用浪费的问题确实存在，这其中有主观原因也有客观原因。除了政府应加强政策约束之外,在满足其发展需求之下的合理引导尤为重要。

集体土地使用制度不健全,也是造成小城镇空间瓶颈的重要原因。小城镇多建立在一个或几个大村庄的基础上,尽管近年加快了"村改居"的步伐,但镇区内仍有行政村的小城镇比例超过60%,近三成的小城镇镇区全部由行政村构成。小城镇镇区建设用地中集体用地占比高,根据2015年全国小城镇调查,平均在60%左右,一半以上小城镇镇区建设用地中集体土地占比超过70%。长时间以来,我国唯国有土地才可合法出让,因此,我国的土地出让遵循"先国有化、再市场化"的程序。近年来,我国的土地制度逐步破冰,对集体建设用地的使用的限制也逐步放宽,成都等地甚至进行了集体建设用地入市的探索。尽管如此,实践中集体土地的使用仍存在较多阻碍和阻力,存在与国有土地"同地不同权""同地不同价"等问题,不能真正反映土地的市场价值与稀缺程度。一方面,集体建设用地入市和用途管制的相关政策仍有待进一步明确,很多地方虽然也有探索使用集体建设用地的想法,但政策的不确定性使很多思路难以落地实施。另一方面,集体建设用地与国有建设用地在抵押融资等方面也存在差距,导致很多企业也不愿意使用集体建设用地。

(3)建设资金普遍不足

20世纪80年代至今,分税制改革对小城镇的财政产生了深远影响,绝大部分小城镇没有独立的财权,"乡财县管"制度削弱了小城镇原本就不强劲的财政收支自主能力,责权不对等成为制约小城镇发展的重要因素之一。小城镇承担着繁重的基层管理事务,但缺乏足够的财力支持,在现行财政体制下,镇的财政收入大部分要上缴分成,真正留在镇里能够支配的财力并不多,不能满足城镇建设和公共服务的需要。这直接导致小城镇的建设面貌落后,基础设施建设跟不上经济发展速度,公共服务数量不足且品质得不到保障,难以提高小城镇的竞争力。

2014年,笔者曾对山东省魏桥镇进行调研,发现该镇的建设类投资加上日常管理维护支出每年需要8000万元,其中主要资金支出项目均为刚性支出。该镇作为省级工业强镇,2013年地方工业产值650亿元,财政总收入8.2个亿元,地方财政收入2.8亿元。但是受分税制影响,地方工业增值税的75%要上缴中央财政,其余25%中,有12%上缴地级市财政,6%上缴县级财政,真正能够落在小城镇手中的工业增值税收入只有7%,加上其余可获得的税款分成,魏桥镇一年大约只有5000万~6000万元的可支配财政收入。也就是说,即使是发展水平较高的产业强镇,其收入也难以覆盖成本支出。2022～2024 年之间，笔者对浙江省、湖北省的小城镇进行调研，发现情况有所改观，小城镇可获得的财政收入占地方财税收入的比例有所提高。但是这一问题仍然存在，一些本来看上去经济繁荣富裕的工业镇，其实地方财政捉襟见肘，地方建设资金多需要依靠借外债支撑；而那些非重点小城镇的财政情况则更为紧张。

小城镇能够获得的上级财政支持和社会资金投入同样有限。近年来，地方财力有限，大部分地区县级财政拿不出更多的资金用于小城镇建设和发展。同时，乡村振兴的资金投入往往跨过小城镇，直接投向村级单元。此外，由于小城镇基础设施建设资金需求量大、建设周期长、盈利性小，社会资本投资积极性不高，乡镇政府受行政等级等原因限制，搭建融资平台较为困难，银行对于乡镇政府的贷款意愿不高并且审批烦琐，造成小城镇建设融资渠道狭窄，进一步制约了小城镇建设资金的供给。

在多方面因素影响下，小城镇的建设投入与县城、城市存在明显的差距。通过中国城乡建设统计年鉴数据分析，发现 2022 年平均每个小城镇的建设投入仅4760 万元，其中住宅投资占比接近一半（49.1%）；用于市政公用设施的建设投资仅874.76 万元，占比不足 20%。从单位投入角度看，2022 年小城镇地均市政公用设施投入仅 3.80 万元 / 公顷，人均市政公用设施投入仅 1012.05 元，与县城、城市差距明显（表 4-4、表 4-5）。

2022 年及近五年小城镇平均市政公用设施建设投入　　　　　　表 4-4

	2022 年	2017～2022 年均值
供水（万元）	75.89	82.04
燃气（万元）	37.87	40.99
集中供热（万元）	25.81	29.27
道路桥梁（万元）	284.85	322.07
排水（万元）	197.75	217.14
园林绿化（万元）	77.96	93.76
环境卫生（万元）	106.57	110.24
其他（万元）	68.06	77.15
合计（万元）	874.76	972.66

数据来源：中国城乡建设统计年鉴

2022 年城市、县城、小城镇市政公用设施人均、地均投入比较　　表 4-5

	人均投资（元/人）	地均投资（万元/公顷）
城市	39494.7	350.36
县城	27489.1	203.44
小城镇	906.8	3.80

数据来源：中国城乡建设统计年鉴

参考文献：

［1］高国力.提升建制镇对农民的吸引力，真正实现县城就地城镇化 [EB/OL].
（2022-05-02）[2024-04-16]. https：//baijiahao.baidu.com/s?id=17316797189526
49995&wfr=spider&for=pc.

［2］刘悦，周琳，陈安华，等.乡村振兴战略背景下小城镇发展建设 [M].北京：
中国建筑工业出版社，2022.

［3］邹兵.小城镇的制度变迁与政策分析 [M].北京：中国建筑工业出版社，2003.

［4］曲格平，等.中国人口与环境 [M].北京：中国环境科学出版社，1992.

［5］朱喜刚.规划视角下小城镇模式 [M].北京：中国建筑工业出版社，2019.

中篇
希望何在？

5 | 小城镇面临的形势分析

5.1 支撑小城镇发展的重要机遇

5.1.1 "双循环"新发展格局，提升了小城镇的战略地位

（1）城乡要素循环，提升小城镇在区域协调中的作用

党的十九届五中全会提出"要加快构建以国内大循环为主体、国内国际双循环相互促进的新发展格局"。加快构建"双循环"新发展格局是党中央为实现经济高质量发展作出的重大战略部署，其中畅通城乡循环、促进城乡融合发展是构建新发展格局的重要环节。因此，要增强城乡区域发展协调性，一方面，需推进以人为核心的新型城镇化，促进大中小城市和小城镇协调发展，塑造优势互补的区域格局[1]；另一方面，要建立健全城乡融合发展体制机制和政策体系，推动城乡土地、人才、技术、资金等要素实现双向流动、均衡发展[2]，打破城乡区域间阻碍经济循环发展的堵点，促进城乡区域间要素的自由、有序、有效流动，实现区域良性互动、城乡融合发展[3]。

众所周知，欧美等发达国家城镇化发展之初也是人口由农村向大中城市的单向流动和集聚，但随着"城市病"的加剧和城市居住环境的恶化，人口开始出现逆向流动，越来越多的人口先是由城市中心转移到郊区，再由郊区转移到小城镇。据有关研究统计，《财富》世界500强排行榜中的美国企业至少有一半的总部在小城镇。美国一半的大学、大专院校、设计院所也都在中小城市。德国的情况也非常类似，截至2016年，全国人口超过100万的大城市只有柏林、汉堡、慕尼黑和科隆4个，绝大部分人都分散居住在人口2万~20万之间的各类中小城市。随着大量城市人口转移到小城镇，这些人带来的投资和消费极大地提升了小城镇的功能，带动了周边乡村的繁荣，成为推动小城镇发展和城乡融合发展的一股强大外来力量[4]。

小城镇作为城与乡之间的连接纽带，是推动产业、技术、人才等资源由城向乡下沉的关键渠道。同时，小城镇由于生活成本低、地域上与乡村更为接近，相比中心城市转移人口迁居进入的生活以及城镇化成本往往较低。只要有适当的就业岗位、一定的公共服务配套，小城镇吸纳农业转移人口的能力将会得到有效释放。因

此，在现阶段畅通城乡循环、促进城乡融合发展的大背景下，小城镇能够充分发挥其在促进城乡要素双向自由流动与资源均衡合理配置中的催化与调节作用，提升人口吸纳能力，承载更多农业转移人口就近就地城镇化的客观需求。

（2）参与产业分工，提升小城镇发展质量与竞争力

在参与国际分工、利用国际市场环节，城市群、都市圈作为新型城镇化发展的主战场和主体形态，是中国参与国际竞争和全球化分工的中坚力量。但在城市群、都市圈内的核心城市中心城区，往往存在人口承载过度集聚、交通拥挤等"城市病"。城市群、都市圈内的小城镇可以因势利导，承接核心城市的产业外溢，促进先进制造业和现代服务业的发展。在城市群、都市圈范围内的小城镇，随着城市区域一体化步伐加快、时空约束减弱、近邻效应加强，小城镇逐步被纳入城市区域的更大空间范畴中进行要素的优化配置，小城镇产业经济社会系统和科技水平等各方面将有所提升。在大中城市附近的小城镇，可以充分利用中心城市辐射带动，加上自身的劳动力和土地资源优势，参与到大中城市的产业分工和协作之中，促进自身经济社会发展[5]。

依托于城市群、都市圈等平台，小城镇能够参与全球产业分工，成为全球性生产基地的重要组成部分，获得与全球经济活动接轨的机会。生产网络的全球化为小城镇带来巨大的资本及市场机遇，使其在土地、劳动力等方面的比较优势得以在更大的地域空间内施展，能够促进第三产业及新兴产业的发展，打造一批有科技含量的小城镇。通过加强小城镇的产业集聚、科技创新等措施，可以培育具有国际竞争力的特色产业集群，提升国际竞争力。

在构建全国统一大市场、加快国内市场循环的环节，小城镇相对于城市在经济效益的劣势将逐步弱化，经济开放度将不断提升，能够推动本地特色优质农产品"走出去"。通过政策引导，在夯实原有产业基础的前提下转型升级，扶持发展与农产品加工相关的企业以及各类小微企业，打通工农之间的有效循环。在服务国内循环过程中，发挥更加综合的战略作用，实现小城镇的高质量发展[6]。

5.1.2 城镇化战略不断推进，重构了小城镇的区域角色

（1）城镇化战略的演变带来小城镇定位的改变

改革开放以来，我国城镇化政策经历了由限制大城市、发展小城镇到协调发展的过程。关于我国城镇化适合发展大城市还是小城镇，曾经引发学者的激烈讨论。然而，在我国最新的发展方针和相关政策表述中，已经不再局限于简单的"规模之争"，而是更加突出系统观念，强调不同规模的城镇相互配合，发挥各自的作用。

这既符合城镇按规模大小具有一定的功能分工与合作的关系，也是现阶段我国城镇化发展对各类城镇都有所需求的客观要求。

党的十八大报告提出，"科学规划城市群规模和布局，增强中小城市和小城镇产业发展、公共服务、吸纳就业、人口集聚功能"；党的十九大报告提出，"以城市群为主体构建大中小城市和小城镇协调发展的城镇格局"；党的二十大报告提出，"促进区域协调发展。以城市群、都市圈为依托构建大中小城市协调发展格局，推进以县城为重要载体的城镇化建设"。国家"十四五"规划纲要提出，"以城市群、都市圈为依托促进大中小城市和小城镇协调联动、特色化发展"；国家发展和改革委员会印发的《2021年新型城镇化和城乡融合发展重点任务》中，明确提出要把促进小城镇与大中小城市协同发展放在突出的地位[7]（图5-1）。

当前，我国的城镇化战略重点强调两个方面：一是以城市群、都市圈为依托的城镇化，以提升国家综合实力和国际竞争力为重点；二是以县城为重要载体的城镇化，以保障国家安全稳定为重点（图5-2）。需要指出的是，"以县城为重要载体"

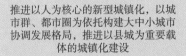
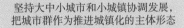

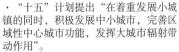

图 5-1　我国城镇化战略演变历程
资料来源：笔者自制

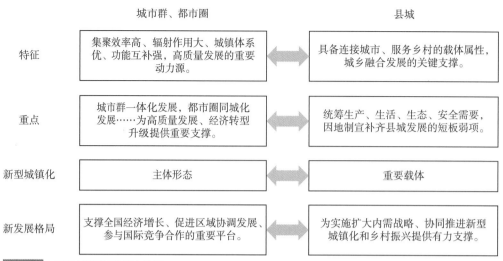

图 5-2　两种城镇化模式的关系

资料来源：笔者自制

并非仅发展县城，还要注重以县域为基本单元的城乡融合发展。2022 年 5 月，中共中央办公厅、国务院办公厅印发的《关于推进以县城为重要载体的城镇化建设的意见》中提出，"以县域为基本单元推进城乡融合发展"；中共中央、国务院印发的《扩大内需战略规划纲要（2022—2035 年）》中提出，"推进以县城为重要载体的城镇化建设……按照区位条件、资源禀赋、发展基础，分类引导小城镇发展"。

随着我国城镇化步入中后期，以都市圈、城市群为主体形态，沿海和中西部地区的城市群和大城市快速发展，小城镇在中国特色城镇化发展进程中的总体地位趋于下降，这也符合城镇化发展的客观规律和现实。尽管党的二十大报告中没有明确提及小城镇，但在《关于推进以县城为重要载体的城镇化建设的意见》《扩大内需战略规划纲要（2022—2035 年）》等最新的文件中，对于小城镇的发展给出了明确的描述。小城镇仍是合理城镇体系中重要一环，在国家新型城镇化、乡村振兴等战略的深入推进中具有重要意义。

（2）新型城镇化战略中小城镇的作用不可或缺

小城镇承上启下的作用得到加强。从城镇体系的空间网络构成来看，小城镇发挥着沟通城乡、统筹城乡发展的重要作用。从国际经验来看，在城镇化进入稳定时期后，中小城市依然要承载相当比例的城镇化人口。以德国为例，总人口的 65.37%居住在人口 20 万人以下的小城市，43.96%居住在人口 5 万人以下的小城市，15%居住在人口 2 万人以下的小城市。在美国、日本等国家，有 1/3 甚至更大比例的富裕人群生活在人口 10 万人以下的小城镇。这也意味着，无论城镇化发展到哪个阶段，小城镇都将在城镇化格局中占有一席之地，是重要的城镇化人口承载空间。

小城镇成为推进县域城镇化的重要一环。2023 年 5 月 17 日，习近平总书记在陕西讲话中指出"因地制宜发展小城镇，促进特色小城镇规范健康发展，构建以县城为枢纽、以小城镇为节点的县域经济体系"，强调小城镇对于推进以县城为重要载体的新型城镇化建设的重要意义。小城镇作为县域次中心，是服务县域广大农民生产生活的综合性功能节点。依据相关研究显示，农村居民使用了广泛的小城镇服务，包括购物、农资交易、医疗保健，以及政府、银行等一般服务，学校教育、非农就业等。除了治疗严重疾病外，小城镇是农村居民获得不同水平商品、社会活动和小额医疗的主要目的地。除医疗服务外，前往小城镇使用其他服务的村民比例均高于前往县城中心的村民比例。尤其是在中国中西部欠发达地区，一些小城镇在提供日常用品和医疗保健以及农业原料和产品贸易方面尤为重要。中国北部和西部大城市附近的小城镇提供的教育服务比其他地区更强 [8]。

5.1.3　乡村振兴战略的实施，强化了小城镇的节点作用

（1）乡村振兴战略，增强了小城镇连接城乡的功能

乡村振兴是缩小城乡差距和建设社会主义现代化国家的重要战略部署，与城乡融合发展互为依托。党的十九大报告提出乡村振兴战略以来，我国乡村的发展建设受到高度重视。《乡村振兴战略规划（2018—2022 年）》提出"完善城乡布局结构。因地制宜发展特色鲜明、产城融合、充满魅力的特色小镇和小城镇，加强以乡镇政府驻地为中心的农民生活圈建设，以镇带村、以村促镇，推动镇村联动发展"；2020年中央一号文件中指出"乡镇是为农服务中心"；2023 年中央一号文件提出要"继续支持创建农业产业强镇、现代农业产业园、优势特色产业集群；增强重点镇集聚功能；加强中心镇市政、服务设施建设等"。

小城镇作为乡村的中心，对乡村地区振兴发展有着重要意义。《中华人民共和国乡村振兴促进法》中明确提出"本法所称乡村，是指城市建成区以外具有自然、社会、经济特征和生产、生活、生态、文化等多重功能的地域综合体，包括乡镇和村庄等。地方各级人民政府应当加强乡镇人民政府社会管理和服务能力建设，把乡镇建成乡村治理中心、农村服务中心、乡村经济中心"。因此，在乡村振兴战略实施过程中，要重新发掘小城镇在连城带乡中的意义和地位，在村与村之间的横向联结及村与城之间的纵向联结中找寻依旧有活力和生命力的产业形态和文化因子，在城与乡的融合发展中探寻小城镇得以兼容城乡文明的可能性和潜力 [9]。

（2）小城镇成为推进乡村振兴的重要抓手

要实现乡村振兴，就必须实现农村、农业的现代化，必须以农村的工业化、产业化为基础。近年来，随着我国农业产业化的不断深入，一些涉农企业在数量上有较大增长，但由于受到企业性质、融资和布局等因素的影响，大部分企业的规模增长却很缓慢，不能为企业和农户带来更大的收益。如从布局因素来看，分散的企业至少在分担成本和获取商业信息方面处于劣势。推进农业产业化，就必须大力发展食品加工、运输、储存等行业，而这些行业发展的理想载体就是小城镇。乡镇企业、民营企业向城镇工业园区聚集是对企业营利、农民增收、城镇发展都有利的事情。

国外农业发展的历史经验表明，农业真正从传统的松散型向现代化的集中型发展，是离不开农民合作经济组织的。以农业种养大户或者农业科技公司等推动组建的农民合作经济组织可以较好地反映农民的社会经济利益，对政府政策制定产生较为强大和持久的影响。小城镇作为城镇与自然村落连接的纽带和桥梁，往往可以成为农民合作组织的载体和落脚点，农民合作组织可以在互通市场信息、控制市场等方面发挥重要作用，为乡村振兴作出独特的贡献。同样的，与小城镇繁荣伴生的农业科技咨询服务等机构，可以较好地把有利于农业发展及新农村建设的技术、信息、人才培养等服务向农民进行传递。

乡村振兴的核心问题还是农业问题，而农业问题的根本还是效率低、增收难。由于农产品的特殊性，通过单纯地提高农产品价格来增加农民收入的路基本行不通。比较有效的方式还是不断推进农业的产业化，增加农业和农产品的附加值。与国际先进农业相比，我国农业经济效益低，最重要的原因是农产品的生产链条短，附加值低。而小城镇完全可以助力农产品的储藏、保鲜、加工等环节，充分挖掘农业潜力，延长农产品产业链。合理发展小城镇能有效拓展农村经济纵向和横向上的活动联系，改变以往农业产前、产中、产后分割现象，真正形成从"田间到餐桌"的完整产业链条。小城镇对乡镇企业的聚集功能也能较好地帮助企业克服由于布局分散所带来的信息不灵、交通不便、生产成本高、资本利用率低和环境污染等问题，增加乡镇企业的比较效益，从而使农民从乡镇企业中获得更多的好处。

5.1.4 技术进步与消费升级，丰富了小城镇的成长路径

（1）交通网络和通信技术的发展，提供更多机会

随着经济社会发展，城市群本质上要求打破行政区划的限制，在区域内实现经

济社会的整合，实现城乡统筹发展。这在客观上推动了区域交通体系的建设，交通运输的区域一体化、网络化特征日益凸显，涵盖城市群区域内中心城市、非中心大城市、中小城市、小城镇等的综合性、合理化的分层级交通网络日益形成，以区域一体化为特点的综合交通枢纽建设日益加快，信息化、专业化的客货运输系统日益完善，区域内各城镇之间的时空距离进一步被压缩，区域发展变得更加均质化，这为区域内小城镇的发展带来机遇。

首先，在高密度的交通网络构建过程中，部分城镇之间的外部运输成本比较优势逐步淡化，产业发展的空间将进一步突破地理空间的限制，"不以消费目的地为指向的产业门类（全球性企业），可以依托便捷的、网络化的区域交通体系在生产成本更低的小城镇地区集聚"[10]。

其次，城市群区域社会分工的扩大，要求货运系统的发展必须立足于不同产业发展需求，形成符合货物物理及化学特征的集约化、专业化运输体系，通过面向特定产业进行交通基础设施改造将有助于小城镇尽快获得比较优势，在差异化产业战略中实现自身发展；此外，城市群区域内小城镇的特色产业将得益于区域交通体系优化所带来的运输成本降低，进一步奠定特色产业在区域中的优势地位[11]。

发达国家的经验表明，在工业化中后期，"城市郊区化""逆城市化"现象日益明显。大城市的高房价、拥挤、污染和生活快节奏，将迫使一部分人离开，去选择自然美好的田园风光，恬静悠闲的慢节奏小城镇生活，小城镇会因此大行其道。交通网络和通信技术的发展会缩短城市的时空距离，从而加速上述趋势。新经济地理学的一项研究成果曾指出，只要有便利的运输条件，小城镇也足以启动内部规模经济、承载大企业，原因是周边的中等城市就足以满足地方化经济的要求。根据上述理论，小城镇不仅能够承接传统的或一般的制造业转移，也能承接高新技术产业的转移，甚至能承载科技创新园区。当然，承载建设科技创新园区需要具备一定的区位条件，即与高级别的大城市之间既不能太远又不能太近，从而使其能够把土地、生活成本低的优势与大城市的城市化经济辐射有机结合起来。

（2）高品质服务设施与生态环境，提供新的路径

根据马斯洛需求层次理论，人均收入超过一定阶段后，人们将不再满足经济社会发展所带来的丰富物质生活，社会用于农产品的需求将逐步下降，人们开始更加关注生活质量的提升，社会用于精神享受及自身发展的消费支出会逐步增多。高密度城市的污染加剧、生活节奏繁忙、交通拥挤等一系列"城市病"，使生活在其中的居民更加向往优美的自然风光、享受清新的空气及纯净的泉水、体验乡村独特的自由及悠闲的生活方式，而城市居民的这种集体性生态、休闲消费需求只有在乡村地带才能得到满足。伴随着社会消费需求的升级，文化旅游、休闲度假等产业的成长，为一些生态人文资源较好的小城镇发展提供了新的路径。

事实上，小城镇吸引大企业在其镇区内设址，在欧美发达国家是一种普遍现象。小城镇能够吸引大公司的原因，也主要是其宜居程度往往优于大城市，这其中包括高品质的教育与健康服务、优美的环境、便利的休闲设施等。以德国纽伦堡市下辖的三个小城镇为例：埃尔朗根（Erlangen），人口约 10.6 万人，但它是西门子公司多个分支机构的所在地；黑措根奥拉赫（Herzognaurach），人口约 2.3 万人，但它是三家全球性公司阿迪达斯、彪马、舍弗勒总部所在地；依普霍芬（Iphofen），人口约 0.44 万人，但它是全球活跃的建材家族企业可耐福的总部。

伴随着"高密度、网络化"的城市群区域交通网络体系的构建与完善，那些位于大中城市周边、具有良好自然生态环境、保持较好乡村地域特色、服务基础设施完善的小城镇将有望成长为城市群区域内重要的度假居住、文化体验、休闲娱乐等产业集聚点。一些生态人文资源较好的小城镇也会因为高水准的生活环境、文化氛围等引来高端产业和高端人才，让小城镇成为精英人才和高端产业的乐居之地。

5.2 小城镇面临的关键挑战

5.2.1 大城市的虹吸效应明显，小城镇集聚人口的能力显著降低

（1）虹吸效应导致小城镇人口增长较为缓慢

我国城镇化持续推进，人口向大城市集聚的趋势明显。2010 ~ 2020 年十年间，城市群城镇人口增量占全国的比重 65.3%，相比前十年有所降低（66.4%）；而城市群中的省会及副省级以上城市城镇人口增量占全国的比重由 19.8% 大幅增加至 29.8%，中心城市是近十年城镇人口集聚的绝对核心。对比"六人普"与"七人普"数据，建制镇镇区人口增加规模仅占全国城镇人口增加规模的 8%，由此可见，小城镇镇区人口增长缓慢，人口集聚能力明显不足（图 5-3）。

崔曙平、李红波、罗震东等人对江苏省小城镇展开调查，调查的 61 个乡镇（街）十年来只有 11 个乡镇（街）人口呈现增长趋势，80% 以上的小城镇人口收缩，部分小城镇人口流失达 30% 以上。人口增长的小城镇主要集中在南京、常州（苏锡常）、徐州三大都市圈人口持续增长的区县内，都市区范围内的小城镇人口增长更

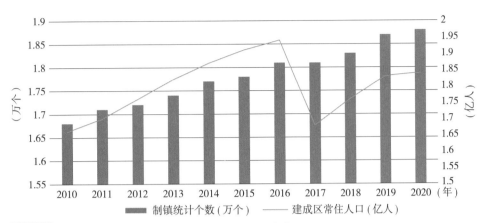

图 5-3 2010-2020 年全国建制镇数量与常住人口变化
资料来源：2010-2020 年中国城乡建设统计年鉴

为显著。持续的人口流失使得小城镇的老龄化问题日益凸显，近90%的受调查小城镇老龄化率超过 2020 年全国 18.1% 的平均水平，部分小城镇老龄化率已超过30%，且有进一步增长的趋势[12]。

从人口流动情况来看，全国小城镇人口以农村流入和向大城市流出为主，相关学者对小城镇人口迁移流动的特征分析，可归纳为：①总体上呈强流动、弱迁移的特点，且迁移与流动强度具有一定区域差异性；②以省内迁移为主，省外迁移较少；③农村剩余劳动力是人口流动的主体，在向城镇转移的过程中，呈现出"离土不离乡，进厂不进城"；④流入人口以青壮年劳动力为主体，主要从事工业和商业活动，文化程度以初中居多，婚姻状况以已婚为主[13]。

（2）虹吸效应制约小城镇的经济社会发展

大城市拥有更多的资本和投资机会，这使得小城镇的企业资本可能流向大城市，从而影响了小城镇企业的发展和壮大。从发展动力来看，多数小城镇产业基础薄弱，多以农产品初加工、生活服务业为主，引入产业难、留住好产业更难，产业发展低位循环导致经济发展水平一般、就业吸纳能力有限。此外，土地、资本、科技等要素资源惠及小城镇有限，用地难、贷款难、创新难等现象长期存在[14]。

从服务功能来看，由于缺少投资，小城镇综合服务功能偏弱。目前，国家投资主要集中在大城市，小城镇投资明显不足。水、电、气、路等各种基础设施不能及时跟进，配套基础设施不足。此外，由于功能布局分散，小城镇建设也存在低质量重复建设的现象，造成浪费，进一步加剧了资金紧张带来的配套不足。

5.2.2 资源环境约束不断趋紧，小城镇传统粗放发展模式难以为继

（1）资源环境约束导致小城镇建设增长空间受限

在强化耕地保护的总体战略导向下，未来新增城镇建设空间将受到严格限制；而在我国的现行行政体系下，小城镇可以获得的增长空间将更加有限。从现状建设用地增长来看，小城镇建设用地无序扩张的趋势明显。根据中国城乡建设统计年鉴，2022 年小城镇人均建设用地是城市的 2.27 倍、县城的 1.88 倍。2010 ~ 2022 年，城市人均建设用地从 100.73 平方米增加至 105.25 平方米，县城人均建设用地从 118.25 平方米增加至 127.10 平方米，小城镇人均建设用地从 191.76 平方米增加至 238.81 平方米，小城镇人均用地增长幅度超过城市与县城（图 5-4）。

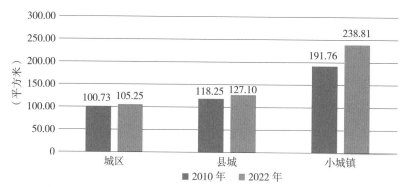

图 5-4 2010/2022 年全国城区、县城、小城镇人均建设用地比较

数据来源：中国城乡建设统计年鉴

在提升土地资源要素配置效率和产出效益，走内涵式、集约型、绿色化高质量发展道路的背景下，新增建设用地规模受到严格控制。随着各地国土空间规划的落地实施，一方面，小城镇将在设定的边界内进行开发，而不会随意向周边地区蔓延；另一方面，用地指标将进一步向上收拢，小城镇的增长空间将受到严格管控。

（2）资源环境约束倒逼小城镇发展模式亟待改变

由于经济发展水平和规模的制约作用，小城镇的主导产业发展滞后，产业布局过于分散，缺乏一些高端、高产、高附加值的高新技术企业，所以直接降低了小城镇的人口规模、劳动力就业机会和各类企业的聚集能力。经过多年的发展，我国经济增长方式已经从粗放型转变为集约型，重视质量和技术，强调专业化、市场化和规模化。但是，部分小城镇的工业发展仍然沿用粗放的发展模式，生产效率低下。再加上污染项目转移至农村和小城镇快速扩张等，导致耕地减少，植被破坏，薄弱

的自然资源和生态环境保护意识，对小城镇的可持续发展造成了严重阻碍。

从环境设施建设上看，小城镇污水集中处理、垃圾无害化处理等环境基础设施建设落后，绿化覆盖率低，城镇功能不健全，导致生活污染日趋严重。2020年城市和县城的污水处理率分别为97.53%、95.05%，生活垃圾无害化处理率分别99.92%、99.31%，小城镇这两项指标分别为60.98%、89.18%。同期，城市、县城建成区绿地覆盖率分别为42.06%、37.58%，建成区绿地率分别为38.24%、33.55%，小城镇这两项指标分别仅为16.88%、10.81%[15]（图5-5）。小城镇建设模式相对粗放，带来了一系列的环境问题，影响小城镇的可持续发展。

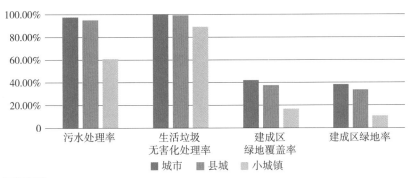

图5-5 2020年全国城区、县城、小城镇部分建设指标比较
资料来源：中国城乡建设统计年鉴

5.2.3 人民对美好生活的向往，对小城镇的建设品质提出更高要求

（1）小城镇市政设施建设提档升级需求迫切

在新时代推进城市建设，必须深入贯彻落实习近平总书记提出的"城市是人民的城市，人民城市为人民"的重要论断，走内涵式、集约型、绿色化的高质量发展道路。作为城镇体系的重要组成部分，小城镇建设也应集约高效[①]。

对标人民美好生活向往的多领域、多层次、多样化、时代化、精细化等特点，小城镇在宜居环境建设方面仍存在明显短板。与城市相比，小城镇在道路、供水、供电、停车场等基础设施建设方面存在建设滞后、运维困难、人居环境品质不高等问题，整体服务能力弱。在推动基础设施补短板的同时，也要关注设施建设品质，在重点解决好"有没有"的基础上进一步解决"好不好"的问题。

（2）小城镇公共服务设施优化配置诉求明显

历经多年建设发展，小城镇公共服务设施建设成效显著。部分省份小城镇在教育、医疗、文化、社会保障等具有代表性的公共设施领域，服务半径和指标配置上基本达标，但是服务质量难以满足人民群众对于现代化美好生活的需求。以江苏省为例，作为东部沿海发达省份，江苏省小城镇的公共服务设施能够达到国家规定标准，但与区域发展尚不匹配[16]。而对于中西部省份，部分小城镇在公共教育设施、医疗卫生设施、养老服务设施、文化体育设施等领域仍存在明显短板，设施服务能力有限，无法满足人民群众对更好的教育、更稳定的工作、更高水平的医疗卫生服务、更舒适的居住条件、更优美的环境的期待。

此外，随着人口结构变化、信息技术变革等，不同地区对于公共服务设施配置的模式、类型、供给方式等产生新的诉求，公共服务设施配置需要满足不同人群在不同时空维度下差异化的合理需求。例如，针对当前人口季节性流动的现象，要采用跨镇联建、镇村共享的方式，统筹周边乡镇资源，合建中小学、大型超市、文体场馆、卫生院所等公共服务设施。随着5G、互联网＋、人工智能、云和大数据等信息技术的发展，服务设施供给从"大颗粒、无差别、被动提供"向"精准化、个性化、主动提供"转变，让农民更加便利地享受各种现代化公共服务。

（3）小城镇历史文化传承与特色风貌塑造的需求提升

多数小城镇得益于优越的区位条件，大多拥有漫长的发展史，历史底蕴深厚，资源禀赋优异。但由于在发展过程中缺乏文化保护意识，粗放的发展模式致使大量的文物古迹遭受破坏，很多承载历史文化的传统老街、文人古宅等或被改造得面目全非，或难寻其踪，使得小城镇底蕴不再、人文缺失、特色不显。

在快速城镇化进程中，小城镇建设简单、粗放、照搬城市的做法，存在着山－水－城风貌特色缺乏感知、新老片区风貌割裂不协调、地域特色彰显不足等问题。同时，由于管理水平相对落后，存在风貌建设管理认识不足、水平不高等问题[17]。

随着小城镇普遍进入存量空间更新与建设，城镇居民对生活内涵和品质提升的需求持续演变[18]。未来在满足基本生活需求的前提下，小城镇建设必须更加注重精细化、特色化、内涵式发展，以回应人民更高品质的文化与生活需求。

注释：

① 上海市习近平新时代中国特色社会主义思想研究中心.以人民为中心推进城市建设[R/OL].（2020-06-16）[2024-03-15]. http：//theory.people.com.cn/n1/2020/0616/c40531-31747831.html.

参考文献：

[1] 连维良 . 加快构建新发展格局把握未来发展主动权 [J]. 中国经贸导刊，2022
（ 8 ）：4-7.

[2] 余林徽 . 以城乡融合发展助力构建 "双循环" 新格局 [J]. 国家治理，2021（ 31 ）：
35-38.

[3] 刘晓航 . 推动构建双循环新发展格局研究 [D]. 福州：福建师范大学，2022.

[4] 徐志文 . 小城镇：城乡一体化的大战略 [M]. 合肥：合肥工业大学出版社，
2022.

[5] 陈明星，张华 . 我国小城镇的角色演化特征及高质量发展建议 [J]. 国家治理，
2022（ 8 ）：21-26.

[6] 陈君武，周海燕 . 新型城镇化视域下 "三生" 高质量小城镇的内涵分析 [J]. 山
西农经，2023（ 15 ）：59-61.

[7] 闫海，李伟 . 新时代大城市边缘区小城镇融合互动发展新模式探讨：基于江
苏 2 个镇的实证研究 [J]. 小城镇建设，2023，41（ 10 ）：29-37.

[8] Yu Zhao，Yuan Dandan，Zhao Pengjun，et al. The role of small towns in rural
villagers' use of public services in China：Evidence from a national-level survey[J].
Elsevier Ltd，2023.

[9] 王绍琛，周飞舟 . 困局与突破：城乡融合发展中小城镇问题再探究 [J]. 学习与
实践，2022（ 5 ）：107-116.

[10] 罗震东，何鹤鸣 . 全球城市区域中的小城镇发展特征与趋势研究 [J]. 城市规划，
2013（ 1 ）：12.

[11] 吴闫 . 城市群视域下小城镇功能变迁与战略选择 [D]. 北京：中共中央党校，
2015.

[12] 崔曙平，李红波，罗震东 . 在行政区划调整中重新审视小城镇的功能 [R/
OL].（ 2022-05-23 ）[2024-03-16]. https://mp.weixin.qq.com/s/5d7rfYrhSM9x
0oPdMnPjpA.

[13] 刘悦，周琳，陈安华，等 . 乡村振兴背景下小城镇发展战略 [M]. 北京：中国
建筑工业出版社，2022.

[14] 鲍家伟，徐勤贤 . 准确把握小城镇节点作用促进乡村振兴 [J]. 中国经贸导刊，
2024（ 1 ）：30-32.

［15］荣西武.高度重视小城镇对国家战略的支撑作用［J］.小城镇建设，2022，40
（7）：5-9.

［16］崔曙平，罗震东，李红波，等.大变局中的小城镇：2021江苏省小城镇调查
报告［M］.南京：江苏人民出版社，2021.

［17］湖北省规划设计研究总院创研中心.关于城镇风貌规划建设管控路径的思考
［R/OL］.（2023-12-26）[2024-03-17]. https：//mp.weixin.qq.com/s/w3-IjZoFU
dxnxmFsonRVOQ.

［18］杨一帆.路漫漫 共求索：小城镇建设面临诸多长期挑战［J］.小城镇建设，
2023，41（12）：1.

6 | 小城镇发展趋势研判

科学研判小城镇发展趋势是制定小城镇支持政策，引导小城镇良性健康发展的前提。一方面，要顺应发展趋势，因势利导、精准施策，支持有潜力的小城镇实现功能升级，避免盲目投资造成浪费；另一方面，通过政策导入，适当放缓部分地区小城镇收缩趋势，确保乡村振兴、边境安全、历史文化遗产保护等目标的实现。相较于单个小城镇的发展趋向，我们更加关注小城镇发展的整体性趋势，其中对总量性趋势、结构性趋势、政策性趋势的把握更有利于抓住小城镇发展的长远方向和主要矛盾。研判小城镇的发展趋势关键是要回答，未来全国还有多少个小城镇？有多少人居住在小城镇？小城镇的空间规模是否还要进一步扩张？小城镇如何分化？小城镇的建设水平如何？小城镇的特色何在？

6.1 小城镇数量具有不确定性

6.1.1 小城镇数量变化历程

1990年以来，我国的乡镇级行政区划整体呈下降趋势，发生了大量的乡、镇、街道、区公所的撤销与合并，1990～2005年，下降速度最快；2005年之后，下降速度趋缓。其中，区公所从1990年的3438个，下降到只有2个，分别为新疆奎依巴格区公所和张家口赵家蓬区公所；乡从44397个下降到8227个，年均减少1130个，仍处于快速下降过程中；街道从5269个增加至8984个，年均增加116个，仍保持增加趋势；建制镇从12084个增加到21389个（包含了一部城关镇），2001～2021年间，全国有429个县先后设置1024个街道，城关镇数量呈下降趋势，而小城镇整体表现为增加趋势。

小城镇数量变化与乡镇行政区划调整政策、撤乡设镇标准等紧密相关。国务院于1984年批准实施了新版设建制镇标准，提出要"适当放宽建镇标准，实行镇管村体制"[①]，自此掀起了撤乡设镇的热潮。部分地区镇的数量增加过快、质量不高、规模偏小。2002年，国务院出台文件《国务院办公厅关于暂停撤乡设镇工作的通知》（国办发〔2002〕40号），提出在新的设镇标准公布前，暂停撤乡设镇工作，并鼓励实施乡镇撤并。此后，全国层面并未出台新的设镇标准，而是将镇、街道的设立标准划分为省级事权，由各省自主拟定。从建制镇数量变化趋势来看，2002年之前年均增加710个，2002年之后年均增加79个，建制镇数量增加放缓（图6-1）。

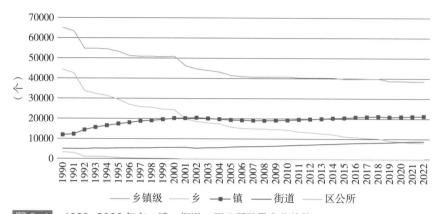

图6-1 1990-2022年乡、镇、街道、区公所数量变化趋势

数据来源：中国城乡建设统计年鉴

考虑到全国建制镇之间的发展水平差异较大，仍存在较多行政区划等级与城镇建设发展需要不匹配的现象，建制镇的行政区划调整仍在持续推进，小城镇数量减少和增加的因素同时存在。

6.1.2 小城镇数量减少因素

（1）城市化地区周边的部分小城镇开展撤镇设街

撤镇设街是城市化发展的产物，也是当前基层行政区划调整最为常见的形式。撤镇设街是指将镇政府撤销成立为街道办事处，主体性质由政府机关变为政府的派出机关，并伴随着乡村资产制度改革、居民"农转非"、建制镇的招商引资等职能被剥离、公共资源和公共服务的配置提升等。撤镇设街主要是为了促进中心城市与周边的小城镇协调发展与统一管理，加快小城镇地区的规划建设与管理发展。随着我国城镇化水平和质量的进一步提高，"撤镇设街"工作仍将是今后较长时期内我国基层行政区划调整的重点[1]。

（2）部分特大镇面临改市机遇

撤镇设市指的是将规模接近城市的特大镇升格为行政等级和权限更高的小城市，以满足其发展需求。国家发展和改革委员会印发的《2020年新型城镇化建设和城乡融合发展重点任务》中明确提出,"统筹新生城市培育和收缩型城市瘦身强体,按程序推进具备条件的非县级政府驻地特大镇设市"。《2023 年全国千强镇发展报告》提出,2021 年一般公共预算收入超 10 亿元、户籍人口超 5 万人的建制镇已经达到 95 个。这些经济实力较强、人口规模较大的小城镇的设市条件逐渐成熟,在以城市群、都市圈为主体的城镇化格局下,撤镇设市有望迎来进一步突破性改革。

(3)发展潜力不足的偏远小城镇将面临合并

乡镇撤并是优化资源配置的行政区划改革模式,在一定程度上可以提升乡镇公共设施的规模效益,降低行政成本和优化资源配置,集中物力财力加快中心镇发展,并通过利用中心镇优惠政策带动周边相对落后的区域发展。随着经济高速发展和城市化进程的不断推进,不少乡镇发展面临着土地分散、人口老龄化、村庄空心化等严峻挑战,表现出乡村地区的特征。四川省在 2019 年初,针对全省乡镇数量多、规模小、分布密、实力弱的现状,开展全省乡镇行政区划调整改革,全省乡镇从 4610 个减为 3101 个,形成中心镇(街道)540 个、重点镇(街道)609 个、特色镇(街道)711 个(表 6-1)。未来,随着部分乡镇人口流失加剧,各地设镇标准也将逐步提高,进一步推动乡镇合并。

四川省设立镇标准（2021 年出台，节选）　　　　　　表 6-1

指标	标准
人口	平原地区、丘陵地区、山地地区、高原地区拟设镇域户籍人口(或实有人口)分别不低于 6 万人、3 万人、1.5 万人、1 万人,户籍人口城镇化率不低于上一年全省各镇的平均值,政府驻地(即建成区)户籍人口(或实有人口)占总人口的比重不低于 20%
面积	平原地区、丘陵地区、山地地区的管辖面积一般分别不小于 80 平方公里、60 平方公里、120 平方公里;地广人稀的高原地区,对管辖面积不作具体要求
第二产业、第三产业从业人员总和占本地区从业人员的比重	平原地区、丘陵地区不低于 60%,山地地区不低于 50%,高原地区不低于 40%
农村居民人均可支配收入	不低于本县(市、区)最低的镇
工商业企业数量	在本县(市、区)所辖乡中处于领先水平(位于前 20%),对拥有规模以上工商业企业的乡可优先考虑

资料来源:笔者结合四川省人民政府网站信息绘制

6.1.3　小城镇数量增加因素

小城镇数量增加也主要表现为两端的变化,一种是较为常见的撤村或撤乡设镇,另一种是撤街设镇,出现行政区划的"逆调整"。

（1）城镇化进程中的乡村地区仍将进行撤乡设镇

撤乡设镇是指将所辖乡调整为镇的一种城镇化行政手段，是推进城镇化建设的重要措施，也是近几年我国小城镇数量增加的主要因素之一。撤乡设镇可有效促进企业和人群向集镇集中，有利于推动区域经济发展和当地集镇建设，同时也有利于招商引资、有利于优势资源的合理配置和利用，能吸引更多的资金和技术人才。近年来，随着基层治理改革不断推进，乡镇级行政区的区划调整也越来越被人们所关注，科学合理规范地实施撤乡设镇能有助于乡村振兴和构建共建共享共治的乡镇社会治理格局[2]。截至 2022 年，我国仍有 0.82 万个乡，随着新型城镇化战略的推进，预计仍有部分乡会逐步改为镇。

（2）人口产业收缩和远离城区的街道面临撤街设镇

部分城市人口规模、产业规模、地方财政收入都有所萎缩，与城市化的公共服务配套、基础设施、行政体制等已不相符，开始出现街道改镇的情况。撤街设镇一定程度上避免公共资源的浪费，减轻当地的财政负担。从城镇化的角度来看，由街道改设为镇是一种"降格"，而从地方发展的自主性来看，是在向基层赋权。以黑龙江省伊春市和齐齐哈尔市 6 个街道被撤销为例，街道办事处的行政权力事项清单中有 99 项，但改设为镇政府后扩大到 149 项，重新具备经济发展的职能，还可以获得乡村振兴的政策支持，对农业发展和农村服务起到促进作用。撤街设镇目前来看虽是个案，但随着部分人口流出城市的持续收缩，未来预计会有更多的地方"效仿"。

6.1.4 小结

新时期以来，配合区域协调发展、新型城镇化和乡村振兴战略的实施，乡镇行政区划改革处于多种方式并存的调整阶段，小城镇数量增加和减少的因素同时存在（图 6-2）。随着各地乡镇行政区划改革的探索推进，小城镇等行政设置将更加贴合经济社会的发展需要、财政承受能力和资源配置效率。考虑到各省镇级行政区划调整的力度不同，未来小城镇的数量仍具有不确定性。

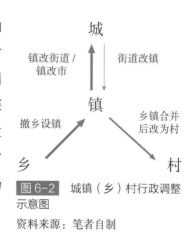

图6-2 城镇（乡）村行政调整示意图

资料来源：笔者自制

6.2 小城镇总体规模趋于稳定

6.2.1 小城镇总体人口规模趋于稳定

从建制镇镇区人口演变历程来看，中国小城镇的人口总量逐渐进入稳定期。在快速城镇化阶段，小城镇承载了相当比例的城镇化人口，镇区人口增长主要来自于本地自然增长和周边农村迁入，部分产业发达的小城镇还吸引了大量外来人口。但近 10 年来，小城镇镇区人口增长缓慢，2020 年全国小城镇的镇区常住人口与 2010 年相比，增幅仅为 12.4%，年均增长约 1 个百分点。

随着城镇化进入下半场，我国城镇化发展方向将出现一定调整，从主要向大城市集聚，转变为向城市群、都市圈集聚和向县城、小城镇集聚两种模式，以县城为重要载体、以县域为单元的就地就近城镇化将主要承载农业转移人口和返乡人口。以经济强镇为主的已具有一定人口规模和产业基础的小城镇，将发挥承接来自农村的剩余劳动力及来自城市的回流返乡者的作用。

未来，人口会继续从乡到城和从镇到城迁移，但同时也会存在从乡到镇和从城到镇的人口迁移。小城镇在促进城乡要素双向流动中将起到更加重要的作用，为各类人口提供了可供选择的多样化城镇化通路。一是对于家庭收入相对较低、难以进城购房，但是希望从事个体经营、就近就业的农民，可以选择进入小城镇生活，就近完成就业和家庭的整体迁居；二是大多数农村外出务工人口未在大城市落户和购房，有着强烈的乡土情结，对于年龄相对较高、退出城镇就业市场的外出人员而言，小城镇是其返乡的目的地之一，既能享受相对便利的生活条件，又能守望故土、回归家乡；三是大城市周边且产业基础较好的小城镇，还将吸引部分外来人口进入。综合来看，小城镇的人口迁入迁出兼有，人口总量将在一定程度上维持进出平衡。

6.2.2 小城镇总体空间规模趋于稳定

（1）资源环境紧约束下小城镇用地供给有限

小城镇建成区扩张速度放缓。2021 年，全国 1.88 万个小城镇镇区总面积 433.6 万公顷，相比 2011 年，增加 95 万公顷，增幅 28.0%。但从 2019 年起，我国小城镇的镇区面积扩张速度明显减弱，人均建设用地面积趋于稳定。

从建设用地供给的角度而言，我国城镇开发建设已全面进入"严控增量、盘活存量"的发展阶段，执行生态保护红线和永久基本农田保护政策，乡镇开发建设空间必须避让生态红线及永久基本农田区域，小城镇过去通过侵占一般耕地、林地甚至基本农田实现无序、低成本的空间扩张模式将难以为继。新一轮国土空间规划编制过程中，建设用地指标基本遵循"国家—省—市—县—乡镇—村庄"自上而下总量控制的原则，每个层级都需要依据各自的国土空间开发利用格局，侧重发展中心城区、开发区等重点地区，保障国家、省级大型市政基础设施。在严控用地增长的大背景下，到了乡镇一级，建设用地的指标余量所剩无几，小城镇普遍增量空间极为有限。

（2）空间需求从规模扩张转变为品质提升

从用地需求的角度而言，随着小城镇总体人口规模趋于稳定，居民生产生活活动对建设用地增量的需求不再突出，但对空间品质提升需求更为迫切。另外，在过去小城镇快速发展期间，建设用地规模快速扩张，人均建设用地指标远超城市，土地利用比较粗放、开发强度较低，存量更新潜力较大。从全国 121 个小城镇调研数据来看，小城镇镇区居民住宅具有人均建设用地面积大、建筑层数低、建筑密度低和容积率低的特点，人均居住用地面积为 131.7 平方米，是对应地级市的 5 倍；人均商业用地面积 20.8 平方米，约为对应地级市的 4 倍；人均工业用地面积为 33.8 平方米，约为对应地级市的 1.7 倍；人均道路面积 28.5 平方米，约为对应地级市的 2 倍；人均基础设施面积 6.7 平方米，约为对应地级市的 2.3 倍[3]。未来小城镇发展和品质提升，更多需要利用存量空间尤其是低效用地，实现集约发展。在小城镇普遍建设用地自主权受限的背景下，存量挖潜成为主流，现有低效用地用房等存量资源利用的能力将决定小城镇后期发展水平。

6.3　小城镇从分化走向再分化

小城镇已基本完成以人口和经济规模为指向的第一次分化。在经济全球化、区域一体化、交通网络化的大背景下，小城镇正在从"分化"走向"再分化"，小城镇个体与区域的协同和分工关系是小城镇价值跃迁的关键因素。现代交通和移动互联网的快速发展，使小城镇更好地融入区域生产和消费网络，小城镇的生态环境等优势得以发挥，创新要素呈现出在大城市和小城镇两端集聚的新趋势[4]。

6.3.1　都市圈内的小城镇将融入城市

全球经济格局变化深刻影响我国经济结构转型的外部环境，构建以国内大循环为主体、国内国际双循环相互促进的新发展格局，对提高国民经济循环效率，增强经济发展的内生动力尤为重要。依托城市群和都市圈，建立以城市群和都市圈为枢纽的经济循环系统，促进生产要素流动、集聚和扩散，提高空间配置效率，将成为推动形成新发展格局的动力源。

在新发展格局中，小城镇依托在产业链条中的位置和优势能够再次激活自身独特功能。小城镇有着基本的城市功能，又有着面向农村的广阔腹地，在交通便捷化、汽车家庭化、信息数据化的背景下，小城镇由较为孤立与封闭的状态转而逐步接入全域开放系统，以个体为单位的相对孤立的、封闭的发展分化趋势将减弱，更多小城镇将通过融入动态性、网络化的区域分工，重新寻找自己的定位和发展路径。低成本土地和劳动力的优势使得小城镇有可能承接中心城市产业转移，在区域整体最优的视角下，小城镇将发挥经济、社会、文化、生态、安全等多方面的独特价值，其自身的生产、生活、生态功能可以得到进一步激发。都市区周边小城镇不再是简单地容纳农村剩余劳动力的"蓄水池"，也不是亦城亦乡的空间载体，被隔离在城市系统之外自行独立发展，而将彻底打破过去城乡体制分割或市镇体制分割的格局，以组团式布局形态与中心城市形成合理的功能分工，发展成为卫星城镇，甚至形成人口和产业分布更为紧凑合理的城市群或城市连绵区。

6.3.2　具有产业基础和承担特殊职能的小城镇专业化发展

经济发展要素聚集方式改变，推动小城镇产业发展加速分化，小城镇经济增长模式从粗放型转为集约型，逐渐强调专业化、市场化和规模化。有些小城镇有着独特的资源禀赋和历史悠久的制造业工艺，承担着将农业初级产品加工为工业制成品的功能。有些小城镇劳动密集型产业基础好，是全国乃至全球市场经济体系中的加工重镇，因此在吸纳就业、增加村镇居民收入、繁荣经济方面所起的作用不容忽略[5]。还有的小城镇有着更优质天然的生态资源和更古老悠久的传统文化，有条件逐步发展成为文旅特色小城镇。部分远郊小城镇受大城市辐射带动影响较小，自身成长为区域的中心节点，商贸物流业发达，服务周边的农村地区和其他小城镇。总体而言，小城镇不再是低端制造业的承接地，正逐步转变成创新产业分工的参与者，主要发展都市型农业、医药、高新技术、智能制造、文化休闲等产业，能否融入区域生产体系、形成专业化特色化的产业决定了小城镇的未来走向（表6-2）。

承担特殊使命的小城镇，如位于革命老区、边境地区和民族地区的小城镇，由于区位和功能特殊，重要性和建设水平将会不断提升。2021年发布的《国务院关于新时代支持革命老区振兴发展的意见》（国发〔2021〕3号）中提出，要支持革命老区培育壮大特色产业，支持革命老区立足红色文化、民族文化和绿色生态资源，加快特色旅游产业发展，推出一批乡村旅游重点村镇和精品线路。不少小城镇抓住红色文化传承和革命老区发展的机遇打造优势产业。针对边境地区小镇，国家"十四五"规划纲要提出，边境城镇是边境地区发展和沿边开发开放的主要依托，是国家城镇体系和边疆治理体系的重要组成部分，是边境地区的主要产业和人口集聚节点，是"一带一路"建设的重要支撑，为边境小城镇发展特色优势产业集群、边境旅游、口岸经济等创造了机遇。边境小城镇多为少数民族聚居的城镇，因地制宜寻找少数民族地区的城镇化路径有助于民族团结和社会稳定。

小城镇发展类型与典型案例　　　　　　　　　　　　表6-2

发展类型	案例
参与区域分工	小昆山镇隶属上海市松江区，结合松江新城西部产城融合发展区规划，小昆山镇落实长三角G60科创走廊国家战略，开发工业园承接中心城区配套科技产业，推进区域转型升级，打造"科创、人文、生态"现代化新松江示范镇
传统工艺	曹县庄寨镇盛产泡桐木，利用本地资源逐渐发展成中国最大的桐木加工生产基地，镇里80%的农户都在从事木材行业，当地木材加工企业600余家，据称全日本90%的棺材产自曹县庄寨镇
加工制造	胶州市李哥庄镇的户籍人口约6.2万人，常住人口超过12万人。在年产值超过50亿元的假发、帽子、饰品等传统产业和新"二美产业"的带动下，李哥庄镇连续多年人口净流入，并获得"全国千强镇"称号
文化旅游	浙江乌镇通过系列保护开发工程和业态的持续迭代，以其原汁原味的水乡风貌和深厚的文化底蕴，一跃成为中国著名的古镇旅游胜地
乡村服务	蒋家堰镇是竹溪县的重要门户和人口大镇，镇上建有颇具规模的乡镇学校，服务于全镇乃至周边乡镇的农村学生。竹溪县西部的学生会优先选择蒋家堰镇的中学，而非全部集中在县城就读
革命老区	古田镇发挥中国工农红军第四军第九次代表大会举办地的历史资源，打造"古田会议会址—主席园—古田会议纪念馆—农家品尝主席套餐—毛泽东才溪乡调查旧址"红色旅游线路，成为重要的会议和培训目的地
抵边城镇	金水河镇以国家级的金水河口岸2平方公里范围为核心区，发展开放型、创新型、高端化、信息化、绿色化产业，实现口岸产业结构由中低端向中高端迈进，就业人口约4000人，塑造独具魅力的综合性边贸特色

资料来源：笔者自制

6.3.3 大部分小城镇将以服务"三农"为主

我国数万个乡镇就像散落的珍珠一样，镶嵌分布在广袤的地域版图上，星罗棋布地勾连着县城与村落，形成了广阔的乡村空间与庞大的乡村经济社会群体。乡村地区具有点面结合的特征，小城镇镇区是"点"，散布在周围的广大村落是"面"，大多数小城镇承担起由点到面的辐射与延伸广泛农村的基础作用[6]。党的十九届五中全会上通过的"十四五"规划纲要提出，要实施乡村建设行动，强调要在不断提升县城综合服务能力的同时，"把乡镇建成服务农民的区域中心"。小城镇作为乡村地区的中心而存在，正发挥其他等级的城市所不能替代的功能。

未来此类小城镇作为服务农民的区域中心，将成为乡村的经济中心、治理中心、服务中心和数据中心。在人口快速流出的乡村地区，远离中心城市、缺乏特色优势和发展条件的大量小城镇，经济长期保持平缓发展的状态，主要扮演着乡村地域服务中心的角色，为周边的乡村地区提供基本的服务，包括促进农村居民点集聚的功能、城市与乡村进行文化交流的功能、为农业生产提供社会化服务的功能、为农村居民提供生活服务的功能、农村社区管理中心的功能等。

6.4　小城镇设施服务趋于均等化

6.4.1　小城镇逐渐具备均等化条件与基础

改革开放以来，我国小城镇的建设规模、公用设施配套水平、生态环境建设等各个方面取得了长足的进步，尤其是近年来国家新型城镇化的要求加大了对小城镇的持续投入和改造，一定程度上带动了小城镇相关配套设施的完善。虽然距离城市和县城的设施覆盖率仍有一定差距，但相对于布局较为零散的村庄，建制镇的设施覆盖水平更高（表6-3）。小城镇比村庄基础设施覆盖的成本优势和潜力更为突出，投资建设更容易达成公共品的规模效益。

部分基础设施覆盖率的城乡比较　　　　　　　　　　　　表6-3

指标	供水普及率（％）	燃气普及率（％）	生活垃圾无害化处理率（％）	污水处理率（％）
城市	99.39	98.06	99.90	98.11
县城	97.86	91.38	99.24	96.94
建制镇	90.76	59.16	80.38	64.86
村庄	86.02	39.93	56.60	28.00

注：数据来源于中国城乡建设统计年鉴

6.4.2　城乡趋同的人民需求促进均等化建设

小城镇居民对更好的居住条件、更优美的生活环境、更完善的公共服务等充满期待。随着移动通信技术的日益普及，以小镇青年为代表的小镇人群在跨域信息流的驱动下，正摆脱地域空间的束缚，在日常生活中追求着比肩大城市人群的现代生活方式。例如，笔者在湖北省黄梅县的小城镇调研期间发现，当地青年居民对本地的商业服务满意度较低，认为缺乏适应年轻人生活方式的中高端餐饮和休闲娱乐活动，因此平日都会开车到邻近的九江市区进行消费。由此可见，生活在小城镇的人群在经济消费和文化生活上呈现出与大城市趋同的需求，未来小城镇需及时改善生活配套与商贸服务品质以应对此变化趋势。

以教育、医疗、社会保障等为主的公共服务对小城镇人口集聚的作用更加凸显。小城镇作为农村公共服务供给与扩散的桥头堡，要让小城镇能够成为理想的居住地，就需要在公共产品的供给上予以倾斜[7]，推动小城镇基础设施、公共服务和环境品质的加速提升，提高生活水平和生活质量，缩小与城市居民在福利和发展条件上的差距[8]，提高就近城镇化的可持续性。

6.4.3 政策推动均等化建设落地

近年来，各地积极推动小城镇设施均等化，例如，浙江"美丽城镇"建设提出"五个一"的要求，其中包括一张互联互通的基础设施网、一个共建共享的优质生活圈等建设内容，缩小城乡设施服务差距；湖北省"擦亮小城镇"行动要求补齐基础设施、公共服务、治理水平等七个方面的短板，对照"七补齐"并结合本地实际制定行动工作方案；江苏省昆山市自党的十八大以来着力推动城乡融合发展，提出县域统筹城乡公共服务一体化和基础设施管护一体化机制，大力打造"城乡共同体"。

随着县域城镇化推进，小城镇设施均等化水平将进一步提升。中共中央办公厅、国务院办公厅印发的《关于推进以县城为重要载体的城镇化建设的意见》提出要"促进县乡村功能衔接互补"，推进在市政管网、物流网络、医疗教育服务等方面的城乡均等化建设。小城镇作为连接城乡的重要节点，该意见的落地实施将进一步提升小城镇设施均等化水平。未来较大规模镇和城郊镇供水供气供热管网将纳入城市管网，实现城乡基础设施一体化；乡镇的卫生院、养老院和学校将加深与县级单位的合作，以紧密型县域医疗卫生共同体、城乡教育联合体、县乡村衔接的三级养老服务网络等方式促进乡公共服务均等化。

6.5   小城镇建设风貌趋于特色化

6.5.1   小城镇具备特色化建设的条件和基础

小城镇量大面广，遍布各地。由于它们的地域条件和自然环境不同，历史沿革和文化信念不同，民族风俗和生活方式不同，经济状况和社会结构不同，在各自的城镇发展建设过程中，虽有共性，却有着突出的个性色彩，别具一格，造就了丰富多彩的城镇形象和发展模式[9]。同时，小城镇体量小、规模小，具有较好的山水自然景观资源和丰富的农业景观资源，体现了多样化的中国传统营建理念，如果结合当地的乡土特色进行小城镇建设，将有力破解"千镇一面"的问题。

小城镇的产业正在转型。小城镇早期发展阶段，建设比较粗放，更多重视乡镇经济发展，其产业多以劳动密集型为主。在这种大规模的扩张发展和盲目效仿城市建设方式的推动下，风貌塑造方面往往缺乏对山水资源和文化资源的挖掘，缺乏统一规划管控，导致小城镇空间缺乏可识别性和地域特色。但随着人口红利的逐渐消逝及工业自动化水平的不断发展，劳动密集型产业正逐渐推动"机器换人"。小城镇粗放发展模式也正在逐步转型，产业发展对小城镇的建设品质提出了更高的要求。多元产业的创新与融合对小城镇建设具有重要的推动作用，以休闲农业、旅游、电商等形式的小城镇新产业持续涌现，将城镇特色作为旅游业的一大亮点可以吸引更多的游客，有机会获得更多的投资和更大的社会经济利益，对于小城镇的特色化建设带来持续的动力。

6.5.2   小城镇特色化建设是必然趋势

从发达国家经验来看，进入城镇化中后期，逆城市化开始出现，很多小城镇将利用其生活节奏、自然风光等优势，会吸引越来越多的退休人员、远程办公人员、长距离通勤者、第二住所拥有者、旅居者等，许多小城镇的人居环境优于城市，是人民追求高品质生活的载体。小城镇风貌特色化发展，是与大城市错位发展，提供低成本、高品质的生活环境，提升人口吸引力的必然选择。同时，不少小城镇也将风貌塑造作为特色产业发展的重要动力，以独特的自然和人文环境吸引度假休闲人群，实现当地经济就业的可持续发展。

社会需求和观念转变重构小城镇价值。我国随着社会经济的发展，人们不再满足于一般的物质需求，而是更多地关注文化、心理上的需求，对城镇的要求不仅仅停留在满足温饱上，还包括了居住品位和情感回归。城镇是人们生活的载体，城镇空间和人文景观是由当地传统文化积累而成的，一些生活化的场景也是城镇无形的空间景观。随着小城镇粗放发展中特色化和历史感的丧失，人们对历史的追忆就越强烈，也就更需要人的归属感、认同感，对小城镇传统文化保护和风貌特色塑造的要求将不断增加。同时，消费市场也逐渐意识到本土性产品和在地文化的价值，小城镇独特的风貌可能成为消费市场新增长点。城市消费者更注重效率，而对小城镇的需求更关注本地化的产品和特色，甚至愿意花更多的钱购买地方产品和服务，体验地方原真性的文化景观和食物。因此，本地资源禀赋的"后发优势"将逐渐凸显，对原有环境及文化的保留和尊重可以提升城镇特色和竞争优势，是一种可持续的发展方式。基于小城镇自身的地域文化特色和成长机理，更加尊重自然和历史脉络的空间构成方式将是未来必然的发展趋势[10]。

6.5.3 政策推动特色化建设落地

近年来，我国对小城镇风貌特色化建设的政策主要集中在历史文化名镇保护、小城镇环境风貌提升等方面，在历史文化保护传承、宜居环境建设领域探索小城镇特色化建设。

中国历史文化名镇是由住房和城乡建设部和国家文物局共同组织评选的，保存文物特别丰富，且具有重大历史价值或纪念意义的，能较完整地反映一些历史时期传统风貌和地方民族特色的镇。近些年来，随着国际社会和中国政府对文化遗产保护的日益关注，历史文化名镇名村保护与利用已成为各地经济社会发展的重要组成部分，成为培育地方特色产业、推动经济发展和提高农民收入的重要源泉，成为塑造乡村特色、增强人民群众对各民族文化的认同感和自豪感、满足社会公众精神文化需求的重要途径，在推动经济发展、社会进步和保护先进文化等方面都发挥着积极的作用。截至 2023 年 10 月，全国共评定历史文化名镇 312 个。这些历史文化名镇反映了中国不同地域、不同民族、不同经济社会发展阶段乡镇聚落形成和演变的历史过程，真实记录了传统建筑风貌、优秀建筑艺术、传统民俗民风和原始空间形态，具有很高的研究和利用价值。

小城镇风貌提升方面的政策主要集中在地方实践，通常以小城镇为单元对综合环境进行提升，其中也包含风貌场景特色化建设的内容。以浙江为例，通过小城镇环境综合整治、美丽城镇建设、现代化美丽城镇建设、城乡风貌样板区等多轮小城镇建设工作迭代，系统全面提升小城镇建设发展水平，逐步加强特色化建设。《浙江省人民政府办公厅关于全面推进现代化美丽城镇建设的指导意见》中就提出，要

"塑造全域美丽风貌，加强历史文化保护传承，彰显文化特色"。同时，各地根据小城镇的本底条件分类施策，形成具有当地特色的建设指南。例如，台州市重视小城镇重点区块综合品质提升，出台《台州市现代化美丽城镇重点区块建设指南》，对当地小城镇典型的老旧生活区块、老旧产业区块、老旧商贸区块和镇郊区块进行详细指引。小城镇经过多轮整治，风貌特色化水平提升，城乡整体风貌得到显著改善。

注释：

① 国务院批转民政部关于调整建镇标准的报告的通知，1984。

参考文献：

［1］谢涤湘，谢晓亮，赵亚博 . 尺度政治视角下的乡镇街行政区划调整研究：以广东为例 . 城市发展研究，2024，31（2）：89–97.

［2］张可云，李晨 . 新中国 70 年行政区划调整的历程、特征与展望 [J]. 社会科学期刊，2021（1）.

［3］赵鹏军 . 中国小城镇镇区土地利用结构特征 [J]. 地理学报，2019（5）.

［4］陈鹏，陈宇，蒋鸣，等 . 城市发展新动能·研判与行动 [M]. 北京：新华出版社，2023.

［5］王绍琛 . 构建新发展格局，激活小城镇功能 [J]. 中国社会科学报，2020（2075）.

［6］张俊飚，王学婷 . 把乡镇建成服务农民的区域中心 . 光明网，2020–12–23.

［7］徐志文 . 小城镇：城乡一体化的大战略 [M]. 合肥：合肥工业大学出版社，2022.

［8］郑风田 . 小城镇在缩小城乡差距中的重要作用 [J]. 国家治理，2022（8）：21–31.

［9］任致远 . 略论小城镇特色及其文化价值 [J]. 小城镇建设，2021，39（7）：5–9.

［10］曹璐，谭静，魏来，等 . 我国村镇未来发展的若干趋势判断 [J]. 中国工程科学，2019，21（2）：6–13.

7 | 中国式现代化进程中小城镇的战略作用

7.1 小城镇的独特优势

如前文所述，从改革开放初至 2000 年左右，小城镇在带动农村社会进步、承载农村剩余劳动力转移、支撑我国社会经济发展和城镇化发展等方面，起到了重要作用；进入 21 世纪以来，小城镇发展建设的情况并不十分理想，也引发了对小城镇人口集聚能力不强、经济效益不高、资源和环境绩效不高等方面的批评。然而，面对这些批评，需要进行仔细的甄别。

一是，要认识到我国城镇化的特殊性。超大的规模体量、显著的地域差异、紧张的人地关系、悠久的农业文明，决定我国不能片面强调发展大中城市或小城镇，而是要真正做到各级、各类城镇协调发展，因此，小城镇在我国城镇化发展过程中仍是不可或缺的。二是，不能过于强调小城镇的经济效益。小城镇承担的主要任务，不在于服务经济发展，而是更加强调服务农业农村、带动乡村振兴、维护安全稳定等。三是，小城镇的资源、环境效益不高，并不是一个客观规律或趋势，而是由于发展模式与规划建设理念的偏颇所致，国外有很多环境优美的小城镇，其建设水平、环境效益并不亚于城市，恰恰说明小城镇可以成为绿色低碳、优美宜居的空间场所，因此，更加需要加强小城镇的建设管理，提高小城镇的空间品质。

要用更加综合系统的视角分析研判小城镇的战略价值。一是，要看到小城镇在构建新型城乡关系中的作用。小城镇是区域分工的重要环节，也是城乡体系的重要节点，在推动城乡公共服务均衡方面发挥着重要作用。二是，要关注小城镇在维护稳定方面的作用。小城镇提供了多样化的城镇化路径选择，降低了城镇化过程中的社会风险和成本，也是一定时期解决粮食危机并缓解工农紧张关系的重要依托。三是，要强调小城镇服务农村的价值。小城镇是乡村基层的公共服务中心，是基本公共服务全覆盖的重要单元。

2021 年 7 月 1 日，习近平总书记在庆祝中国共产党成立 100 周年大会上庄严宣告，我国实现了第一个百年奋斗目标，全面建成了小康社会。党的二十大报告中，进一步提出了以中国式现代化全面推进中华民族伟大复兴的使命任务。在中国式现代化建设的新阶段，小城镇究竟应该发挥怎样的作用，这需要结合中国式现代化的内涵进行深入思考。中国式现代化是人口规模巨大的现代化、是全体人民共同富裕的现代化、是物质文明和精神文明相协调的现代化、是人与自然和谐共生的现代化、是走和平发展道路的现代化——在这五个维度中，小城镇均有其独特优势，也能够发挥重要的作用。

7.1.1　区位：连城带乡

在我国现行城镇体系结构下，小城镇处于城镇体系的最基层，但也正是这种"城之尾、乡之首"的特殊区位，使小城镇具备连城带乡的先天优势，能真正发挥连接城乡的重要作用。

从城市角度看，随着区域分工的细化，城市也必然需要寻求新的市场和协作伙伴，将部分职能向外疏解，逐步实现自身的转型升级，小城镇也可以利用其区位优势，成为区域功能分工体系的一员。同时，从地缘性、成本、社会性等方面考虑，小城镇吸收和转移劳动力的成本更低，也能扮演城乡之间"过渡空间"的角色。

从乡村角度看，分散的乡村需要由城镇为其提供相对高水平的生产与生活服务。虽然交通体系的完善，逐步加强了城乡联系的便捷程度，但城市和县城的优势仍然在于提供更高水平的商品或服务；小城镇在地缘上接近乡村，在为农村居民提供各种基本服务方面仍具有明显优势（图7-1）。

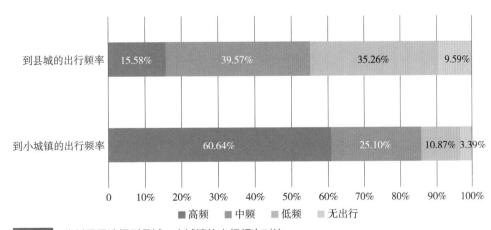

图7-1　农村居民选择到县城、小城镇的出行频次对比

数据来源：《小城镇在中国农村居民使用公共服务中的作用：来自国家层面调查的证据》

7.1.2 空间：小而集聚

城市的集聚有其优势，但过度的集聚也引发了一系列严重的问题，"大城市病""大城市风险"已经成为困扰决策者和市民许久的难题。面对因城市过度集聚产生的一系列问题与困境，日益显示出"小的是美好的"，有必要思考小城镇是否可以作为另一种可行的选择。

实现中国式现代化，重要的目标之一就是为人民创造更加幸福美好的生活。相比过于嘈杂和拥挤的城市，大部分小城镇规模较小、尺度宜人，拥有靠近大自然的优越区位，拥有较好的自然本底条件，拥有适合"慢生活"的环境氛围，是一种人与社会、自然、生态的有机结合体。据统计，我国建制镇平均镇区面积约 2.3 平方公里，平均人口规模约 1 万人，人均建设用地面积约 235 平方米，更加适合宜居生活和社会管理[1]。

同时，相比于村庄的过于分散，小城镇又体现出其集聚优势。我国大部分地区村庄规模太小，往往难以配置有效的服务设施，容易提高建设成本。小城镇镇区人口规模往往可以达到至少几千人，可以提高设施配置的效率，小城镇的空间布局也比村庄更为紧凑。

7.1.3 环境：绿色宜居

与城市相比，小城镇的选址与布局更灵活自由，与自然环境融合得更紧密，通常呈现与自然山水格局相融合、与田园林野互为依托的特征（图 7-2）。小城镇与水的关系极为密切，多数沿水而建、依水而兴，以便于居民生产生活用水、满

图 7-2　湖北省兴山县南阳镇
资料来源：笔者自摄

足其亲水需求，以及利用水道运输通航等。小城镇与乡村田野的关系同样密切，甚至在空间上都互相融合，没有明显的割裂感。从外围农村进入大部分小城镇的镇区，通常呈渐变的自然过渡，没有明显的边界和门户地标。这种顺应自然、贴近自然的选址与布局，使得小城镇在气候、资源景观等方面，具有城市不可比拟的优势。

同时，小城镇也有适应低碳生活的先天优势。对于大部分的小城镇而言，步行20分钟几乎可以到达镇区内所有的地点，居民日常的上下学、上下班、购物、休闲等出行，选择步行、骑自行车或者电动车是更加经济方便的方式。

7.1.4　文化：特色鲜明

我国小城镇大多历史较为悠久，相对完整地保留了较为丰富的历史文化资源，也是非物质文化遗产、民俗文化的重要载体。大部分小城镇兴于集市，因此，传统小城镇的整体布局大多呈现出围绕集市，或者沿着由集市演变成的商业街布局的特征。"赶集"是小城镇和农村居民日常生活中不可或缺的重要活动，也是我国传统文化的延续。小城镇基本都有核心地标，常见的包括山水、古树、古建筑等，也是小城镇历史文化的重要体现（图7-3）。有历史积淀的小城镇镇区内，通常保留有戏台、寺庙、书院、祠堂等历史建筑或场所，自然成为当地承载历史印记的地标。

图7-3　浙江省龙游县溪口镇
资料来源：笔者自摄

7.2 小城镇战略作用研判

7.2.1 小城镇服务带动 5 亿~6 亿人口，是实现共同富裕的重要依托

（1）中国特色城镇化是人口规模巨大的城镇化

截至 2020 年，我国城镇人口约 9.02 亿人。2023 年，我国城镇化水平达到 66.16%，连续两年增幅低于 1 个百分点（图 7-4）。虽然目前我国城镇化增速有所放缓，但总体上看，我国城镇化水平仍有一定的提升潜力。通过综合分析一般性的影响因素和中国的特殊国情，并对各国城镇化率的统计口径差异进行校核，判断中国应该也有可能实现 80%~85% 的远景城镇化水平[2]。按照目前的增速估算，预计至 2035 年，我国的城镇化率将达到 75%，届时还有超过 1.6 亿农村人口进入城镇。

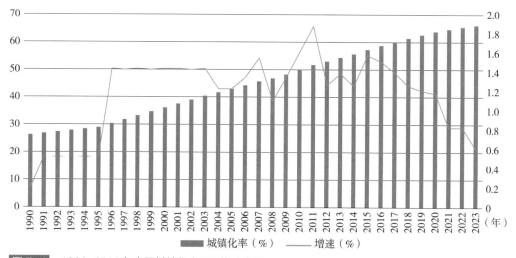

图 7-4 1990-2023 年中国城镇化水平及增速变化

数据来源：中国统计年鉴

（2）小城镇是近 2 亿城镇人口的生活家园

目前仅中国城乡建设统计年鉴中对小城镇镇区常住人口规模有相关统计，为了提高研究结论的可靠性，本书结合人口普查数据对小城镇镇区总体人口规模进行了进一步的校核。研究发现，2020 年底，全国小城镇镇区常住人口规模约 1.60 亿人，与县城人口规模（1.66 亿人）大致相当。与 2010 年相比，10 年间小城镇镇区常住人口增加 0.18 亿，增幅 12.4%。预测到 2035 年，城市、县城、小城镇常住城镇人口将达到 7.1 亿、1.75 亿、1.65 亿（表 7-1，图 7-5）。可见，虽然居住小城镇镇区的人口增量规模有限，但存量规模可观，解决好这部分人的安居乐业问题，对我国城镇化发展仍具有举足轻重的影响。

2010—2020 年全国小城镇镇区概况统计表　　　　　　　　　　　　　表 7-1

	小城镇数量 （万个）	镇区常住人口 （亿人）	占总城镇人口比重 （%）
2010 年	1.68	1.42	21.2
2020 年	1.88	1.60	17.7

数据来源：结合"六人普""七人普"相关数据整理

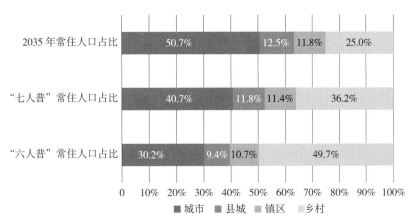

图 7-5　城市、县城、小城镇、乡村常住人口占比测算

数据来源：结合"六人普""七人普"相关数据整理

（3）小城镇是约 3.5 亿～5 亿农村人口的服务中心

我国农村现有常住人口约 5 亿人，村庄人口分散的特点给公共服务的有效供给增加了难度。农村地区日常的生活服务主要依托小城镇提供，必须构建起以小城镇为中心和载体的乡村地域公共服务体系。因此，小城镇是现有 5 亿农村人口的服务中心。即使 2035 年达到 75% 的城镇化率，我国仍有近 3.5 亿农村人口，小城镇需要为农村居民就近提供现代化的公共服务（图 7-6）。

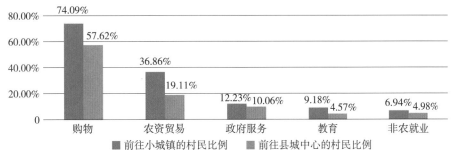

图 7-6　不同服务选择县城、小城镇的村民占比

数据来源：《小城镇在中国农村居民使用公共服务中的作用：来自国家层面调查的证据》

同时，小城镇是引领农业现代化的重要节点。荷兰等农业强国的经验表明，对于人地关系紧张的地区而言，现代农业的发展效益取决于农业劳动力的实际经营能力和家庭小规模分散生产的组织化效率，并不一定受制于土地的经营面积大小。美国全国仅有 2% 的人口直接务农，但有 20% 以上人口与农业生产服务有关，这些人也基本居住在小城镇。良好的制度环境和基层执行主体——乡镇政府，是人地关系紧张型国家（地区）农业现代化建设的重要力量[3]。虽然城市也能为农业生产提供一些服务，但这些服务一般是在较高的规格和层次上进行的。由于农户经营的分散性和农业生产的多变性，大量的直接与农业、农民打交道的服务内容还需要依托更贴近乡村的小城镇来完成，例如，提供市场信息、提供农业生产保险服务、销售农业生产资料、提供良种、作物病虫害防治、农机修理、农产品收购储运和初级加工等，都更加适合以小城镇为据点[4]。近年来，我国浙江、安徽、山东、湖北等地推进农事服务中心建设，基本是以乡镇为单元，服务半径 5 ~ 10 公里。

总之，相比过度分散的村庄，发展建设小城镇，是促进乡村振兴、缩小城乡差距更有效的抓手。一是建设小城镇可以避免投资浪费。村庄居民点还处于剧烈的变动之中，而小城镇空间体系和人口规模相对稳定。二是小城镇能有效拉动内需。村庄规模过小，难以满足各种消费的规模门槛。

7.2.2 小城镇连城带乡，是推进城乡融合的重要支撑

（1）小城镇是健全城镇体系的重要环节

当前，我国"大城市病"突出，其背后的深层原因在于城镇体系发展不够健全。对比欧洲、美国等国家和区域，我国城镇体系呈现"顶端阻塞、末梢萎缩"的问题——人口在大城市、特大城市、超大城市过于集聚，而中小城市和小城镇的人口占比明显偏低。

相比之下，欧洲、美国等国家和区域的城镇体系结构更为均衡。美国 5 万人以下城镇人口占 52.7%（2017 年），欧盟 5 万人以下城镇人口占 47.9%（2001 年），中国 10 万人（考虑到中国人口基数较大，将同比口径翻倍）以下城镇人口仅占 25.5%（2019 年）（图 7-7）。2022 年，中共中央、国务院印发的《扩大内需战略规划纲要（2022—2035 年）》提出了"支持培育新生中小城市"的战略部署，而小城镇正是培育新生中小城市的潜力所在，有助于健全城镇体系，从根本上解决"大城市病"。

（2）小城镇是培育现代化都市圈的重要节点

党的二十大报告提出"以城市群、都市圈为依托构建大中小城市协调发展格

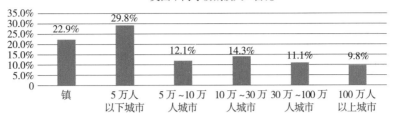

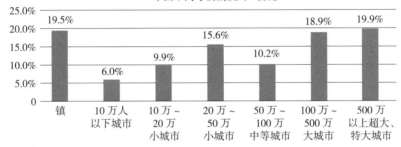

图 7-7　美国、欧盟、中国不同等级城镇人口占比

数据来源：欧盟数据引自"Cities of tomorrow Challenges，visions，ways forward"；美国数据引自"2017 Census of Governments：Organization Component Estimates"；中国数据引自中国城乡建设统计年鉴

局，推进以县城为重要载体的城镇化建设"。随着城镇化进入新阶段，在城镇空间格局网络化发展的趋势下，位于都市圈内的小城镇，依托其区位交通条件，可以成为承接中心城市功能疏解的重要节点。通过都市圈小城镇发展建设，不仅能够助力治理"大城市病"，也是化解特大城市风险的关键。

　　培育位于大城市周边的小城镇发展，是国际上比较常见的促进均衡发展的手段。20 世纪 90 年代，欧盟面临区域发展不均衡的问题，在城乡融合视角下，提出大都市区域及其周边、乡村区域、城乡合作中的小城镇发展策略。欧盟的小城镇与城市发展相对应，经历了集中化、郊区化和逆城市化的发展时期。集中化阶段，欧盟城镇化发展初期，城乡差别大，小城镇以农业商贸为主；到了郊区化阶段，城市迅速膨胀，人口、经济、产业扩散，产生了大量的郊区新城，许多城镇职能卫星化、专业化；到了逆城市化阶段，城市产业、人口进一步分散，小城镇之间的联系加强，形成分工明确、彼此促进、彼此制约的城镇组群。

（3）小城镇是县域城乡融合的重要层级

县制是我国地方管理制度中跨越时间最长、最稳定的组织机构，我国在春秋早期就已经出现了诸侯国置县的记录。自郡县制建立以来，人口不断增加，县级区划和县的数目却维持相对稳定。历史上中国"皇权不下县"——中央政府通过府、县的设置和管理，维持乡村社会的稳定。县域是我国就地城镇化的重要单元，正因为县历史悠久、区划稳定，因此，其自然地理格局相对完整、资源禀赋条件相对统一、地域文化共性强，既是我国经济、社会、政治、文化等功能比较完备的行政区划单元，也是我国迄今为止乡土气息、乡愁色彩最为浓厚的地域单元。

县域也是实现城乡融合发展的重要切入点，而城乡循环是城乡融合的根本路径。古代中国的城市资源能够顺畅地回流乡土社会，源于出自乡村的文人与官员，在乡土情结的驱使下"告老还乡""辞归故里"，为乡村社会保持了地方治理和发展所需的人力资源，并把城市中的思想、文化、财富引入乡村，造就了诸如古代徽州的乡村繁荣景象。我国进入近现代的工业化过程后，却出现了城市与乡村脱节甚至对立的问题，主要原因是城乡二元体制造成城乡循环的破坏。正如费孝通所言，千百年农耕社会"叶落归根"的机制，构成了社会的有机循环，但数千年里形成的这一循环，已在近百年历史中被打破[5]。

虽然县城作为县域的中心，在促进城乡循环和城乡融合过程中发挥着重要作用，但我国县域单元平均面积约3670平方公里，平均半径接近35公里，加上大部分县域地形复杂（只有少部分面积较小、地形平坦的县域单元），意味着县城的辐射带动很难覆盖全县域，仅靠县城难以发挥推进城乡融合的作用。我国地域广阔，人口布局松散，小城镇数量众多、类型多样，从城乡融合角度看，小城镇既有责任也具备相应功能（表7-2）。

小城镇能够发挥乡村人口的吸纳和服务功能，是优化县城—镇—村三级体系，畅通城乡循环、实现城乡融合的重要层级。因此，发展小城镇的核心意义和价值并不立足于"造城"，而在于"助乡"[6]。

城乡循环过程中县城、小城镇、村庄的作用　　　　　　　　　表7-2

	县城	小城镇	村
生产	第二产业与生产性服务业的主要聚集地	建立基础性的农业生产服务功能	农业生产

续表

	县城	小城镇	村
流通	连接农产品产地和区域农产品市场的重要枢纽	农产品产地批发市场以及县域内的物流中转中心	打通农产品物流的"最先一公里"
消费	县域内综合性消费服务中心	特色文旅、休闲、康养等消费	特色农产品、乡村旅游等

7.2.3　小城镇兼具文化与生态优势，是建设美丽中国的重要载体

（1）小城镇的历史文化遗存丰富，具有保护传承历史文化的重要价值

经过近四十年大规模的城市旧城改造，我国大城市中保存完整古城的已经很少，甚至已无保存完整的县级古城。但我国仍有较多保存着大量历史文化遗产和完整布局的小城镇，截至 2024 年，中国历史文化名镇共计 312 个，还有众多省级历史文化名镇、千年古镇、少数民族特色城镇等。据 2015 年全国小城镇调查，约六成拥有县级以上文物保护单位，五成以上有历史建筑、拥有经国家或地方相关部门认定过的非物质文化遗产，超 1/3 保留有传统街区；几乎每个小城镇都有自己独特的风俗、美食等文化，六成以上还会定期举行特色民俗文化活动（图 7-8）。保护好、建设好这些小城镇具有重要的历史文化价值。

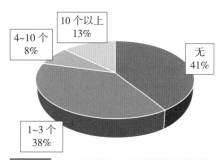

图7-8　按县级以上文物保护单位数量划分的小城镇比例

数据来源：《说清小城镇：全国 121 个小城镇详细调查》

（2）小城镇的自然生态本底优越，有助于促进人与自然和谐共生

从发达国家的经验看，许多小城镇的人居环境优于城市，是人民追求高品质生活的载体，小城镇中居住的人群往往是中产阶层和富裕阶层。大城市人口返回乡村，选择小城镇比村庄适宜，能够满足基本公共服务设施配置的门槛规模，提高投资效益和设施使用效率，拉动内需。

同时，小城镇蕴含绿色低碳转型的巨大潜力。小城镇的空间尺度适合慢行交通，有助于降低交通碳排放。同时，小城镇毗邻乡村，大多有着丰富的太阳能、风能、生物质能等可再生能源，用好这些能源能够有效降低小城镇碳排放。

7.2.4　小城镇在基层治理与守土固边上的作用突出，是维护安全稳定的重要保障

（1）夯实国家治理根基，维护社会稳定

小城镇是乡村治理中心，是维系基层社会稳定的"压舱石"。镇作为基层政权，

是国家治理体系和治理能力现代化的基石，众多与乡村居民日常生活息息相关的治理服务必须通过小城镇来完成。其中，农村居民生育相关证件办理（90%）、户口入户（86%）、医保服务（86%）、社保服务（81%）等在小城镇完成的比例均超过80%（表7-3）。

基层服务在小城镇完成的比例 表7-3

可办理的居民事项	比例
户口入户	86%
婚姻登记	24%
生育相关证件	90%
医保	86%
社保	81%
房屋登记	39%
就业失业登记	60%
护照及出入境	1%
房屋建设许可	45%
其他	5%

资料来源：《说清小城镇：全国121个小城镇详细调查》

此外，小城镇是国内循环的重要节点，是吸纳回流人口的"蓄水池"。当前国际环境复杂，国际循环具有不稳定性，一旦出现严重的贸易下滑和东部沿海地区就业承载能力下降，部分具有较强产业承载功能的小城镇可发挥"蓄水池"的作用，吸纳回流人口，维护社会稳定。

（2）边境小城镇守土固边，维护国土安全

我国国境线漫长，由于历史的原因，还有一小部分边界存在一定的争议。国际上在领土争端的解决实践中有一条重要原则，即争议领土范围内如果有某国的国民长期居住生活，则可以作为领土归属的重要判别依据。

根据《兴边富民行动"十三五"规划》，边境县包括内蒙古、辽宁、吉林、黑龙江、广西、云南、西藏、甘肃、新疆等9个省区的140个陆地边境县（市、区、旗）和新疆生产建设兵团的58个边境团场（表7-4）。这些边境县中，有大量的边境小城镇（类似的概念包括沿边境乡镇、边境地区小城镇、边境小城镇、边境村镇、边境乡镇等），能够发挥守土固边的重要作用，是安邦定国的前沿阵地、内陆沿边开放的重要载体、跨境民间交往的门户枢纽。国家"十四五"规划纲要首次把抵边村镇作为一个特殊类型提出来，提出要"加快抵边村镇和抵边通道建设"；《"十四五"新型城镇化实施方案》也提出"构建以边境地级市为带动、边境县城和口岸为依托、抵边村镇为支点的边境城镇体系"。

我国抵边省区基本情况   表 7-4

省区	陆地边境线长度（公里）	接壤国家	下辖抵边县（市、区）数量（个）	主要居住的少数民族
内蒙古	约 4200	俄罗斯、蒙古国	19	蒙古族
辽宁	约 300	朝鲜	5	满族、蒙古族、回族、朝鲜族和锡伯族
吉林	约 1438	俄罗斯、朝鲜	10	朝鲜族、满族、蒙古族、回族
黑龙江	约 2981	俄罗斯	18	汉族、满族、朝鲜族
广西	约 1020	越南	8	壮族、瑶族、苗族、侗族
云南	约 4060	越南、老挝、缅甸	25	彝族、白族、哈尼族、傣族、壮族、苗族
西藏	约 4000	缅甸、印度、不丹、尼泊尔	21	藏族
甘肃	约 65	蒙古国	1	回族、藏族、东乡族、土族
新疆	约 5700	俄罗斯、哈萨克斯坦、吉尔吉斯斯坦、塔吉克斯坦、巴基斯坦、蒙古国、印度、阿富汗斯坦	33	维吾尔族、哈萨克族、回族
新疆兵团	—	蒙古国、哈萨克斯坦、吉尔吉斯斯坦	58	维吾尔族、哈萨克族、回族

数据来源：笔者自制

7.3 小结

尽管存在质疑小城镇发展前景的观点，但考虑到我国庞大的人口规模，需要通过科学发展小城镇以推动城镇化健康发展是毋庸置疑的，争议和讨论的核心是小城镇到底承担何种地位作用？看清小城镇的地位作用，有助于我们找到小城镇发展的前景与道路。重新认识小城镇的战略作用，不仅对引导小城镇健康发展意义重大，对我国新型城镇化发展乃至实现中国式现代化也至关重要。

总体来看，小城镇在不同的历史时期和发展阶段，基于宏观背景和政策导向的差异，地位作用也各不相同。改革开放之前，小城镇的功能基本上比较稳定，主要承担一定区域内农副产品和手工业品的交易中心作用。改革开放之后，小城镇生产中心功能和第三产业功能得以强化，逐步成为周围农村剩余劳动力转移的首选之地，这时的小城镇既是联系城乡的纽带，又成为推动我国工业化和城镇化的重要阵地。进入 21 世纪以来，小城镇的战略地位出现下降、调整，各界对其战略作用的认识也开始变得模糊。

今后而言，小城镇在人口吸纳和支撑经济发展方面的地位确实会有所下降，但在实现中国式现代化的进程中的作用仍不可替代，并将趋于多元化。从这个意义上讲，党的二十大报告中城镇化战略表述没有出现"小城镇"这几个字，不意味着忽视小城镇，而是因为小城镇的战略作用更加多元，无论是在新型城镇化还是乡村振兴战略中，无论是在以城市群、都市圈为主体还是在以县城为重要载体的城镇化中，都能找到自己的位置——换种形象的表述，在国家发展的大舞台上，小城镇可能不再是"主角"，但却是更加全能的"配角"（表 7-5，图 7-9）。

不同阶段小城镇发展的宏观背景、政策导向与作用表现　　　　表 7-5

	繁荣期（1978—2002 年）	调整期（2003—2012 年）	转型期（2013 年至今）
宏观背景	工业化与城镇化初期，在城市承载能力不足的背景下，小城镇发展得到鼓励	在国家从"短缺经济"转入"过剩经济"以及扩大对外开放的过程中，城市的科技、金融、产业集聚优势得以发挥，小城镇在竞争中处于劣势	逐步进入后工业化、信息化时代，从经济导向转向更加综合的多元目标（兼顾效率与公平、统筹安全和发展）
政策导向	提出"小城镇，大战略"，确立了小城镇的重要作用	协调发展成为主要基调，相关政策聚焦小城镇的示范性工作	提高小城镇服务农村的功能、强化小城镇连接城乡的节点作用、突出小城镇承载特色产业功能的作用
作用表现	市场与政策双向驱动小城镇迅速发展。小城镇利用其成本优势快速发展、遍地开花，成为城镇化发展的主战场和经济发展的重要引擎	战略作用有所弱化。乡镇企业逐步失去发展空间，人口集聚力下降，盲目模仿城市，反而引发更多问题	中国式现代化目标下的多元转型。在人口集聚和经济发展方面的地位下降，但作用趋于多元化

资料来源：笔者自制

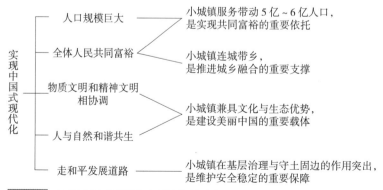

图 7-9　实现中国式现代化小城镇的战略作用

资料来源：笔者自制

参考文献：

［1］朱喜刚.规划视角下小城镇模式 [M].北京：中国建筑工业出版社，2019.

［2］陈鹏，魏来.基于国际比较的我国远景城镇化水平研判及其思考 [J].城市发展研究，2020，27（7）：33-39.

［3］陈前虎，王岱霞，武前波，等.特色之谜：改革开放以来浙江小城镇发展转型研究 [M].北京：中国建筑工业出版社，2020.

［4］邹兵.小城镇的制度变迁与政策分析 [M].北京：中国建筑工业出版社，2003.

［5］费孝通.乡土重建 [M].长沙：湖南人民出版社，2022.

［6］杨保军.培育特色小镇不在于"造城"，而在于"助乡"[J].中华建设，2016（12）：41.

下篇
路在何方？

国际经验借鉴

国内探索实践

优化小城镇发展建设的战略路径

8 | 国际经验借鉴

8.1 日本小城镇发展建设经验

我国与日本同属东亚文化圈，拥有以"村落文化、家庭单元、小规模耕作"为特征的相似农耕文化背景，人口密度高，人地关系紧张，小城镇发展建设的城镇化背景也较为相似。目前，日本的城镇化发展已进入稳定阶段，小城镇的兴衰分化也早于我国小城镇的发展历程，相关建设经验对我国有较大的参考价值。

8.1.1 日本小城镇发展历程

日本的小城镇起源于农耕时代自发形成的自然村落，在小农经济生产模式下，这些村落形成地缘共同体，分布较为分散且规模较小，伴随着工业化和城镇化的冲击，这些独立的小村落逐步形成具有一定自治权限的地方行政单元。

（1）町村制的形成与明治大合并

16世纪初，德川家康在关原之战中获胜，结束了日本150多年的动荡，开启了长达260多年的太平盛世——江户时代。这一时期，日本实施锁国政策，封建小农经济在长期统治下稳定发展。

1868年，日本明治政府推翻了德川幕府统治，中央权力回到天皇手中。此后，通过奉还版籍、废藩置县等一系列措施真正实现了中央集权。明治维新派开始了向西方的全面学习，大力购买和引进西方列强的生产技术、设备等，掀起日本第一轮国内工业革新。在工业文明的冲击下，农民自给自足的经营体制开始崩溃，不少地方开始出现自然的町村合并。

明治政府推动了新的行政区划改革，对基层行政单位进行重组。1878年，日本制定《郡区町村编制法》后，町村正式被明确为行政区划的基本单位。为建立现代地方自治制度，便于落实教育、税收、规划土木工程建设，展开困难救济，进行户籍登记等，1888年开始实行市制、町村制。合并之前，日本町村的规模较小（100户以下的町村占70%左右），彼此之间交流少，财政能力薄弱，分散居住的町村从生产和管理上都不再适应需求，难以提供基本公共服务。为解决这些问题，日本从 1888 年到 1889 年开始了大规模的町村合并。由于 1886 年日本首次明确提出要在全国范围内普及小学的 4 年义务教育制，因此，当时日本对町村规模的设想与基本上在每个町村建立一所小学所需要的人口规模相联系，制定了每一町村户数为 300 ~ 500 户的规模标准。经过此次合并，日本全国总町村数由 71314 个改设为 39 个市和 15820 个町村，减少了 55455 个。

（2）昭和大合并

明治大合并之后的 60 多年间，日本再未发生大规模町村合并，直到"二战"结束后日本战败。美军为肃清"昭和势力"而主导改革，其中强化地方自治是改革的重要部分。日本当时的市町村总数约为 10520 个，市、町、村数分别为 205 个、1797 个和 8518 个，与明治大合并施行一年后的数量相比，大约占其 2/3。

在 1946 年的新宪法基础上，日本 1947 年颁布了《地方自治法》，废除了战前的府县制和市町村制，开始实行中央、都道府县、市町村三级政府体制，其中都、道、府、县四种政区之间关系平行并列，作为广域地方公共团体，类似于我国的省级行政单位。市、町、村、特别区作为基础地方公共团体平行并列，许多行政事务需作为地方公共团体的市町村政府承担，如设置与管理新制的初级中学、承担市町村的消防工作、面向当地居民提供社会福利与卫生保健等。然而，当时的市町村规模小、财政能力弱，难以应对扩大了的新业务和相应增加的业务经费支出。为提高处理行政事务的效率，1953 年日本制定了《町村合并促进法》，再次以学校为基准，即根据建 1 所初级中学最有效的区域人口规模为 8000 人的设想，实施昭和大合并。1961 年，日本全国的市町村数已降为 3472 个 [1]，市町村平均人口规模也由原来的 5396 人增加到 14008 人，促进了当地新的市町村的经济建设，加快实现了新市町村社会经济一体化。

1965 年，日本制定了《市町村合并特例法》，作了有关推进市町村自主合并的规定，并形成系统的制度。市町村中，分别设置有议决机关议会和执行机关市町村长或者是行政委员会。町村政府的财政来源来自地方税、地方交付税、地方让与税、国库支出金、都道府县支出金、地方债及其他，日本町村自治制度得以形成并稳定地确立下来。

（3）平成大合并

在昭和大合并之后，从 1970 年至 2000 年的 30 年间，日本的市町村数变化不大，处于相对稳定期。仅由 1970 年的 3280 个降为 2000 年的 3229 个，减少了 51 个。市町村结构则由 1970 年的 564 个市、2027 个町、689 个村转变为 2000 年的 671 个市、1991 个町和 567 个村。

以 1991 年初"泡沫经济崩溃"为转折点，日本经济发展进入停滞期，许多在经济恢复和发展时期产生的负面遗留问题集中爆发。随着日本工业化和城镇化的推进，第一产业比重下降，大量农村人口向三大都市圈集中，町村老龄化问题突出，地区经济随之下滑。同时，居民的日常生活圈不断扩大，区域联系加强，新的日常生活圈与当前的地方行政区域划分产生了不协调现象，给居民生活带来诸多不便，建立新区划所必要的共同文化圈已然成熟。

1999 年，根据地方分权的要求，日本进一步明确了市町村等地方公共团体行政体系的确立原则，即以"自主决策、自负责任"为原则，下放国家权力，凡地方市町村政府能办的事，尽可能由地方办。然而，事实上日本大量小规模町村的存在，难以适应地方分权的要求。以 2001 年为例，市町村总数中人口规模在 2 万人以下的占 46.3%。由于小规模市町村占多数，加上相当一部分农村地区的过疏化问题十分严重，市町村自主行事能力较差，国家转移支付压力大。1999 年 3 月，日本开始推动新一轮市町村大合并，一直持续到 2010 年 3 月，被称为平成大合并。全国市町村数由 3229 个减少到 1730 个，数量减少接近一半。随着边改革边合并的进行，村建制大量合并或撤销。截至 2017 年，日本的村已经是二级行政区中数目最少的，只有 175 个。

（4）三次大合并整体评价

三次市町村大合并都伴随着地方自治权限的改革，随着事权逐步下移，地方人口规模、财政能力与公共服务不相匹配，促成了市町村之间的合并。合并之后，市的数量增加，町和村的数量减少，其中村的数量减少最多（表 8-1）。

明治大合并与昭和大合并与明治维新、"二战"等重大历史事件密切相关，国家推行自上而下的顶层设计和整体改革促进了市町村大合并。而平成大合并与当时农村地区过疏化密切相关，第三次大合并没有明确合并统一标准，更多从问题导向出发，优化行政区划。在推动市町村合并过程中，日本尤其重视法律的规范引导，明确了市町村自主合并的规定，促进行政体系不断优化。

总体来看，市町村大合并配合城乡居民生活活动圈的扩大，实现了行政服务的广域化；大量撤销村制地方公共团体，跳跃式推进了农村城市化，促进农村社区向城市社区转型，涌现出一批城乡一体或以城带乡发展型的田园都市。突破原有的市町村分界，从区域视角统筹道路交通、公共设施、土地利用、环境保护、观光旅游、城乡交流等，也吸引了更多的外来投资[2]。市町村合并后减少了行政人员工资报酬和交界地区的重复投资，同时，通过对名称的更改，例如，"村"改为"市、町"建制，也在字面意义上提升了当地的对外形象，消除不明真相的外人对其"土气"的印象。另一方面，农村地区历史文化的传承受到挑战，大市与小町村合并后，存在小町村发展可能得不到足够的重视和支持等负面影响。

日本三次市町村大合并

表 8-1

阶段	明治大合并	昭和大合并	平成大合并
时间	1889–1945 年	1953–1961 年	2000–2010 年
背景	建立现代地方自治制度	规模小、财政支付能力弱的市町村难以应付拓宽的工作职责	町村人口数量减少，交通圈和信息圈扩大了公共服务半径
合并标准	以一所小学能服务的 300 ~ 500 户的规模为町村设立标准	以一所初级中学服务的约 8000 人规模为标准合并	—
市町村数量	1889 年：15820 个 1945 年：10820 个	1953 年：9868 个 1961 年：3472 个	1970 年：3280 个 2010 年：1727 个

资料来源：《东亚小城镇建设与规划》

8.1.2 过疏化背景下的小城镇人口发展规律

（1）集中型城镇化发展历程

"二战"以后，日本的城镇化和工业化以及社会发展基本同步，大致分为三个阶段。1945 ~ 1950 年为战后恢复期，以基础设施恢复和重建为重心，通过农地改革、解散财阀和劳动改革，提高了农业生产率和农民收入，带动了经济发展，城镇化率从 28% 上升到 37%。1950 ~ 1977 年为高速增长期，日本进入工业化中期，从农业主导转向工业主导，城镇化率从 37% 上升到 76%，年均增长 1.5 个百分点，大量人口从农村和小城镇迁往大城市，过疏化问题相应产生。1970 年至今为稳定发展期，基本完成工业化，城镇化进入成熟期，到 2005 年，日本的城镇化率达到 86%，2011 年，城镇化率已达到 91.3%[3]。

从城镇化格局来看，日本出现了都市过密化和乡村过疏化现象。从 20 世纪 60 年代开始，日本进入经济高速增长期，东京、大阪、名古屋等大城市经济圈迅速发展，吸收了大批劳动力，这些劳动力大部分都是来自农村地区的青壮年人口，出现了都市的"过密"；相应的，边远农村、山村和渔村的出现"过疏"现象。随着城镇化和工业化的演进，20 世纪 90 年代则出现了东京圈的"一极集中化"现象，乡村的"过疏化"现象则从"年轻人流出型"向"年轻人流出型＋少子型过疏"转变[4]。因老龄少子化、人口减少趋势不断加剧，东京等大城市同地方中小城镇及农村间的教育、医疗资源不均衡问题日益显现。尤其是服务业、信息化主导的新时代，创新要素持续向中心集聚，超级都市圈单极化发展的内在动力在逐渐增强（图8-1）。以轨道为例，相比日本南北两端的九州和北海道地区，轨道的废线情况反而集中在那些围绕在三大都市圈周围但又有一定距离的地区。

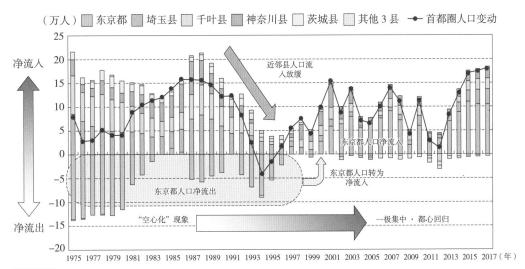

图 8-1　日本首都圈人口流动

资料来源：日本国土交通省

（2）小城镇过疏化问题的产生

随着人口及资本等生产要素不断流向大都市，农村地区与工业发达的城市地区在经济发展水平上的差距不断加大，农村地区青壮年劳动力大量流失。1966 年日本经济审议会在地区部会中间报告上，第一次使用了"过疏"一词。1967 年发布的《经济发展计划》中提到"与过密问题相对，人口减少引起了过疏问题"。1970 年出台的《过疏地域对策紧急措置法》，对过疏化地区进行了明确界定，符合以下两个条件的市町村被定为过疏化市町村：① 1965 年人口普查数字同 1960 年相比减少 10% 以上；② 1996 ~ 1998 年 3 年平均财政力指数[①]低于 0.4。根据日本国家人口调查资料，1960 ~ 1965 年间，人口减少 10% 的市町村达到了 897 个，占市町村总数的比例为 30% 左右。

20 世纪 70 年代中期以后，在经济高速发展的背景下，日本政府加大了对过疏化地区的公共事业投资，并希望通过建设活动吸引劳动力，以减少人口向大城市外流。过疏化市町村的人口减少速度有所缓慢，但是由于地区经济发展不平衡的状况并没有发生根本性转变，再加上高速公路等交通设施的完善为人口流动提供了便利条件，过疏化地区的人口依然持续减少，1970 年的过疏化的市町村占比约为 23.7%。20 世纪 90 年代后，日本泡沫经济破灭，经济一直处于低迷状态，大量建设停止，之前的建设不仅没有使人口增加，反而使人口密度下降和基础设施过于分散的矛盾显现出来 [5]。过疏化问题进一步加剧，尤其是缺乏基础工业、依靠农林渔业的中山间、半岛等地区，人口减少十分明显，过疏化问题十分严重。近年来，日本全国几乎所有都道府县都出现了过疏化市町村，很多过疏化地区从人口的机械减少开始向自然减少转变，死亡率远远高于出生率 [6]。2015 年日本国势调查显示，绝大多数市町村人口规模正在缩小，约半数的市町村属于"过疏地区"（表 8-2）。

日本过疏化情况　　　　　　　　　　　　　　　表 8-2

区分		过疏化市町村	全国市町村总数
市町村数		817	1718
占比		47.6%	100%
人口（千人）		10878	127094
占比		8.6%	100%
面积（km²）		225423	377970
占比		59.6%	100%

资料来源：日本全国过疏地域自立促进联盟

（3）小城镇过疏化发生规律

伴随着城镇化与工业化进程，日本不同规模的町村呈现出差异化的衰减趋势。总体来说，町村规模越大，衰减越迟；而在城镇化后期，不同等级规模的町村人口都呈现衰减趋势。

财力薄弱的地区过疏化问题更为突出。从衡量市町村财政力的财政力指数看，2014 年过疏化市町村财政力指数的平均值为 0.23，只有全国市町村平均值 0.49 的一半左右。另外，从不同级别市町村数量来看，2014 年过疏化市町村中，财政力指数在 0.1 ~ 0.2 之间的市町村最多，为 307 个，占了接近四成；超过 0.4 的则只有 3% 左右（表 8-3）。

不同级别财政力指数的过疏化市町村数量　　　　　表 8-3

	不同级别	2013 年	2014 年
过疏化地区	少于 0.1	29（3.6%）	32（4.0%）
	0.1-0.2	310（38.9%）	307（38.5%）

续表

不同级别		2013 年	2014 年
过疏化地区	0.2–0.3	273（34.3%）	268（33.6%）
	0.3–0.42	159（19.9%）	165（20.7%）
	超过 0.42	26（3.3%）	25（3.1%）
	市町村总数	797（100%）	797（100%）
	平均值	0.23	0.23
全国平均		0.49	0.49

资料来源：日本总务省《平成 27 年度过疏对策的现况》

町村规模越大，衰落（数量减少）的时序越滞后。由于大规模的町村合并，小于 0.5 万人口规模的町村最先减少，且减少的幅度最大，但是在过快减少的过程中，村落数量有反弹的趋势。1920 ~ 1960 年，人口小于 0.5 万的町村人数急剧下降，人口在 0.5 万 ~ 1 万的町村人数波动下降，1 万 ~ 3 万之间人口规模的町村人数持续增长。在 1960 ~ 2000 年，乡村聚落数量和乡村人口分布都呈现出明显的"哑铃型"特征，人口小于 0.5 万和大于 3 万人的町村数量增长较快，中间的町村数量收缩。2000 年之后，不同规模人口的町村人数都呈现下降趋势；在城镇化后期，不同人口规模的町村数量都在减少[7]（图 8–2）。

8.1.3 小城镇发展建设情况

（1）小城镇产业发展

在日本基本完成工业化进程后，城市和农村之间的经济差距呈现出不断扩大的发展态势。为了提高农村地区的发展活力，缓解日本"城市过密"和"农村过疏"等问题，各地开展了类型多样的地域振兴活动。在振兴过程中，也逐渐发现通过工业化来带动地区发展的效果并不明显，且不适用于所有地区。在反省传统开发方式的基础上，开始探索内生式发展模式，发展当地文化、产业，追求生活舒适、福利，提倡居民参与等，以人的发展为核心代替注重经济增长的一元论。日本在小城镇建设中十分注重运用地方资源，创建特色城镇，不仅提供特色农产品，还包括文化产业和旅游产业等。

日本政府也开始自上而下推行个性地域的市町村建设。20 世纪 80 年代由都道府县推荐，日本政府指定 117 个市町村为个性地域，20 世纪 90 年代后又指定了 22 个市町村为个性地域，在历史、地理、风土或文化等方面均有一定的特色[8]。个性

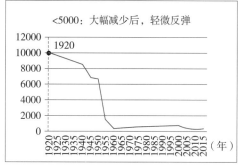

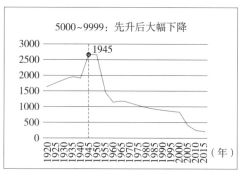

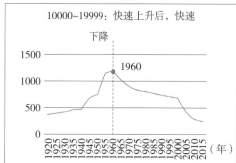

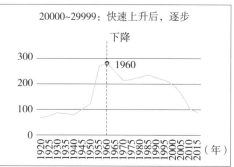

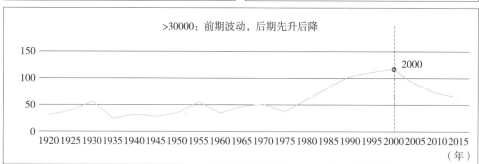

图 8-2 1920～2015 年日本不同人口规模等级的町村数量变化

资料来源：1920～2010 年《日本统计年鉴》和 2015 年日本统计网

地域创建在一定程度上促进了一些町村地区的崛起，但普及性不高，也存在和"一村一品"运动相似的竞争隐患。以鸟取县北荣町为例，面积为 56.92 平方公里，截至 2020 年 10 月，人口为 14228 人。由于知名漫画家青山刚昌出生于北荣町的由良宿地区，北荣町政府利用其知名度先后设立了柯南大道、柯南大桥，2007 年更进一步设立了青山刚昌故乡馆，连路标、指示牌、浮雕铜像、井盖也以柯南为主题，成为全世界柯南迷的朝圣之地。

（2）小城镇设施建设情况

日本町村的设施和服务城乡一体化水平较高。20 世纪 70 年代，町村过疏化问题出现后，日本政府开始注重对町村地区城乡生活环境设施的建设。当时日本进入农业农村复兴时期和农工一体化时期，城镇化率约72%，并已经过两次较大的町村合并，政府有财力大量投资农村地区基础设施和公共服务设施，大幅提高建设标准，通过工业积累的大量资金对农业进行价格补贴、对农民进行收入补贴，作为一般预算转移支付的日本地方交付税制度弥补了地方政府财政能力差距，使全国统一标准在教育、医疗、养老、基础设施等基本公共服务方面得以实现，并保证了农民收入，缩小了城乡居民的收入差距。至20世纪80年代中后期，日本全国町村基础设施水平已基本达到了城市的配置水平。在医疗、退休金、基本公共服务等方面，町村与市和区的标准基本是一致的。通过产业支撑和上级政府的援助，町村地区得以维持自身的公共服务。以北海道上士幌町为例，2015年人口数为4874人，比人口高峰时期（1965年）减少了52.7%，且人口仍将持续减少，面临社会服务效率降低、学校设施难以维持等问题，人口密度下降和基础设施过于分散之间的矛盾突出。为此，上士幌町逐步降低郊区过量的公共服务建筑和基础建设支出，削减基础设施建设中的政府投资比例，将投资重点转向福利民生设施，利用家乡税、育儿与少子化对策基金以及中央财政补贴，支持幼儿园、公共浴室、社区集会场所等设施建设。

日本小城镇建设注重环境整洁和尊重传统。小城镇干净整洁、建筑尺度适宜、功能齐全、绿树成荫，而且富有历史底蕴。规划时，一是首先尽可能满足人的生活需要；二是充分尊重和发扬当地的生活传统；三是最大限度地绿化和美化环境；四是塑造城镇不同的特点和培育有个性的城镇。日本小城镇建设最大的特色是注重绿化环保，通过全面规划，既要保护肥沃的农田，又要避免对河流、湖泊、小溪、沼泽、山坡、林木等环境资源的破坏，建设后的小城镇大多掩映在一片绿荫之中，家家户户的庭院绿化充满禅意。在文化精神空间方面，由于神道教与日本人民生活密切联系，再小的城镇都会建有神社以供参拜和观光。

8.1.4 小城镇相关支持政策

（1）通过规划引导小城镇发展

日本制定并实施的涉及小城镇的相关规划分为全国计划、大城市圈整备计划和地方城镇开发促进计划等三大类、14小类，共有200余项计划，包括《全国综合开发规划》《国土利用计划》《大都市圈整备计划》《地方城镇开发建设计划》等。

通过国土综合开发规划引导人口布局，优化小城镇建设。日本国土综合开发规划是在20世纪50年代日本经济实现高速增长、国土空间出现"过密"和"过疏"

等区域问题的背景下提出实施的。20世纪中期，日本三大城市群形成，城乡差距逐步拉大，一些偏远地区、乡村地区的生产、生活难以维持。日本连续出台了多个国土综合开发规划，关注农村地区、落后地区、边远地区及城镇地区的发展，促进国土空间均衡开发。相继提出了农村工业"据点开发""一村一品""广域生活圈"和"定住圈"、创造自然丰富的居住地区、六次产业化等规划举措，促进小城镇产业发展、居住环境提升和特色化发展。国土综合开发规划的实施，缓解了人口向东京一极过度集中的问题，给小城镇和中小城市发展带来了更多机会，促进日本经济社会从"量的开发"转向"质的提升"（图8-3）。

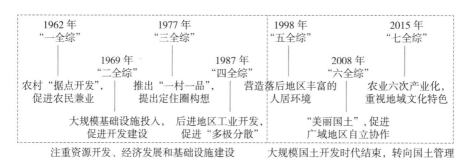

图8-3 日本七次全国综合开发规划中小城镇相关策略

资料来源：笔者自制

制定大都市圈整备计划，带动都市圈周边小城镇发展。伴随着人口快速向以东京为首的大都市圈集中，大都市的环境、交通、就业等城市问题也越来越突出。为了缓解人口和经济过分集中带来的各种问题，21世纪初，日本政府颁布了具有指导意义的整备计划。在日本首都圈的整备计划中，纳入近郊整备地带的有53个町村；纳入都市开发区域的有55个町村，总计108个。在小城镇建立工业及高新技术产业园区，发挥都市圈的区域带动作用，促进中小城镇经济发展。这些小城镇在政策优惠和城市大市场的促进下，城镇经济取得长足的发展，吸引力和竞争力显著增强。1980—2015年町村人口增长的主要区域分布在都市地区（东京都都市圈、名古屋都市圈、大阪都市圈），且离都市圈越近人口增长率越高。

（2）制定连续性的过疏化地区振兴对策

日本政府曾于1970年、1980年、1990年、2000年分别出台了《过疏地区对策紧急措施法》《过疏地区振兴特别措施法》《过疏地域活化特别措施法》和《过疏地域自立促进特别措施法》，并于2017年4月修订《过疏地域自立促进特别措施法》，希望通过实施一系列"过疏对策"以减缓过疏化进程（表8-4）。法律的实施由住民、地方公共团体、政府等多方主体共同参与，其中市町村在整体方针引导下，通过细致地掌握地区居民现状和地区实情来制定对策，在每个过疏化市町村设置村落支援员；都道府县主要负责提供先进措施的介绍、灵活的制度信息、广域层面支援员与地域协作队的信息交换等；总务省统筹过疏化工作，一方面落实地方公共团体的财政转移支付，另一方面收集各地的先进、优良事例，实时进行信息反馈[9]。

历次过疏化对策法案对比   表8-4

实施时间	1970-1980年	1980-1990年	1990-2000年	2000年至今
法律名称	《过疏地区对策紧急措施法》	《过疏地区振兴特别措施法》	《过疏地域活化特别措施法》	《过疏地域自立促进特别措施法》
出台目的	防止人口过度减少。通过建立产业基础，提升居民福利、缩减地域差距，保证地区社会体系的正常维持	解决人口减少导致的地区功能下降、生活水平低下、老龄化等问题。通过积极地采取振兴政策，扩大就业、增加社会福利以及减小地区差距	解决过疏化地域后进性的问题，扩大就业、改善住民福祉。重视地区的主体性和创意基础，强调利用地区的个性来寻求活性化发展	促进过疏化的独立性、改善社会福利、增加就业、缩减区域差距、美丽庄严的国土空间的形成。增加了"有利于形成美丽风格的国土空间"相关内容
成效	道路改良率从1970年的9.0%增加到1980年的22.7%，铺设率从1970年的2.7%增加到1980年的30.6%。市町村活动集会设施以村落为单位进行整顿，还有通信体系的建设等	道路改良率1990年达到39.0%，铺设率达到55.6%。通过发行过疏债券，在过疏化地区建立统一的中小学校等	通过促进过疏化市町村合并来推动地区活化。过疏地区的交通通信体系、生活环境、福利设施等有了大幅提升	2014年，市町村道路改良率达到54.2%，村道铺设率达到70.5%，万人病床数达到147.1张，污水处理率达到74.2%，形成多处个性地域

资料来源：《东亚小城镇建设与规划》

振兴对策始终高度重视"居民福利""促进雇佣"和"缩小地区差异"。"居民福利"体现在，通过改善生活环境、老龄人口的福利、完备的医疗条件以及通过振兴教育和文化，确保当地居民的生活安定和福利提高。"促进雇佣"与产业发展密切相关，通过产业基础设施的建设、农林渔经营的现代化、中小企业的培育、外部企业的技术引进和旅游业开发等措施，达到振兴产业和增加就业的目标。1971年专门制定了《农村地区导入工业促进法》，1972年出台《工业重新布局促进法》，则是希冀将大规模工业导入农村地区。为鼓励年轻人回地方就业，日本政府提出了"地方创生策略"，计划五年内在地方创造30万人的工作岗位，鼓励在家乡创业就业、鼓励人口从大城市移居到小城镇。"缩小地区差异"通过核心村落的整备和培育适度规模的村落，重新调整地区的社会结构。

从注重基础设施建设转向促进内生增长。战后日本的过疏地区的开发政策受新古典经济学派发展理论的影响，注重社会资本的积累和基础设施的建设。由此，过疏地区的经济越来越依赖公共事业投资，原本以农林业为主的产业结构，逐渐转变成以土木工程建筑业为支柱产业。除一部分被中央政府划定为产业转移的地区之外，大部分位置偏僻的地区都未能通过这种方式实现本地的工业化和经济发展。1990 年发表的《过疏地区白皮书》就曾指出："过疏地区不单是从外部引进企业，还应充分利用当地的资源，开发旅游观光等休闲产业，振兴有地方特色的企业，从多方面采取产业发展措施"。2000 年审议通过的《过疏地区自立促进特别措施法》特别强调 "在尊重过疏地区自身的创意和努力的基础上推进过疏地区的产业体系建设、基础设施和生活设施建设"[10]。日本中央政府治理过疏化地区的措施转向以 "内生开发" 为主，激发过疏化地区的内在动力，通过改善地区公共设施、发展六次产业、推进居民组织建设，并在保持乡村地域特色与自给的基础上实行町村合并与乡村建设运动，振兴地区经济。

（3）加强小城镇建设的财税支持

日本小城镇财政自治权限较大，有独立的地方税源。日本的央地关系为集权融合型，市町村是最低层级的地方自治体，都道府县承担跨市町村的管理职能，但不存在明确的上下级关系，财税体制为不设共享税和同源税的分税制体系，税收按中央、都道府县和市町村三级课征，主要功能是为筹集公共资金、调节收入分配、稳定经济增长。税法由国会制订，内阁为实施税法而制定政令，都道府县和市町村等各级地方政府根据政令制订地方条例。市町村税主要包括市町村民税（所得税）、都市计划税、固定资产税等消费税、市町村烟草税。日本市町村政府的财政来源可分为两类，一类是由地方自主征收和筹集的地方税、地方债等；另一类则是通过财政转移支付获得的地方财政收入，诸如地方交付税、地方让与税、国库支出金、都道府县支出金等。在地方分权改革后，扩大了市町村的自治权，町村财政对转移支付依赖程度较低，转移支付占町村财政收入的 30% ~ 40%。例如，2014 年总税收收入中，中央占比为 60.1%，地方占比 39.9%（道府县 16.7%，市町村 23.2%）。经过地方交付税及地方法人特别让与税等转移支付调整后，中央占比降至 39%，地方占比增至 61%，即中央和地方税收收入由六四开变成了四六开。各自治体的地方自主收入由于经济基础的不同而差距很大，以东京都的奥多摩町为例，由于经济萎缩，人口大幅减少，地方财政难以自我平衡，第一类和第二类财源占比分别为 13.5% 和 74.8%（图 8-4）。

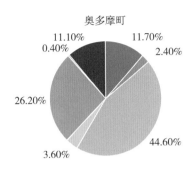

奥多摩町

11.10%   11.70%
0.40%   2.40%

26.20%

3.60%   44.60%

■ 其他   ■ 地方债   ■ 都支出金   ■ 国库支出金   ■ 地方交付税   ■ 地方让与税   ■ 地方税

图 8-4 奥多摩町 2015 年财政收入构成
数据来源：东京都总务行政部

财政支出上，日本都道府县侧重地方经济服务，市町村侧重居民生活服务。针对过疏化问题，各级财政投入结构也在调整（表 8-5），财政花费在产业振兴的占比在 20% 以上，前期都道府县高，后期市町村更高；交通与信息设施则占比最高，随着时间推移逐渐降低；都道府县投入比市町村更高；在生活环境提升与老年保健中，政府财政投入相对较高，前期以市町村为主，都道府县的投资逐渐提升。但由于就业和发展机会不足，仅靠财政支持难以扭转过疏化的趋势。

日本财政投入情况（亿日元）   表 8-5

时期	分级	产业振兴	交通及信息设施与地区交流促进	生活环境提升	老年人保健及福利	医疗保障	教育与文化	社区建设	其他
《过疏地区对策紧急措施法》（1970-1980 年）	市町村	7584	16488	8498		639	9339	190	1001
	都道府县	9940	22709	447		314	131	0	1738
	占比	22.2%	49.6%	11.3%		1.2%	12%	0.2%	3.5%
《过疏地区振兴特别措施法》（1980-1990 年）	市町村	22061	35319	17173		1430	16263	402	1422
	都道府县	26196	50623	810		1027	822	10	112
	占比	27.8%	49.5%	10.4%		1.4%	9.8%	0.2%	0.9%
《过疏地域活化特别措施法》（1990-2000 年）	市町村	48341	47332	53063	10437	3769	22579	744	4227
	都道府县	58262	95341	10994	871	2442	2286	442	2157
	占比	29.3%	39.3%	17.6%	3.1%	1.7%	6.8%	0.3%	1.8%
《过疏地域自立促进特别措施法》（2000 年至今）	市町村	39580	55500	30019	5243	2821	8298	709	1422
	都道府县	32517	41228	24840	5117	2768	10011	426	1459
	占比	27.5%	36.9%	20.9%	4%	2.1%	7%	0.4%	1.1%

资料来源：《日本小城镇的过疏化衰败现象及其对策》

8.2 欧洲小城镇发展建设经验

欧洲小城镇孕育和发展的历程相当久远，从一千多年前仅有的穆斯林和拜占庭帝国西北部的现代化城市雏形，到如今一半的欧洲人居住在主要城镇或大型城镇带，城镇聚落表现出长期的延续性[11]。欧洲小城镇的发展历程能为我国小城镇的建设发展提供丰富的经验。

8.2.1 欧洲小城镇发展历程

将欧洲作为整体地域来看，在欧洲文明发展的重要节点或关键时刻，都有生产力提升带来的人口、土地和制度的变迁，对城乡互动模式和城镇化发展产生了深刻影响。根据城乡互动模式的重要转折节点，可以将欧洲城镇化历程分为四个主要阶段[12]，这四个阶段的基本功能和结构主导了城镇的兴衰、地位和独立性，部分聚落最终演化成现在的欧洲小城镇（图8-5，图8-6）。

（1）中世纪以前的初级城镇化

第一个阶段是中世纪前（公元4世纪到11世纪期间），欧洲整体的城镇化率在此阶段末期约为4%。这个阶段是欧洲城镇的萌芽期，广域土地都进行农业耕种，罗马帝国扩张带来了初级城镇化，爱琴海沿岸出现城市聚落的形态，但欧洲还未孕育出城镇，聚落以希腊殖民地和其他原始城邦为主[13]。

（2）前工业化时期的城镇生长

第二个阶段是前工业化时期（公元11世纪到公元14世纪期间），欧洲整体的城镇化率在此阶段末期达到约16%。这个阶段是欧洲城镇的增长期，城镇是人口相对稠密、拥有独特政治经济组织的人口聚居地，是作为乡村经济的补充而出现的，在地理空间、社会组织、行政关系、文化传统上均与乡村存在不同。初期的城镇主要有罗马自治市、防御城镇、承载农产品和手工艺品交易的小型聚落；随着防御城镇与小型聚落演化，以及公国封地的建立，出现了教区采邑城镇、地方交易集镇和首府及其附庸的领地三种类型的城镇；这一阶段后期，城镇主要由从封建领主处获得开市权的自治居住城镇、从公国封地首府成长而来的地区或郡县首府、地区市场中心和对外贸易城镇这四种类型构成。前工业化时期的城镇化历程较为缓慢，城镇发展基本依托原有的军事、宗教和交易集聚点，并且大多数城镇受到居住在农村、作为乡村社会代表的大小封建领主的政治统治，在城乡关系上两者是一种对立关系[14]。

	中世纪之前	（中世纪）前工业化时期	原工业时期		工业时期
	11世纪	14世纪	18世纪		20世纪
人口 居民数量、结构和社会文化	□ 早期各种公共需求使人类聚集到城镇，但因为生产力的限制和战争，城镇很快萎缩或消失。 □ 生产力发展促进了人口的增长和村落的繁荣，庄园经济转向乡村剩余产品的让渡，支持更多生产者和分配者到城市定居交易，等级社会开始复杂。	■ 城市居民没有领主，城市社群崇尚对经济和个人目标的追求，城镇成为世俗理性主义和物质主义思想的汇集地。 ■ 城市精英代理贵族管理城镇，并逐渐与拥有土地的贵族形成对抗的力量。 ■ 伴随财富的分配不均的是人口地位的不平等，城市形成教士、武士和劳动者三大阶层。	◆ 城镇人口增长速度超过总人口增长速度，人口超过100万的大城市产生，城市生存问题尖锐。 ◆ 制造业浪潮开始，一些城镇中的消费者多于生产者工厂就业取代土地雇工，成为家庭构成的最基本条件。 ◆ 火灾、战争、瘟疫和饥荒使得城市人口骤减，但人口体系总体仍有较强的复原能力。	● 出生率和移民率的提高，催生了新的城镇，城市人口快速增长。 ● 丰富的产业结构催生了混广泛的城市职业，无产阶级劳动力数量超过了家佣散工，工业资本家取代了商业和知识精英，城镇出现雇主雇员的两极分化，阶级差异日益增大。	➢ 两次世界大战加速了欧洲间的移民和客籍工人的流动。 ➢ 交通和信息的发展、全球化、等因素促使人们脱离地缘关系，威胁到独具特色的民族、地方生活方式和社会组织的延续。
土地 三生空间的分配和使用情况	□ 罗马帝国布局带有防御工事的军团营地，部分城镇在军团的旧址发展起来。 □ 城镇成为生产和贸易体系的聚集地、领主和国王加强统治的媒介和教会用于宗教仪式和教育的中心。	■ 精英阶级受制于自己的领主，彼此争夺土地和不动产，土地被分为城镇和庄园，城镇之间彼此构成威胁。 ■ 城镇的空间特征源于不同的地形、起源、当地建筑风格和传统，主要分为规划和自然生长两种形态。 ■ 专有资源孵化了自然形成的群居地。	◆ 土地的分配是根据社会和文化规范进行的，在居住区分布上，亲缘、职业、地理和种族出身比社会地位重要。城市精英既是封建领主的代理人，又是竞争对手。 ◆ 教区和公共设施成为城市区域划分的基础，由此形成的地域群体形成中世纪城市公社。	● 同等继承权、固定地租等促进了乡村工业的发展，城镇负责市场、加工等后期工作，城乡分工逐渐显现。 ● 资本加速了土地使用的更替，富人较少迁徙，空间私有化的意识诞生。 ● 城镇因地理和资源的利用开始分化。	➢ 战后重建对城市进行更合理的布局、对历史遗迹精心修复。 ➢ 城市规划的发展提升了大众的居住环境和公共设施，城镇增加了公园、广场等公共空间。 ➢ 城市发展从市中心转向郊区和外环，城镇体系逐渐均衡。
制度 政治制度与行政管辖的演变	□ 罗马帝国建立了完善的行政机构，农村和部落的行政管理被选举产生的政府所取代，**城市体系扩展**到相互联系的自由贸易省份。 □ 随着希腊城邦的旧观念深入人心，出现了一定程度的地方自治权，奠定了欧洲城镇**公民意识和地方自治**的基础。	■ 欧洲中世纪将异端视为罪恶，通过褒奖骑士以爵位和城堡进行武力传教，建立起一系列封建领主的公国和城市。 ■ 部分城市通过封建领主授予的开市权，进行一定程度上的自由贸易和自治管理。 ■ 教会成为维护国家的补充机构，宗教场所成为城镇的**物质遗产**。	◆ 皇室官员监管、领主和地方贵族共同掌权的统治形式逐渐让渡于以市议会、行会组织（财政权）、主教的世俗管辖权为主的制度。 ◆ 资产阶级已完成资本原始积累的过程，进一步提出要求获得政权。文艺复兴、宗教改革、启蒙运动等推进了欧洲建立资本主义政治制度。	● 工业革命的成功使得欧洲国家的政治制度发生了重大变化，新的政治制度推动了现代国家的建立，包括民主制度、宪政制度和工业国家的兴起。这些政治变革也成为了现代国家的基础和核心。	➢ 欧洲一体化有利于界限分明的各区域保持**文化上的自主独立性**，小城镇摆脱国家主导文化而发展。 ➢ 国际公共事务和国际组织摒弃了甚至欧共体间的界限，使欧洲的一些旧城重获新生。
	城市是必需品的交换场所。	**城市是生产组织和资本供应的地点。**	城市将世界经济推向更广阔的领域。		**城市在经济中发挥的作用扩大。**

图 8-5 人口 - 土地 - 制度变迁对欧洲城镇化的影响

资料来源：笔者自制

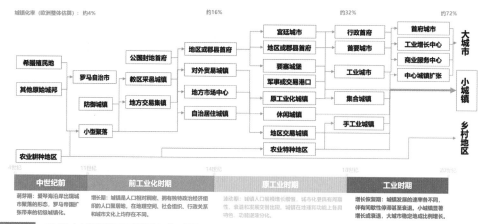

图 8-6　欧洲小城镇发展历程图和构成图
资料来源：笔者自制

（3）原工业时期的城镇专业分化

第三个阶段是原工业时期（公元 14 世纪到公元 18 世纪期间），欧洲整体的城镇化率在此阶段末期达到约 32%（原工业化是指封建生产方式解体到资本主义取得决定性胜利这两个时期之间存在的一个"中间时期"）。这个阶段是欧洲城镇化的波动期，体现在城镇人口规模增长缓慢，城市化更具有周期性，城镇的衰退和发展交替出现；另外，由于城镇在地理和功能上各具特色，城镇功能逐渐分化，为专业功能镇的孕育奠定了基础。这一阶段的典型城镇类型有维持领地和规模增长的地区或郡县首府、以首府为基础通过政治地位提升而形成的宫廷城市、要塞城堡和军事或交易港口、原工业化城镇、地区交易城镇、休闲城镇和农业特种地区城镇。在这个阶段，乡村农业走向商品经济化，乡村工业有着越来越明确的分工，城乡关系虽然在生产上是呼应，但欧洲城镇逐渐由被动方和附庸补充变成主动方和支配者。

（4）工业时期的城镇规模分化

第四阶段是工业时期（公元 18 世纪到公元 20 世纪期间），欧洲整体的城镇化率在此阶段末期达到约 72%。这个阶段是欧洲城镇的增长恢复期，各地城镇发展的速率各不相同，城镇伴有间歇性停滞甚至衰退，上一阶段的小城镇根据人口增长和工业发展的不同趋势，逐渐分化成显著增长或衰退两类，而大城市稳定地成比例增长，出现小城镇与大城市的明显区别。在本阶段的前期，小城镇主要由行政首府、首要城市、工业城市、工业集合城镇、手工业城镇和地区交易城镇构成；在后期，部分城镇由首府城市、工业增长中心、商业服务中心、扩张的中心城镇跃升为当代欧洲的大城市并组合为城市群，而其他工业集合城镇、手工业城镇、农业特种地区

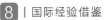

城镇和衰落的中心城镇逐渐构成现在的欧洲小城镇[15-16]。

（5）总体评价

纵观以上历程可以发现，多数欧洲小城镇是在历史上的行政管理驻地和地方市场中心上发展起来的，城镇的相对重要性却随着政治、经济发展模式的更替而产生极大变化，兼备国家首府和经济转型条件的城市很快会成为巨型城市；而在制造业衰退的地区、"阿尔卑斯山式"的手工业地区、经济结构单一的城市和中小型地方首府，在一定程度上保留小城镇的形态和等级。欧洲近现代小城镇发展重视对城镇历史和文化渊源的挖掘和定位，使小城镇在产业发展、生态保护和修复、文化传承等领域的发展具有延续性、协调性。

8.2.2　小城镇发展建设情况

（1）小城镇规模和分布情况

欧洲城镇建设历史悠久、城镇体系发育均衡，小城镇始终是人口分布的主要载体。中世纪以来，欧洲已经是全球城镇化水平最高的地区之一，在1500年的西欧和北欧范围内，2000人以下小城镇所拥有的人口总数占地区城市总人口的90%以上[17]。当前，近一半的欧洲人居住在主要城镇或者大型城市带中，其中居住在小城镇（根据前文定义，欧洲小城镇为人口规模在5000～5万、人口密度在3000人/平方公里至1500人/平方公里的居民点[18]）的欧盟人口约有1.2亿人，占欧盟人口比重的32.6%，而居住在大城市和乡村地区的人口占比分别为35.3%和32.1%[19]，城市、小城镇和乡村的人口分布较为均衡，基本上各占1/3（表8-6）。从整体来看，小城镇是欧洲重要的城镇化载体，小城镇的发展和建设对居民福祉非常重要。

<table>
<tr><td colspan="3">欧盟城镇村人口分布情况　　　　　　　　　　　　　　表8-6</td></tr>
<tr><td rowspan="2">等级</td><td colspan="2">人口数量</td></tr>
<tr><td>绝对人口（人）</td><td>百分比（%）</td></tr>
<tr><td>乡村</td><td>154125040</td><td>32.1</td></tr>
<tr><td>小城镇</td><td>156398720</td><td>32.6</td></tr>
<tr><td>城市</td><td>169946380</td><td>35.3</td></tr>
<tr><td>总计</td><td>480470140</td><td>100</td></tr>
</table>

资料来源：ESPON（2014）

由于欧洲城镇体系发育均衡、城乡之间交通便利，小型规模的城镇居民点构成了欧洲小城镇的主要部分。根据欧盟城镇规模分类来看，人口规模处于5000～1万的小型城镇有4872个，占所有城镇数量的61%；人口在1万～2.5万之间的中型城镇数量不到小型城镇的一半，约占所有城镇数量的 30%；而人口在 2.5 万～5 万之间的大型城镇的数量不到中型城镇的三分之一，仅占所有城镇数量的 9%。另外，欧洲小城镇的人口密度也普遍偏低。欧盟小城镇人口密度低于 1500 人／平方公里的小城镇约占城镇总数的 60%，其中人口密度在 1000～1500 人／平方公里的小城镇数量最多，达到 3399 个。欧盟对欧洲小城镇人口规模的统计描绘了欧洲小城镇的典型画像：欧洲小城镇的平均人口在 1.5 万人左右，人口密度在 1530 人／平方公里，平均镇区规模约为 10 平方公里[20]。

尽管欧洲小城镇分布相对均衡，但从中微观层面来看，小城镇的人口承载作用仍有一定的差异性。欧洲小城镇的空间分布并不是平均散布的，而是在广泛分布的基础上，在西班牙西岸、法国波尔图、意大利帕多瓦、比利时里尔、德国亚琛 – 科隆 – 莱比锡地区和波兰卡托维兹等地区的周边呈现出多个明显的聚集地带，与欧洲蓝香蕉地带（欧洲中西部人口较为密集的自意大利北部至英格兰西北部地带）范围较为吻合，大多数中小型城镇集中在这个地带。另外，不同地区和国家的小城镇居民人口占比和规模存在差异：佛兰德斯地区居住在小城镇的人口占比是欧洲东部、巴黎盆地、西北欧等地区的两倍，但巴黎盆地小城镇的人口密度远高于其他地区；卢森堡和塞浦路斯的城市体量和规模小，根据欧盟的统计口径来看，全国的人口均生活在小城镇；而荷兰、英国等国家在小城镇的人口占比在 20% 左右，低于欧洲国家平均水平[21]（表 8-7）。

欧洲分地域小城镇人口占比和土地面积占比情况 表 8-7

欧洲地域分区	小城镇人口占比	小城镇地域面积占比
佛兰德斯地区	38%	16.0%
威尔士地区	26.2%	2.6%
欧洲东部	20.7%	2.0%
巴黎盆地	20.2%	1.0%
西北欧地区	20.5%	3.9%
欧洲中部	14.7%	1.2%

资料来源：ESPON（2014）

从发展趋势和潜力来看，欧洲小城镇有很强的异质性，体现在城镇的人口变化和经济表现差异大，有的小镇随着工业的外迁而逐渐没落，丧失人口；而有的小城镇因为特色的产业结构和适宜居住的自然和经济条件而持续吸引移民或消费者。城市化水平较高的国家，居住在小城镇和农村的人口比例有所提升；城市化水平较低的国家，农村人口向小城镇和城市转移。欧洲部分小城镇人口老龄化严重，工业转移趋势明显，也面临着衰落的风险和挑战[22]。

（2）城镇经济发展情况

均衡分布的欧洲路网为城乡之间的要素流动和小城镇的产业发展提供支撑，使得小城镇对于欧洲经济发展具有重要地位。从农业和渔业、建造业、工业、旅游和服务业、金融和其他行业这五个主要经济门类的生产总值来看，欧盟28国小城镇对各门类的经济贡献远超农村地区，甚至在农业和渔业经济上也比农村地区多30%；同时，小城镇在建造业、旅游和服务业的经济贡献与城市相当，仅在工业、金融和其他行业落后于城市（图8-7）。整体来看，第一产业和第三产业是带动欧洲小城镇经济发展的关键。

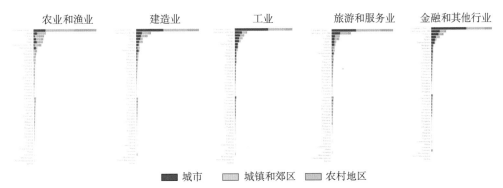

图8-7　欧盟28国城市、城镇和郊区、农村地区各门类经济贡献的总量和占比

资料来源：Eurostat（2022）

在城–镇–乡均衡发展的背景下，欧洲不同地域形成了数量众多而特色鲜明的产业小城镇[23]，这些小城镇充分利用当地的自然资源、文化传统和空间要素，突出地域特色和资源优势，按照市场规律发展起来，形成空间聚集的产业集群和链条完善的产业体系。从产业基础来看，欧洲小城镇大致包括四种类型：一是以传统制造业为主的小城镇，产业发展与工艺传承、人文环境、生态资源等因素关系密切，例如，奥地利瓦腾斯镇，随着施华洛世奇集团的崛起，从一个默默无闻的小镇发展成奥地利最著名的制造业城镇；二是以农业为主、兼具旅游功能的小城镇，产业发展与自然环境、优势农产品、农业风光等因素关系密切，例如，法国普罗旺斯镇，以薰衣草为重要的名片，成为历史悠久的旅游胜地；三是旅游休闲小城镇，依托得天

独厚的风光资源发展观光、度假、运动、赛事、会议等多种类型产业，典型代表有新西兰皇后镇，依托全域的景观资源形成以户外运动、婚礼仪式等活动为基础的特色产业；四是文化科技型小镇，产业发展依托当地高等教育机构和科技公司，同时具备丰富的配套服务业，例如，英国剑桥镇，以剑桥大学在此建成 35 个学院闻名，且配套有诸多剧场和美术等文化设施，使得这座大学镇吸引着源源不断的居民和参观者。

众多在地的特色产业是欧洲人口分布均衡、小城镇发展稳定的重要因素。小城镇有了产业支撑，才能成为人口分布的核心载体，小城镇和周边居民不离乡土就能拥有稳定的工作和经济来源。根据对欧盟 28 国的调查，城镇、郊区或农村居民的平均失业率为 9.8%，比城市居民的失业率低了 1.1%，近乎一半的欧盟成员国均呈现城镇、郊区或农村居民就业率优于城市的现象。另外，即使城市居民的平均收入较高，但居住在城镇、郊区或农村地区的人的工作满意度普遍高于城市，一方面是因为城市的产业结构类型与小城镇有较大差异、工作压力较大，另一方面也因为小城镇房价可负担、上班路途短、生活节奏较为轻松。当欧洲人成家并开始长期的职业生涯时，许多人会考虑搬离城市到郊区、小城镇和农村地区生活。

随着全球产业格局重塑和新经济发展，欧洲小城镇的经济发展和人口变化也出现差异。部分小城镇随着工业的外迁或是偏远的区位条件而逐渐没落、流失人口，这些小城镇的经济门类也相对单一，就业岗位不足；有的小城镇因为特色产业、适宜居游、自然环境等条件而持续吸引移民或消费者，这些小城镇一般具有特色环境和文化，能够更好适应全球的创新创意经济，工业和私营服务业部门相结合为主导的经济发展模式也创造了更多的就业。欧洲小城镇也将逐渐分化为维持现有居住人群的衰退镇、辐射片区内农村地区的服务镇和具有专业功能和特色风貌的产业镇等类型。

（3）基础设施和公共服务建设情况

欧洲小城镇重视人居环境改善，基础设施建设和公共服务水平普遍较高。小城镇通过健全法制和制定合理城镇规划，对基础设施和公共服务进行建设和完善，市政、交通、文化、教育、娱乐等设施齐备，并构建有效的环境卫生治理体系[24]，使居住在小城镇的居民的生活标准和质量与城市的差距较小，但在绿化环境等方面却比城市更具吸引力。

欧洲小城镇基础设施和公共服务的空间分布相对均衡，城乡差异较小。欧盟区域和城市政策部门对欧洲 25 个国家近 8000 个小城镇设施服务水平开展了空间分

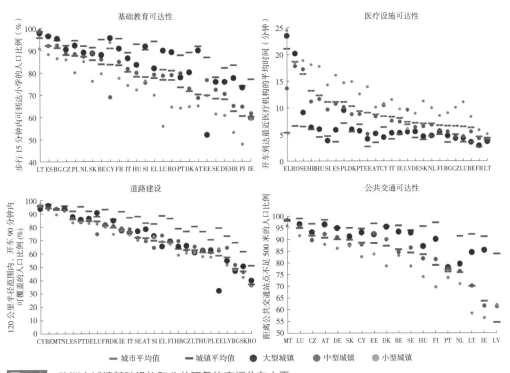

图 8-8　欧洲小城镇基础设施和公共服务的空间分布水平

资料来源：European Commission's Joint Research Centre（2023）

析研究，为了解欧洲小城镇基础设施和公共服务的空间分布水平提供了量化依据（图 8-8）。欧洲小城镇在基础教育、医疗设施、道路建设、公共交通四个领域的整体表现与城市差异较小，大中小三种类型的小城镇在不同设施服务的水平上存在差异。基础教育方面，大约 80% 小城镇居民均生活在小学 15 分钟步行范围内，与城市的比例仅相差约 10%，其中大型城镇覆盖的人口比例与城市非常接近，而小型城镇普遍落后于城镇平均水平。医疗设施方面，小城镇居民驾车到达最近医疗设施所需的时间平均在 10 分钟以下，相比城市居民仅多 3 ~ 5 分钟，绝大多数大型城镇与城市时间水平接近，而小型城镇居民到达最近医疗设施点的时间为大型城镇的两倍。道路建设方面，在 120 公里半径范围内开车 90 分钟内可覆盖的人口比例在城市为 86.3%，在小城镇达到 75.5%，其中大中小三类城镇的水平相近。公共交通方面，大约 80% 的小城镇居民生活在公共交通 500 米可达范围内，比城市居民覆盖的比例低约 10%，大中小型城镇水平差异也在 5% ~ 10% 左右。另外，有的国家在设施服务的城乡差异显著，例如，立陶宛的教育和医疗设施建设在欧洲处于顶尖水平且城乡均衡，但公共交通的可达性较差 [25]。

　　此外，欧洲小城镇居民对基础设施和公共服务的满意度较高。欧盟联合研究中心对欧盟 28 个国家的城市、小城镇和乡村地区的居民开展医疗服务、教育服务、长期护理服务、公共交通、幼托服务、保障住房等多项公共服务的品质满意度调查，基于居民满意度的调查，采用居民对公共服务品质的评分，计算公共服务质量指数并进行对比研究（表 8-8，图 8-9）。研究发现，欧洲小城镇、郊区和乡村居民对总体公共服务品质较为满意，公共服务质量指数仅比城市低 2% ~ 3%，与城市居民对公共服务质量满意度差异极小。近 40% 的国家出现小城镇和乡村居民的满意度高于城市居民和全国平均水平的情况，例如，保加利亚的小城镇和乡村居民满意度比城市居民高出近 11%。从公共服务的领域来看，大部分国家的小城镇和乡村在教育服务、幼托服务、长期护理服务和保障住房四个领域的满意度得分超过城市，只在公共交通和医疗服务上略为落后，其中公共交通满意度的城乡差距最大[26]。

欧盟国家城镇、郊区和农村地区公共服务质量指数　　　　表 8-8

国家	全国	城市	小城镇、郊区和乡村	镇村与城市差异
保加利亚	5.085	4.642	5.139	10.707%
德国	5.858	5.744	6.243	8.687%
冰岛	6.098	5.937	6.224	4.834%
拉脱维亚	4.861	4.778	4.958	3.767%
马耳他	5.346	5.252	5.425	3.294%
意大利	5.453	5.368	5.482	2.124%
卢森堡	5.444	5.379	5.475	1.785%
塞浦路斯	6.859	6.820	6.937	1.716%
葡萄牙	6.806	6.772	6.849	1.137%
斯洛文尼亚	7.266	7.255	7.271	0.221%
丹麦	6.902	6.914	6.888	−0.376%
奥地利	5.545	5.569	5.530	−0.700%
芬兰	6.465	6.500	6.452	−0.738%
罗马尼亚	6.308	6.333	6.283	−0.790%
捷克共和国	5.850	5.922	5.800	−2.060%
波兰	6.681	6.781	6.616	−2.433%
瑞典	7.043	7.149	6.975	−2.434%

续表

国家	全国	城市	小城镇、郊区和乡村	镇村与城市差异
匈牙利	6.834	6.935	6.731	−2.942%
希腊	5.750	5.868	5.695	−2.948%
英国	7.116	7.279	7.043	−3.242%
爱沙尼亚	6.031	6.139	5.910	−3.730%
克罗地亚	6.513	6.639	6.342	−4.474%
西班牙	7.159	7.474	7.091	−5.124%
斯洛伐克	5.421	5.673	5.369	−5.359%
爱尔兰	7.520	7.864	7.437	−5.430%
比利时	6.420	6.684	6.318	−5.476%
荷兰	7.413	7.651	7.218	−5.659%
法国	5.706	5.931	5.352	−9.762%

资料来源：European Commission's Joint Research Centre（2023）

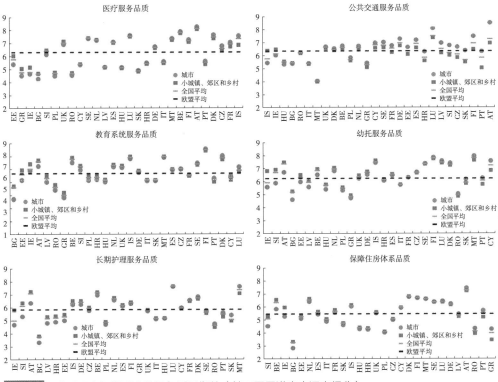

图 8-9 欧盟国家各类型公共服务质量指数（基于居民满意度调查得分）

资料来源：European Commission's Joint Research Centre（2023）

（4）城镇风貌保护情况

欧洲小城镇经过漫长的孕育、演变和分化发展的过程，在地理气候、地域文化、统治理念、宗教艺术等因素的共同影响下，形成了现在风格各异、个性鲜明的面貌。欧洲小城镇的居民往往会因为当地保留下来的特色物质遗产而感到骄傲，对风貌和遗产的保护也极为重视。

当前，欧洲小城镇的空间结构具有整体性，在城镇格局和布局、天际线形象、公共空间特征、建筑样式等风貌要素上均有较好的保护成效。因历史上小国寡民的特点，大多数的欧洲城镇都因形就势建造，在半山腰或者是海边依山傍水建一座贵族的城堡，而服务贵族的平民就围绕着城堡建立各自的房子，城镇整体格局呈现一定的规律性。城镇布局通常以教堂和广场为中心，围绕着中心向外散开来分布，公共活动空间如商店、图书馆、电影院等分布在教堂和广场的附近，居民建筑则以线性或者放射性延伸分布在旁边，连片发展且密度相近，与绿化紧密结合。依托优美的城镇格局，欧洲小城镇的天际线是人工天际线与自然景观之间的有机结合。钟楼、城堡等重要的历史建筑物构成了欧洲小城镇突出的标志物，标志物周边是与环境相互协调的民居、商铺等普通建筑。标志物和普通建筑产生和谐对比，低层高密建筑使得视野更加开阔、标志物更加醒目，并且与作为背景的山体或作为前景的水体结合紧密，连续性强且错落有致。

欧洲小城镇的公共空间主要包括街道和广场，小尺度的宜人街道将公共空间划分为肌理细密街区，并通过与建筑的错位布局分割出与中心建筑区结合的广场、公园等城镇重要的景观地带，这些节点打破了连续单调的街道空间；统一色彩、装饰、门窗形式、建筑面宽等样式的建筑立面构成了连续的街道界面；街道平立面的特征塑造了具有活力的居民休闲空间、具有历史积淀的街区和适宜公众参与活动的场所。欧洲小城镇的建筑风格特征呈现出整体同一性、地域特色性和时代叠加性三个特点[27]。整体同一性是指欧洲小城镇的建筑一般都拥有共同特征要素，例如，大多数建筑物以3~5层的独立式和联排式住宅为主，整体尺度相近；大多数建筑物的屋顶颜色较为一致，建筑材料主要采用石材，给人的整体感受和谐统一。地域特色性是指小城镇的建筑在结构等风格特征上与其他城镇的建筑有明显的区分，由于地理气候条件、生产生活习惯、文化认同的不同，欧洲不同地域的建筑建造形式有较大差异，欧洲小城镇之间建筑风格各异，有希腊、拜占庭、罗马、哥特、巴洛克等多种建筑样式，呈现出文艺复兴、中世纪、田园、现代等多种城镇风格。时代叠加性是指欧洲小城镇普遍历史悠久、建筑耐久性好，重视既有建筑的定期维护和新建建筑的风貌协调，因此，不同时期的建筑能够和谐布局在细密的街区中[28]。

8.2.3 小城镇相关支持政策

欧洲小城镇取得的建设成就得益于他们有一套科学发展小城镇的理念和支持小城镇建设发展的政策，这些经验主要表现在以下几个方面：

（1）顶层的区域政策促进城镇体系均衡发展

历史上，欧洲城镇发展的进程中不存在单一模式的城市体制，中心地体系、网络体系这两大城市体系交替作用，构建出均衡的城镇网络；同时，城镇有效的政治自治模式、城际竞争和城镇联盟等模式都使得城镇的发展更为有机和丰富。然而，现代局限于国家层次上的政策和规划无法处理跨国空间发展的问题，区域经济发展不平衡、边缘地区基础设施缺乏困扰着欧洲一体化进程[29]。在这个背景下，农业地区、老工业地区、跨边境地区的小城镇也面临发展机遇受限的难题。

欧盟一体化规章中的最高目标是欧盟地域内的均衡发展，20 世纪 80 年代以来，为了推进欧洲一体化进程的顺利进行，欧盟非常重视成员国之间以及成员国各地区之间的协调发展问题，在泛欧洲地区层面进行了政策的探索。一是制定具有全局性的欧洲空间规划。欧盟应对区域整合和政策制定的需求，提出了空间规划（spatial planning）概念，并先后启动了《欧洲空间发展远景》《欧洲空间发展研究计划》《欧洲国土情景及愿景 2050》等多项空间规划和研究计划，提出了多个开创性的城乡空间概念，促成地域内的均衡发展。二是构建支撑欧洲全域均衡发展的政策体系。欧盟对区域管理的体制机制进行了多种创新，间接促进小城镇的均衡发展。欧洲形成了多层次、网络状的区域协调体系，在纵向上形成超国家、国家、地方等多个等级层次的区域协调体系，畅通小城镇利益表达的渠道，使得与小城镇相关或以小城镇为载体的组织有机会参与区域协调政策的制定、执行和反馈。三是创新提出了问题区域治理模式、创新区域模式、跨境合作模式和流域治理模式等多样化的区域协调模式，对解决地区衰落、促进创新经济、提升核心区域和边缘区域的整体竞争力等目标进行区域系统谋划，小城镇作为重要的区域政策对象取得更多关注机会。四是完善促进区域协调的精细的经济手段。每年，欧盟将预算经费的四成用于区域协调和城乡一体化进程的多种扶持基金，并且确立了区域援助的通用规则，以避免各成员国的内部区域发展政策影响地区的公平竞争。小城镇可以直接从欧盟层面获得建设发展的资金支持[30]。

专栏 8-1 欧洲空间规划

《欧洲空间发展远景》：1999 年提出的《欧洲空间发展远景（ESDP）》是一个非法定的指导性文件，作为各成员国空间发展规划的指导框架，对现有规划进行补充和完善。欧盟各国都要求地方政府在发展规划中体现 ESDP 的各项原则和政策。其中，发展多中心与均衡的城市体系、建立新型城乡关系、平等地获得基础设施和知识、提高交通和通信基础设施可达性及知识可获得性机会、以精明治理的手段开发和保护自然与文化遗产等理念均与小城镇息息相关，对指导欧洲各国重视小城镇发展提供指引。

《欧洲空间发展研究计划》：2002 年提出的《欧洲空间发展研究计划（SPESP）》在现有研究的基础上，将空间发展标准概念化并加以检验，进一步深化完善城乡合作的概念。其中，"城乡合作伙伴关系"的概念着重强调了城镇及乡村之间的完整性，以功能区理念看待城市和乡村地区，提出八种城乡功能性关系，包括居住 工作关系、中心地区关系、特大城市与位于乡村地区或过渡地带的城市中心区的关系、乡村与城市企业的关系、作为城市居民休闲和消费地的乡村地区、作为城市开放空间的乡村地区、作为城市基础设施承载体的乡村地区和作为城市自然资源供应者的乡村地区。这八种功能性关系对小城镇找准定位提供了较为成熟的依据。

《欧洲国土情景及愿景2050》：2013 年提出的《欧洲国土情景及愿景2050》旨在打造一个开放和多中心的欧洲，对欧洲大都市发展和网络化、平衡的多中心系统建立、小城市和欠发达地区发展三种情景下的城市体系发展目标进行模拟，并提出了支持平衡城市结构的相关策略，包含连接欧洲与全球的通道、促进与邻近地区共同发展、促进区域多样性和内生发展、支持平衡城市结构、实现自然和文化资源可持续管理。小城镇及乡村地区的发展成为重要的发展情景之一，区域层面的具体政策指引有助于各国落实小城镇发展政策。在提出规划的基础上，欧盟还建立项目监管评估指标体系和欧洲空间规划观测网络，加强欧盟空间规划的落地实施。

（2）完善的治理体系保障小城镇管理科学性

小城镇是一个复杂的管理系统，发展规划、管理体制、管理水平等因素直接影响着小城镇的空间环境、经济发展和居民福祉等综合效益。欧洲小城镇在国家治理水平长期发展过程中，逐步形成了规划理念先进、管理职能规范、管理决策民主的小城镇管理的科学模式。

首先，欧洲小城镇重视规划的引领作用和立法的保障作用。欧洲各国地方政府普遍要制定跨度在 10 到 30 年不等的中长期发展规划，规划在地方日常建设和管理中发挥着导向作用、协调作用和促进作用。因此，欧洲小城镇重视规划的科学性和前瞻性，必须考虑城镇的发展潜力，为将来的持续发展留下充分的空间；同时，也注重规划的稳定性和约束性，采用法律手段对规划的实施进行约束，防止人为或其他因素破坏规划的持续性；这些理念成为小城镇规划的一致原则。典型案例是德国小城镇规划和立法实践。德国小城镇规划积极响应国家和州级政府在可持续发展领域的倡导，自 20 世纪 90 年代起便将可持续发展作为地方政府工作的重要内容。1992 年以来，德国有超过 2000 个市镇启动了《21 世纪议程》的进程，引导小城镇确立可持续发展的规划设计管理理念，制定面向未来长期的地方环境行动规划及其实施计划。同时，德国规划体系严密，《规划法案》明确了包含地方市镇的全国六个层次的规划内容、要点和主体，并对法定主体制定了相应的规划管理法律，细化各层级的程序和形式，仅在城镇建设方面的法律法规就多达 100 多个，并建立和形成严格规范的规划体制和运作机制[31]。

其次，欧洲小城镇政府准确定位公共服务职能，明确管理内容和职责（表 8-9）。小城镇的地方政府是欧洲各国最基层的管理单元，具有明确的与其等级相对应的职能定位。在设置镇级政府管理机构或工作目标时，小城镇通常可以按照因事制宜与务实灵活的原则，根据财政情况和现实发展需要来设置和实施，不需要经过上级政府的审批，管理机构具有地方特色，且都精简、高效、权责明确。当前，欧洲小城镇的基本职能可以概括为四项：一是进行人口登记、建立社会保障体系和发放社会福利；二是制定地方政策和法律、征收地方税款和制定财政预算；三是根据人口和财政情况建设基础设施、提供公共服务、发展经济就业；四是协调公众利益、保护自然环境和历史文化、提升城镇对外形象。随着经济全球化、民主化的进程加快，欧洲各国也不断优化小城镇发展中地方政府的行为，通过政治权力和管理权限下放、创造基层公共部门岗位等措施，以更公平有效地分配公共产品和提高居民福祉[32]。

四个欧洲国家小城镇的地方政府职能 表8-9

国家	地方政府职能
英国	教育社会保障和住房、文化场馆、交通、废物处理、规划和编制、环境健康、公园等娱乐设施、集市、人口登记等
德国	居民住房、养老、供水排水、市政交通、公共设施建设与管理职能；对市场的管理和监督、城市改造、区域内的环境保护、失业救济等
法国	表决地方预算案和地方税收、制订市政规划、成立保险事业、管理公路、发展文化娱乐、装备教育设施、处理空气污染等
丹麦	城市发展、园林绿化、交通和基础设施、教育和文化、公共健康、社会保障、政府管理等

资料来源：笔者自制

　　最后，欧洲小城镇积极构建主体协调机制，鼓励公众参与管理。欧洲的城镇是在广泛自治城镇的基础上建立起来的，在地方治理积淀较强的历史背景下，社会普遍认为民主参与更能促进地方行为的合理性[33]。因此，欧洲小城镇在法律制定、规划编制、城镇管理等领域已由理论性、专业性和集中度较强的政府行为逐渐转向感性的、具体的、自下而上的市民参与[34]。在小城镇规划与建设过程中，当地政府十分重视公众的主体地位，根据城镇管理职责设立多个专业委员会，委员会定期开会进行相应事务讨论，并通过会议开放、会议纪要发布和数据信息披露等形式，将城镇管理决策完全对公众开放。在争取居民理解和支持管理决策的同时，当地政府也鼓励居民提出好的建议，以保证管理决策更加科学合埋[35]（图8-10）。小城镇建设项目的选择和设计要通过专家论证和面向全社会招标，还要广泛征求议会的意见，甚至要进行充分讨论或投票。另外，欧洲小城镇的公众参与不仅依托地方政府的积极性，还得益于欧洲议会对各国地方政府公民参与的指导，例如，欧洲文化与教育委员会会定期发布关于公民、平等、权利和价值观计划执行情况的报告[36]，以促进地方政府更好承担社会责任。

图8-10 公众意见征求会议（左）和社区参与活动（右）

资料来源：International IDEA，The Hague Academy for Local Governance

（3）丰富的建设资金来源支撑小城镇长效运维

欧洲小城镇的建设水平和环境品质总体较高，基础设施和公共服务设施运转稳定。除了悠久的发展积淀和持续的工业化驱动之外，建设和运维资金的良好保障是欧洲小城镇建设成就的重要原因。

欧洲小城镇资金来源较为广泛，建设资金筹集的机制较为完善。欧洲小城镇地方政府的建设资金来源主要由以房地产税和市政税为主的地方政府税收、服务费用等服务机构运营收入、各类中央政府拨款、地方债券、地方贷款和不同用途的基金等构成（图8-11）。此外，小城镇在以政府为主提供公共物品服务的基础上引入市场机制，不断拓宽融资渠道，鼓励民间资本参与基础设施和公共服务设施的建设，调动多方建设小城镇的积极性，形成政府与民间资本共同建设的格局。同时，小城镇财政自主权更大，财政重点投入的建设内容可根据实际需求有调整，能够更好贴合实际建设需求进行支出优化。例如，英国埃文河畔的集镇斯特拉特福镇是剧作家威廉·莎士比亚的故乡，也是年接待游客接近500万的旅游胜地，但小城镇并没有因为文化底蕴深厚而盲目增加文化支出，而是主要由莎士比亚基金会对小城镇内的剧场等文化设施进行商业化、专业化运营和维护；欧洲的工业大镇特尔福德镇服务人口近16万人，同时也是大型IT公司和国防部、英国皇家税收和海关总署（HMRC）等政府机构的办公地点，小城镇每年建设支出的领域变化较大，但用于环境设施建设的财政支出较稳定，能够更好地满足居业融合城镇的建设需求。

欧洲各国中央财政对其地方政府进行转移支付，并且资金支持力度较大，对各国小城镇建设运维资金起到托底作用[37]。欧洲地方政府财政主要用于教育服务、社会保障、公共卫生、治安管理和道路交通等领域，自身的财政收入能力普遍低于财政支出压力，因此，大多数欧洲地方政府的建设和运维资金均需要获得中央和上级

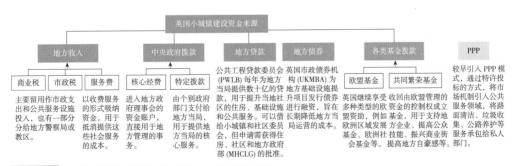

图8-11 欧洲小城镇建设资金来源——以英国为例

资料来源：笔者自制

政府的转移支付或借贷来弥补赤字。欧洲小城镇当局政府与城市同为地方政府，因此，也能有机会直接享受中央政府对城镇建设资金的支持。从经济合作与发展组织（OECD）对 28 个欧洲国家各级财政收入和支出的统计来看，每年欧洲国家中央政府对地方政府转移支付的资金平均为中央财政的 8% ~ 10%，以保障地方政府履行其服务公众的责任（图 8-12）。不同国家也根据地方政府的实际职责范围制定转移支付比例，例如，丹麦地方政府财政收入能力较强，但由于地方政府承担较大的设施建设和公共服务责任，财政支出很高，因此，丹麦中央政府转移支付的比例达到 30%，占地方城镇建设资金的一半；法国地方政府收入并不高，但地方政府建设支出的负担较小，因此，法国中央政府对地方政府的转移支付仅为 5%。

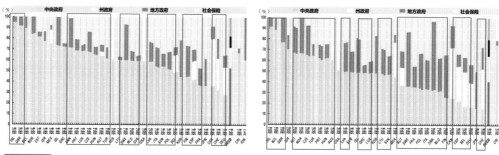

图 8-12 2017 和 2018 年欧洲 28 个国家财政收入（左）和支出（右）中各级政府的占比
资料来源：OECD National Accounts Statistics（2023）

另外，欧洲国家普遍将人均建设资金指标作为衡量地方建设水平和建设资金缺口的重要参考，基于人均指标对建设财力较弱、建设支出落后的地方政府进行补贴，以保障各个地方政府均能提供均衡的公共服务。在这种模式下，小城镇作为地方政府的一员，能够公平地享受与其服务职能相匹配的建设资金扶持。代表案例为英国的均衡计划（图 8-13）。英国地方财政收入在欧洲地区处于极低水平（占全国财政收入的 10%），地方城镇建设资金主要来源于中央对地方的财政补助，都市地区、小城镇、乡村等多种类型的地方政府建设体量和资金需求不一。英国中央政府以地方政府为单位，通过比较全国 426 个地方当局的人均财政收支情况，对人均建设支出落后于全国平均水平的地方政府进行补贴。即使不同类型地方政府从中央政府获得的资金总量不一，但中央转移支付的人均建设支出趋近一致，小城镇与伦敦地区仅相差 50 英镑 / 人 [38]。平衡计划较为科学地支撑了小城镇、乡村等财政资金筹集能力较弱的地方政府，帮助经济落后的地方政府维持基础设施和基本公共服务的品质，极大地提高了财力偏弱小城镇的发展建设水平。

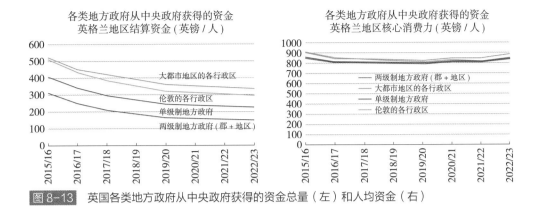

图 8-13　英国各类地方政府从中央政府获得的资金总量（左）和人均资金（右）

资料来源：UK Government National Statistics（2023）

（4）当地的特色产业稳定小城镇经济和就业

欧洲小城镇非常重视本土资源和本地文化对小城镇建设发展的作用，通过培育地域特色产业、加强历史文化传承保护、优化城镇环境风貌等综合手段，吸引人才和资金集聚，促进小城镇经济可持续发展。

欧洲小城镇大多基于本土历史和资源优势，发展特色鲜明的主导产业。欧洲小城镇体量和环境容量有限，经济发展强劲的小城镇大多都充分利用当地的自然资源和文化传统，在历史演变和市场变化中逐渐确定与当地优势资源高度融合的特色产业，形成具有高辨识度的产业名片和完善的产业链条。由于这些小城镇的特色产业，在当地国家甚至国际上都取得良好的知名度，其经验难以被其他地方复制或替代，实现了经济的长久发展。例如，法国的依云，因当地矿泉水能治疗肾结石等疾病的故事和专家们对依云水疗效的证实，人们自发涌入依云小镇亲自体验依云水的神奇。依云凭借独特的生态资源和历史，逐步从养生度假胜地打造成集聚旅游度假、运动、商务会议等多功能的综合型养生度假区，也带动了长期就业岗位的增加（图 8-14）。依云小镇居民通过销售矿泉水和参与当地旅游服务业而获得收入的增长。

政府对小城镇产业培育起到引领作用，通过空间层面的资源统筹和部署，为小城镇谋划发展动能和引入专业力量，促进小城镇产业专业化发展。荷兰是以农业复兴小城镇的典型案例，小城镇分布极为密集，全国农业生产拓展空间十分有限，且农业自然条件极为不利。但自农业危机以来，荷兰大力扶持农业，在国家层面对农业空间进行精细梳理，并根据各地不同资源属性精准匹配农业经济发展门类，农业呈现出区域性空间整合和专业化分工的格局；另外，政府还通过引入农业企业和科研机构促进农业科技创新，形成了奶酪、花卉、蔬菜等多种优势产业，在全球极具

图 8-14　法国度假小镇依云

资料来源：Other Shores & Travellermade

竞争力。小城镇通过为规模农业提供农业科技和管理服务、为高附加值的农业提供交易服务、为高端休闲农业提供旅游服务等方式，变成了联系城乡经济的纽带和农业人才汇聚的产业高地[39]（图 8-15）。

欧洲小城镇也借助众多在地协会和组织的力量，推动产业往专、精的细分领域发展，在做精做强的同时树立起品牌。欧洲一些不具备优势条件的小城镇，通过抓住政策机遇，通过建立协会、校企联合等方式吸收外来资金和人才，打造本地的细分产业。例如，小提琴发源地意大利克雷莫纳，由于克雷莫纳小提琴的创始人的过世和第二次世界大战纷乱的影响，本地小提琴制作技艺无人传承，小提琴制作产业面临消亡的风险。克雷莫纳乡贤为了传播小提琴的文化传统，建立了克雷莫纳小提琴制作学校，打破了手工艺家庭传承的界限，建立起职业学校和手工工坊相结合的学徒制教育，聘请优秀的老师并提供高至博士的课程，通过不断培育新时代的手工艺人，让小城镇制琴业重新享誉世界（图 8-16）。

图 8-15　荷兰郁金香小镇诺德克豪特（左）和奶酪小镇高达（右）

资料来源：FeWo in Holland & Hans-Peter Merten

图 8-16　意大利小提琴之乡克雷莫纳

资料来源：Expedia & Miguel Medina

（5）以人为本的建设提升小城镇空间风貌品质

　　欧洲小城镇的竞争力还来源于独特的历史文化和舒适的建成环境，这些特征赋予了小城镇居民生活的归属感、自豪感和家园感，成为吸引外来居民和游客的动力[40]。欧洲小城镇在历史文化风貌保护、人本主义空间和低碳生活环境建设方面具有较丰富的经验。

　　欧洲对历史文化遗产和城镇风貌开展全面保护，注重小城镇风貌规划的制度化管理。早在 20 世纪初期，欧洲国家便启动历史建筑的保护和修复工作，一些历史建筑和设施虽然早已失去原有的使用功能，但都得到妥善的保护。政府还通过对原有建筑进行改造与再利用来保障功能符合现代生活的需要，对具有历史风貌的老建筑基本会维持原有的外观，只是根据现代生活需要对其内部进行改造。到了 20 世纪中期，《威尼斯宪章》和《华盛顿宪章》提出了"整体保护"的概念，保护内容涵盖列入保护名录的遗产、可再利用的建筑、象征地区特征的自然风光、人类经济社会活动景观、民间文化和手工艺等非物质遗产等多种类型的历史文化遗产，欧洲风貌保护的对象逐渐由单体向群体转变，并且逐渐重视城镇传统文化传承。整体保护理念的进步完善了人们对城镇风貌的认识与理解，使得原有的空间格局能存续下来，成为城镇文化风貌的重要载体。因此，现在的欧洲小城镇很少有新建建筑和高层，并且重视已有建筑的定期维护，所以，虽然很多居民住房都已经存续了上百年的时间，但内部功能完备，城镇面貌与五十年前无异[41]。另外，欧洲国家在小城镇风貌规划过程中形成了完整的法律和管理制度体系。他们普遍采用严格的法律规范手段对规划实施进行约束，例如，设立重点保护区域严格限制任何建设，在其他地区要求新建建筑要依照城市文脉融入环境，在建筑形式上要与周围建筑协调统一，在建设工程动工之前必须征得政府的同意等。这些规范很大程度上保证了城市的风貌不被破坏。小城镇地方政府还鼓励专家和社会组织共同参与城镇风貌保护工作，例如，有的城镇雇佣考古学家参与历史文化挖掘工作，或是通过各类私营机构进行历史建筑的展陈和公众教育活动，为小城镇的风貌保护赢得更广泛的支持[42]。

近年来，欧洲小城镇积极应对气候变化，从多领域探索新的绿色低碳发展模式，丹麦、荷兰等多个国家的小城镇在低碳城镇创建方面取得丰富经验（表 8-10）。一是小城镇地方政府将绿色低碳作为城镇建设最为重要的统领目标，将"绿色""低碳""环保""生态"发展理念融入各项发展规划中，并采取循序渐进的操作模式把控建设进度，实施迭代建设。二是小城镇的绿色低碳建设重点较为聚焦，主要围绕资源利用、垃圾处理、交通方式、建筑设施、生态环境五大领域开展。资源利用领域，能源消费是低碳城镇建设的核心领域，欧洲小城镇在创建低碳城镇时注重前期能源规划和能源需求的科学评估，因地制宜探索符合本地特色的可持续的能源利用方式，同时还注重水资源的循环利用。垃圾处理领域，欧洲低碳小城镇形成一套完善的垃圾管理机制，多数国家采用垃圾分类收集和"即扔即付"的方式将垃圾资源化利用率提高至 45% 及以上。交通方式领域，欧洲小城镇注重土地的集约使用和功能的复合利用，通过重振市中心、TOD 和职住平衡理念规划，减少人对机动车出行的依赖；同时优化小镇的运输结构，提高公交系统便利度和可达性[43]。建筑设施领域，主要考虑建筑物和内部设施的环境适应性设计和节材、节能、节水性能。生态环境领域，欧洲小城镇注重构建和维护生态环境系统，规划设计在统筹人群使用的同时也充分考虑其他生物的生活环境，注重生态宜居、便利性、舒适性等方面的精细设计，构建舒适共享的公共空间[44-45]。

欧洲小城镇绿色低碳建设的具体措施　　　　　　　　　　　　　表 8-10

建设领域	建设措施
资源利用	通过广泛使用地源热泵和天然气供暖等热电联产系统、利用太阳能集成屋面开展光伏供电、支持合理开发风电、普及节能建筑设备和使用可持续低能耗材料等方式，降低对传统能源的依赖并降低设施运营的能耗；通过建设可持续的雨水收集系统来管理径流、滞留洪水和回收雨水
垃圾处理	建筑施工必须使用无毒、可回收的材料，鼓励零售商使用低包装零售商品；根据废物的重量或体积收费，作为家庭回收废物的经济激励措施

续表

建设领域	建设措施
交通方式	优化自行车和步行系统，鼓励拼车、公交、骑行、步行等出行方式，以减少区域交通领域碳排放；部分小城镇还探索个人碳交易应用程序和碳排放量控制奖励等措施鼓励居民绿色出行
建筑设施	通过鼓励居民购买节能家电设施、践行节约型生活方式等措施减少生活用能
生态环境	将人居环境建设与生态环境打造进一步融合，多采用本土植物营造城镇景观，保护生物廊道以满足动物通行需要，提高生物多样性的同时，具备较好的绿色固碳和环境韧性作用

资料来源：笔者自制

8.3 美国小城镇发展建设经验

8.3.1 美国小城镇发展历程

在 15 世纪之前，北美大陆主要居住的是印第安人，处于传统的农业社会状态。16 世纪起，西班牙、荷兰、法国、英国等欧洲国家开始向北美移民，促进了人口的快速增长，国土面积的不断扩张，资本主义的不断发展，掀起了小城镇的发展浪潮（图 8-17）。

（1）欧洲移民促使美国东海岸小城镇兴起

欧洲移民的进入是美国小城镇发展的初始动力。19 世纪 40 年代以前，美国小城镇主要集中于东北海岸地区。美国东北海岸地区濒临大西洋，是欧洲人跨越大西洋登陆美国最近的地方。早期移民主要聚集于此，利用便利的海上交通与欧洲国家进行贸易往来，出口原材料，进口制成品。在贸易过程中，纽约、费城、波士顿等港口城市逐渐兴起，并带动了周围小城镇发展[46]。由于劳动力短缺，北美大陆大量疆土无法开拓，只有少量的城镇聚集于东北海岸地区。早期小城镇规模较小，数量较少，其居住人口以欧洲白人移民为主。

美国于 1776 年宣布独立时，总计面积约为 80 万平方公里，1867 年，美国国土面积达到 930 万平方公里，急需大量的劳动力开拓土地、开发资源、创造财富。为此，美国联邦政府制定了专门的移民法案，一系列优厚的移民政策、稳定的社会环境以及大量的发展机会所产生的拉力与欧洲社会矛盾等一系列问题所产生的推力，促使几千万欧洲人跨越大西洋移居至美国寻找发展机会。1820 ~ 1860 年，移民至美国的人数为 500 万；1860 ~ 1890 年，移民至美国的人数超过 1000 万；1890 ~ 1933 年，移民人数达到 2200 万。移民的增加促进了小城镇的进一步扩张和发展。

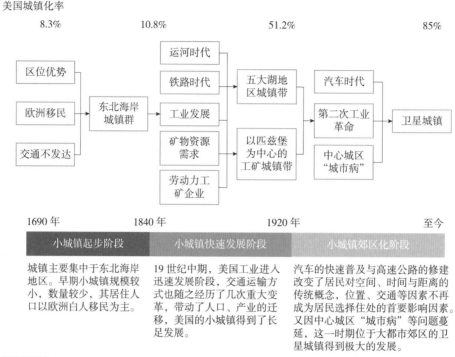

美国城镇化率

8.3%	10.8%	51.2%	85%

小城镇起步阶段	小城镇快速发展阶段	小城镇郊区化阶段
城镇主要集中于东北海岸地区。早期小城镇规模较小，数量较少，其居住人口以欧洲白人移民为主。	19世纪中期，美国工业进入迅速发展阶段，交通运输方式也随之经历了几次重大变革，带动了人口、产业的迁移，美国的小城镇得到了长足发展。	汽车的快速普及与高速公路的修建改变了居民对空间、时间与距离的传统概念，位置、交通等因素不再成为居民选择住处的首要影响因素。又因中心城区"城市病"等问题蔓延，这一时期位于大都市郊区的卫星城镇得到了极大的发展。

图 8-17　美国小城镇发展历程

资料来源：笔者自制

（2）工业化与运河、铁路助推小城镇扩散

欧洲移民将先进的科技、知识与美国丰富的资源、机会结合，大大加速了美国的工业化进程，由此带来的交通运输方式改变促进了小城镇向五大湖周边地区和西部的小城镇发展。

19世纪40年代，美国开始大规模地开凿运河，其中连接纽约和五大湖地区的伊利运河加快了美国东海岸与中西部的货物运输速度，运输成本减少了95%，推动了五大湖地区与东北海岸地区的贸易往来，人口开始向五大湖区迁移，带动了沿岸城镇的兴起与发展。

19世纪60年代，美国国会通过《太平洋铁路法案》，开始修建由东部地区通往西部地区的铁路网。第一条横跨北美大陆的铁路干线全程长2000英里，由东部到西部只需6天。铁路的修建与运营对钢铁、煤炭燃料等矿物资源的需求量大大增加，促进了矿产资源的开发与利用，推动了大量工矿城镇的产生。美国联邦政府还出台了《宅地法》，规定凡年满21岁的美国公民或符合入籍要求申请加入美国国籍的外国人，只需缴纳10美元的登记费便能在西部获得160英亩土地，连续耕种5年之后

就成为这块土地的合法主人。刺激了大量人口向西部迁移，在原本荒凉的大平原和草地上建立了牧场、农场、工厂、矿山和城镇。

（3）郊区化与高速公路促进卫星城镇建设

"城市病"爆发，促使中产阶级寻找新的生活空间。"二战"后的社会富裕和经济繁荣产生了庞大的中产阶级，1980年，城市中70.4%以上都是白领中产阶级。城市由于人口的过于集中，产生了诸如交通过于拥挤、居住空间狭窄、空气污染、噪声干扰、资源紧缺等"城市病"。富有家庭开始离开城市中心的高楼大厦到郊区居住，购买土地并建造属于自己的独立院落式低层住宅。随着经济发展和汽车的普及，广大中产阶级和普通居民也追随富裕阶层，逐渐从都市区域迁入郊区居住和生活，并成为一种社会潮流。

高速公路建设和汽车普及为人口向郊区迁移提供了便利条件。1956年，美国国会通过《联邦援助公路法》，计划在全国铺设长达4.1万英里的州际高速公路。汽车的普及与公路的修建增加了城市与郊区之间流动的便利性，位置、交通等因素不再成为居民选择住处的首要影响因素。卡车的发明进一步促进了郊区小城镇产业的发展。在铁路时代，工业用地通常位于市中心、铁路的交叉口附近。卡车发明后，货物的运输更加便捷，由于郊区小城镇的土地价格便宜、空间开阔，便于建立流水线生产厂房，促进了工业向小城镇转移。

住房政策进一步加速了郊区化进程。1934年，美国联邦政府通过了《国民住房法》，并成立公共住宅管理局，将购买住房的首付降低至总价的10%，按揭期限延长为25～30年，利率下降至2%～3%。住宅贷款制度下的社区评估制度将房地产发展的重心推向了郊区。美国公共住宅管理局将全国社区划分为A、B、C、D四个等级，不同的等级有不同的贷款制度。A等级社区为新建、公共设施与环境较好的社区，一般建立在郊区，其居民贷款偿还能力高。房产公司为确保其投资的安全，将资本大量投向郊区，促进了郊区住宅的繁荣发展。

第三产业和高新技术产业的兴起促使就业向小城镇集聚。高新技术的出现，使得原先传统工业开始衰落。20世纪50年代以后，电子产业、航空航天技术、通信技术的发展将美国城市化进程带入了一个新的阶段。出于成本、劳动力以及环境的因素，很多新兴产业选择在郊区办厂经营，郊区人口的比例在不断上升。经过郊区化的联结，美国的都市区互相联通，形成巨型城市带，城市带中各个城市的地位作用不同，自然而然地出现中心城、卫星城之间的区别与分工。

8.3.2 郊区化背景下的小城镇人口发展规律

（1）郊区化阶段小城镇数量呈指数化增长

由于大量人口返回乡村和小镇，使非城市地区的人口数量回升。据统计，20 世纪 70 年代，美国城市地区的人口增加了 9.1%，而村镇人口增长了 15%，非城市地区人口从 5440 万增至 6800 万。进入 20 世纪 80 年代后，返回乡村、小镇的人口流动加速，仅 1988 年流往乡村小镇人口就达 90.5 万人，5 万人以下的小城镇数量呈现出指数化的增长趋势，从 4663 个增加到了 18281 个，有学者将其称之为"告别城市"（图 8-18）。

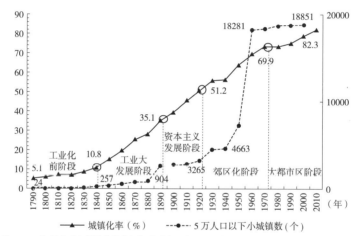

注：1960 年及以后年份的数据使用新的城市概念，根据 1960 年《人口普查》定义。

图 8-18 美国城镇化率与小城镇数量

资料来源：《美国小城镇规划、建设与管理的经验思考及启示》

小城镇的宜人尺度、回归土地的伦理观念以及"小即是美"的哲学观念，引发了人口从城市地区向非都市县的净迁移。1900 ~ 1910 年和 1910 ~ 1920 年，城市中心人口的增长率为 35.5% 和 26.7%，同期郊区的增长率为 27.6% 和 22.4%。1960 年，美国的大都市人口数量与郊区加小城镇人口数量几乎相当，分别占总人口的 33.4% 和 33.3%。此后，美国的小城镇仍然不断发展，到 1970 年，中心城市人口共有 6400 万人，占总人口的 31.4%；而郊区及小城镇人口则达到了 7600 万人，超过了中心城市人口，占总人口的 37.2%。1970 年美国郊区人口超过了中心城市人口，也超过了非都市区的人口。这标志着郊区化成为一种主流模式。例如，纽约的大都市区自 1960 年到 1985 年间，人口仅增加 8%，而城市化区域增长了 65%。

美国人口重心已经由过去的大城镇转移到郊区以及小城镇地区。在小城镇生活、工作已成为美国人民生活的一种重要方式[47]。人口、工厂企业流向乡村小镇，促进了城市化向更为广阔的地区扩散和渗透，城市生活方式向郊区和乡村传播，城市和乡村的生活方式趋于同一，居民既享受五光十色的都市生活，又享有乡村田园诗般的恬静。小城镇之所以有吸引力，是因为它们有人性化的建筑尺度、可负担的住房、顺畅的交通以及紧密的社会结构。最近的民意调查显示，大多数美国人更喜欢住在小城镇，而不是城市或郊区。美国城市逐渐发展成为包含着若干连绵的市、镇的大都市地区，小城镇数量也趋于稳定。

（2）示范城市运动

郊区化也带来一些新的问题，比如中心城市衰败，产生了城市危机；郊区无序蔓延，大量侵占土地；出行过度依赖小汽车等。过度郊区化促使联邦政府将视角重新转向城市。在"伟大社会"的改革下，政府调整了城市政策，并出台《示范城市法》，通过联邦、州和地方公私机构合作推动城市更新，改善居民的生活环境，提高城市生活质量。法案包括五方面内容：一是由地方政府在对示范地区城市问题调研后，制定综合治理计划，联邦政府提供80%的资金支持；二是援助和支持大都市区域的规划；三是提供土地开发抵押保险，支持新式社区建设；四是由协会提供按揭保险资助医学研究和医疗设备更新；五是加强对历史遗迹和古建筑的研究与保护[48]。

1967～1968年，第一批共有75个城市入选示范计划，有超过一半是人口超过25万的大城市，14个是人口在10万到25万之间的中等城市，还有部分小城市。1969年，第一批计划完成，第二批同样有75个城市入选。示范城市的资金涉及教育、环境保护和发展、住房和健康等居民生活的各个方面。

示范城市运动提出了对城市进行综合治理，但由于计划过于复杂，项目分散，各级政府、机构之间协调合作困难，美国的"城市病"已经积重难返，各项计划未能全面实施，人口向小城镇流动的郊区化趋势在爆发式增长后走向稳定。

20世纪90年代以来，政府官员、学者和普通百姓都开始意识到过度郊区化所带来的危害，提出"精明增长"理念。该理念强调土地利用的紧凑模式、鼓励以公共交通和步行交通为主的开发模式、混合功能利用土地、保护开放空间和创造舒适的环境、鼓励公共参与等[49]。

8.3.3 小城镇发展建设情况

（1）小城镇产业特色

美国的小城镇由于所处的地理区位不一样，其特点也有所不同，从类型上可大致分为三种。一是大城市周边的卫星小城镇。这些小城镇拥有与大都市的热闹相对应的一种恬静优雅的居住环境，其主要功能是作为大都市上班族的居住地。纽约、华盛顿等大城市周围的小城镇多为卫星城，和大城市相互作用形成大都市区。二是城乡之间的小城镇，这类城镇往往介于城市与乡村之间，生产性、经济性的功能尤为突出，依托自身优势，发展形成特色小城镇，如教育小城镇、旅游小城镇等，有的在本地区发挥着经济中心城镇的作用。三是农村腹地的小城镇，这类小城镇一般都分布在与城市相距较远的广阔农村地带，是地处农村腹地的经济活动中心，主要居住着以农副产品加工储运和地方特色产业为职业的工人和以农畜牧业为职业的农民。

20世纪50年代以后，高科技制造业，如电子、生化、航空等工业在郊区发展起来。由于高技术制造业对周边生产环境的要求比较高，郊区小城镇安静的环境恰恰符合高新技术产业的生产要求。小城镇凭借工资低、地价廉、税收少，加之交通方便，成为企业理想的新安置地。1979～1984年，北卡罗来纳州山区小镇夏洛特吸引了1220家工厂企业。随着企业的迁入，为乡村小镇创造了大量的工作机会，吸引了不少城市和郊区居民。许多小城镇原先是围绕企业发展起来的，如西雅图市林顿镇，就是因为有美国波音公司而发展成为一个小城镇的。通过以合理的租金向企业提供宽裕的建设用地和厂房设施，简化项目审批程序，降低审批费用，取消企业税和财产税，并通过完善的教育培训体系向企业提供优秀的技术人员。受这些优良条件的吸引，很多大企业纷纷到林顿镇投资办厂。

零售业和商业服务业也在不断向郊区分散，随之出现巨大的郊区商业区。美国很多的小城镇本身就是国内的旅游胜地和休闲、娱乐地。因此，不少小城镇将出售具有地方特色的专业性商品以及高档奢侈品作为主要收入来源。1954～1977年，美国出现1.5万个郊区商业区。1978年郊区零售额超过了整个社会零售额的半数。随着金融、通信、管理等领域的不断发展，越来越多的新商业服务行业比如会计、法律、物业管理、咨询、维修等开始出现并迅速发展。

保健和养老服务在美国小城镇中占有很大的规模。由于生活水平的不断提高，人类的寿命不断延长，加上新的医疗技术不断发展，越来越多的美国人开始关注保健和养老问题。例如，亚利桑那州的退休老人城镇，完全根据老年人的特点进行规划，娱乐设施以老年人的需求进行配套建设，吸引了众多老年人入住，截至 2005年，该镇已居住了 10 多万老年人。

美国学士学位的学校和社区学院的设置完全是根据地方的需要，尤其是后者，主要就设在小城镇，并且办学的目的、经费的来源以及学生毕业后的就业等都和本地区直接相关。即使是那些具有全球声望的高等学府，在地理上也并不完全分布在像纽约、波士顿、芝加哥那样的大城市，相当数量的这类院校分布在城市周边的小城镇。

（2）小城镇建设特点

美国小城镇规划之初，首先考虑的是尽可能满足人的生活需要，十分重视当地的居民和社会公众的意见，鼓励公众积极参与建设项目的全过程；充分尊重和发扬当地的生活传统，保留历史文化特色；最大限度地绿化和美化环境，对城市公园、绿地建设要求很严，凡规划确定的绿地，不论土地权属，一律不得改变用途；塑造城镇不同的特点和培育有个性的城镇。

美国小城镇最突出的特点是"宜居"，通过更具幸福感的居住环境吸引中产阶层居住在小城镇。美国的小城镇不但拥有与大城市一样的基础设施和社会服务设施，而且还有大片的森林、绿地和更为接近自然的、令人感到优雅舒适的环境。住宅多以一二层为主，形式多样、色彩丰富得体，小城镇的工作环境和生活质量甚至好于城市中心区。美国是一个非常注重基础设施建设的国家，自 20 世纪 30 年代以来，乡村的交通、电力、水利及教育、文化、卫生等基础设施的规划建设，取得了显著成效，不仅大部分乡村基础设施和公共服务水平与城市相差无几，而且通过基础设施的高度现代化，实现了村镇现代化，城乡之间的差距大大缩小。在小城镇的交通、通信、排污等公共设施建设上，政府考虑得非常长远，至少可以使用50 ~ 100 年，避免重复建设。

8.3.4 小城镇建设主体与资金来源

（1）美国小城镇高度自治，市场化程度高

美国小城镇是人口聚集到一定程度而产生的，是居民自主选择的产物。美国各州以及地方政府的高度自治使得美国小城镇的成立相对自然，而不是政府行为。美国小城镇的管理方式比较特殊，在美国，小城镇是一个法定的行政社区单位，拥有一定的行政辖区边界。小城镇与市没有行政级别高低之分，市长和小城镇领导之间也没有上、下级关系。但是，与城市的行政设置有所不同，小城镇的议员及镇长不享受公务员的保障和待遇，而是当地居民选举的兼职人员。

美国小城镇设施建设由美国联邦政府、地方政府和开发商共同承担（表8-11）。联邦政府负责投资建设连接城镇间的高速公路，而小城镇的供水厂、污水处理厂、垃圾处理厂等是由州和小城镇政府负责筹资建设。市政债是由美国州、地方政府或基层政府发行的，由政府信用进行保证，用于地方基础设施建设的债券品种。部分市政债存在"金边"属性，相对于普通的企业债券，其风险较低。美国有大约三分之二的基础设施建设项目的资金来源于市政债，超过5万家不同的州、地方政府和市政部门发行过市政债。在美国，那些围绕企业发展起来的小城镇，往往会赋予企业更大的发展空间，而企业的发展反过来也会促进小城镇的发展，两者互相促进并形成良性循环。例如，波音公司的郊区化促进了西雅图市林顿镇的兴起与繁荣。市场还负责小城镇内的交通、水电、通信等生活配套设施的建设资金，以及市镇居民的社会保障和社会福利，如帮助妇女、老人、儿童的保障问题，高度的市场化在优化服务的同时也提高了效率。

美国小城镇建设投资分类　　　　　　　　　　　　表8-11

小城镇建设投资	政府行为		市场行为	
建设投资主体	联邦政府	地方政府	开发商	投资者
建设内容	小城镇向外的高速公路	小城镇的供水厂、污水处理厂、垃圾处理厂等	居住区的开发，包括道路、配套热水、电气等	部分小城镇公用基础设施建设、住房及其他房屋建设
资金来源	对纳税人征收汽车关税、汽车消费税和汽油税	当地纳税人的房产税、个人所得税；政府发行债券	开发商贷款和向使用者收费	个人投资和贷款

资料来源：《美国小城镇规划、建设与管理的经验思考及启示》

（2）小城镇财政收入主要来源于本地纳税人

美国小城镇财政运作资金基本来自本镇的纳税人，州政府会根据小城镇的规模大小给予一定的财政补贴。例如，小镇的非营利公益设施建设资金基本来自小镇居民的房产税。镇政府在引导企业到城镇投资的过程中着力于开发房地产项目，以吸引中产阶级到小城镇购买住房。随着城镇中入驻的企业逐步增多，企业规模逐渐扩大，城镇房地产业在一定程度上也得到了促进。小城镇还会建设一些对地方税收有利的项目或设施，例如，购物中心、汽车城、高尔夫球场、跑马场等。财政收入的很大一部分都用于公共服务领域开销，例如，警察、消防人员以及其他公务人员的

工资。小城镇的财政局人员由当地民众共同选举产生，负责该小镇的财政支出。政府的每项开支到年末都要编制年鉴，接受小城镇公民的审查。如果当地政府的财政收入不够支付当地的财政支出的话，可以申请破产。

8.4 对比与启示

8.4.1 我国的独特性

（1）政治体制差异

与欧洲不同，中国自秦统一以来就是一个大国，大多是统一的统治集团执政，而欧洲是一个由多个国家组成的共同体。中日法英等为单一制国家，地方权力由中央授予；美德等为联邦制国家，各组成部分的权力并非由整体所授予。

（2）城镇化阶段差异

相较于欧洲、美国和日本等国家和地区，我国的城镇化起步晚、速度快，城镇化水平低于发达国家，仍有进一步提升空间（图8-19）；城乡格局尚未稳定，小城镇的规模、数量、结构仍将进一步调整。因此，中国小城镇的发展要注重对欧洲、美国、日本等地小城镇过往发展历程的总结和学习借鉴，吸取经验的同时，少走弯路。

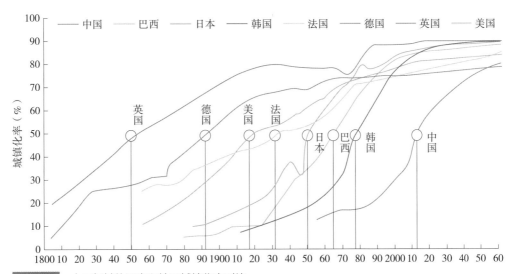

图8-19 中国与其他国家和地区城镇化率对比

资料来源：笔者自制

（3）中国式现代化的总体要求

我国小城镇的发展也要立足中国式现代化的总体要求，推进小城镇现代化。首先，中国式现代化是人口规模巨大的现代化，这也就注定了外部资源环境条件约束很大，不能照搬外国模式。其次，中国式现代化是全体人民共同富裕的现代化，因此不能接受两极分化的格局，也不能搞平均主义、劫富济贫。同时，中国式现代化还是物质文明和精神文明相协调的现代化，小城镇发展要实现既物质富足又精神富有，实现人的全面发展。最后，中国式现代化也是人与自然和谐共生的现代化，这就要求小城镇要走可持续发展的道路，不能竭泽而渔。

8.4.2 经验借鉴

（1）结合发展阶段，资源投入更加聚焦

目前，我国的城镇化率仍有至少 10 个百分点的增长空间，小城镇作为就近城镇化的组成载体，基础设施和公共设施严重滞后，需持续投入。在当下财政紧约束的背景下，要避免超越发展阶段大搞建设，造成浪费和增加地方政府债务负担。由于小城镇在提供就业和经济发展方面难与大城市抗衡，应当顺应小城镇人口收缩趋势和市场规律，除一些重点镇外，一般镇不以经济增长和人口规模为目标，小城镇建设应更注重生活质量、社会服务功能的提升和文化的保护传承，满足各类群体的居住和生活需求。从发达国家的经验来看，位于大城市周边的小城镇、人口规模相对较大并具有地方产业和文化特色的小城镇更容易保持持续性的增长。

（2）统筹出台政策工具包，分类施策

小城镇规划建设应当灵活运用涵盖应对人口收缩、老龄化、镇村布局调整、基础设施和公共服务设施调整、小城镇产业发展、特色风貌塑造等一系列持续性的政策工具，并针对不同建设对象对症下药。对于基础较好、有特色资源的小城镇，应立足自身优势，实现重点发展；对于贫困地区的小城镇，则可能需要更多的政策扶持，着力补齐基础设施和人居环境短板。

特色化发展是发达国家小城镇建设与管理的重要成功经验。小城镇特色化发展无论是基于本地资源，还是其外在需求和投资，都要因地制宜地确定特色产业和发展方向。通过挖掘当地资源，传承地方文化，进而形成地方品牌产品和独特魅力，通过引入或承接外来资本、外来企业或科技、艺术资源流入，通过植入特色而活化地方经济。

（3）建设方式上注重提升地方政府的自主权和能动性

建设小城镇过程中，应当注重自下而上，激发地方自主性。尤其是特色小城镇塑造特色风貌方面，要以地方建设为主。明晰乡镇职能，匹配事权与责任，改进财税分配制度，扩大小城镇财源。在土地利用规划方面，要逐步放开农村集体建设用地的流转，激发乡镇发展活力。此外，还可以学习国外经验，为大都市区周边小城镇赋权。结合欧洲和日本的经验，大都市区周边的小城镇发展潜力最大，是承担专业化城市功能的重要载体，经济发展实力较强，需要通过合理地赋权，进一步激发基层政府积极性。

（4）加强区域统筹，提升小城镇建设的基础保障能力

从发达国家的经验来看，不能孤立地看待小城镇的建设和发展，小城镇的兴衰与城市人口吸引情况是密切相关的，需要统筹考虑，避免顾此失彼。

还要加强对落后乡镇的扶持，注重小城镇人均公共支出的平衡。考虑到小城镇发展实力的差异，以人均公共支出均等化为目标，根据客观因素，如地区经济发展水平、人口规模、公共服务成本与水平等，相应提高专项转移支付规模。

注释：

① 平均财力指数等于标准财政收入额/标准财政支出额，指数值越低，地方政府的财政自给程度越低。

参考文献：

[1] 焦必方，孙彬彬.日本的市町村合并及其对现代化农村建设的影响[J].现代日本经济，2008（5）：40-46.

[2] 马黎明.多维度社会转型背景下的日本小城镇城镇化研究[J].中国名城，2015（6）：87-90.

[3] 冯武勇，郭朝飞.城镇化国际镜鉴[J].环球杂志，2013（3）：06.

[4] 徐素.日本的城乡发展演进、乡村治理状况及借鉴意义[J].上海城市规划，2018（1）：63-71.

[5] 卢峰，杨丽婧.日本小城镇应对人口减少的经验：以日本北海道上士幌町为例[J].国际城市规划，2019，34（5）：117-124.

[6] 乐燕子，李海金.乡村过疏化进程中的村落发展与治理创新：日本的经验与启示——基于日本高知县四万十町的案例研究[J].中国农村研究，2018（1）：

297–326.

［7］ 李亮，谈明洪 . 日本町村聚落演变特征分析 [J]. 中国科学院大学学报，2020，37（6）：767–774.

［8］ 杨书臣 . 日本小城镇的发展及政府的宏观调控 [J]. 现代日本经济，2002（6）：20–23.

［9］ 尚青艳，杨培峰 . 日本过疏化对策对我国乡村振兴的启示 [C]// 中国城市规划学会，重庆市人民政府 . 活力城乡 美好人居：2019 中国城市规划年会论文集（18 乡村规划）. 重庆：重庆大学，2019：13.

［10］胡霞 . 日本过疏地区开发方式及政策的演变 [J]. 日本学刊，2007（5）：82–95；159.

［11］Hohenberg P M，Lees L H. The Making of Urban Europe，1000–1994：With a New Preface and a New Chapter[M]. Boston：Harvard University Press，1995.

［12］刘景华 . 农村城镇化：欧洲的经历与经验 [J]. 历史教学问题，2018（1）：18–27；138.

［13］Clark P. European Cities and Towns：400–2000[M]. Oxford：Oxford University Press，2009.

［14］许瑞生 . 城市纹章：欧洲城市制度的徽记 [M]. 广州：广东人民出版社，2023.

［15］Vries J D. European Urbanization，1500–1800[M]. New York：Routledge，2006.

［16］Clark P. European Cities and Towns：400–2000[M]. Oxford：Oxford University Press，2009.

［17］杨畅 . 从时空维度再认识德国"均等化"城镇体系 [EB/OL].（2017–03–16）[2024–04–16]. https：//www.thepaper.cn/newsDetail_forward_1640435.

［18］OECD Regional Development Studies. Applying the Degree of Urbanisation：A Methodological Manual to Define Cities，Towns and Rural Areas for International Comparisons[R]. Paris：OECD，2021.

［19］Servillo L，Atkinson R，Smith I，et al. TOWN，small and medium sized towns in their functional territorial context[R]. Luxembourg：ESPON，2014.

［20］Russo A P，Giné D S，Albert M Y P，et al. Identifying and Classifying Small and Medium Sized Towns in Europe[J]. Tijdschrift voor Economische en Sociale Geografie，2017，108（4）：380–402.

［21］Eurostat. Population Structure by Urban Rural Typology[DB/OL]. Luxembourg：

Eurostat，2016.

［22］Bretagnolle A，Guérois M，Pavard A. European small cities and towns：a territorial contextualization of vulnerable demographic situations（1981-2011）[J]. Revue d'Économie Régionale & Urbaine，2019（4）：643.

［23］宋瑞. 欧洲特色小镇的发展与启示 [J]. 旅游学刊，2018，33（6）：1-3.

［24］曹小琳，马小均. 小城镇建设的国际经验借鉴及启示 [J]. 重庆大学学报（社会科学版），2010，16（2）：1-5.

［25］Lecomte L，Dijkstra L. Towns in Europe：A technical paper[R]. Brussels：European Commission's Joint Research Centre，2023.

［26］Węziak-Białowolska D，Dijkstra L. Trust，local governance and quality of public service in EU regions and cities[R]. Brussels：European Commission's Joint Research Centre，2015.

［27］于经纶，杨选梅，李舒梦. 欧洲小城镇"显著性"风貌要素及特征研究：以英法德三国为例 [C]. 面向高质量发展的空间治理：2021 中国城市规划年会论文集（18 小城镇规划），2021.

［28］秦硕，覃琳，谢力. 小城镇风貌的文化传承与个性化发展 [J]. 重庆建筑，2014，13（3）：17-20.

［29］陈瑞莲. 欧盟国家的区域协调发展：经验与启示 [C]. "中国区域经济发展与泛珠三角区域合作"学术研讨会论文集，2007.

［30］ESPON EGTC. Role of small and medium-sized towns and cities in territorial development and cohesion[R]. Luxembourg：ESPON，2024.

［31］杜建芳. 小城镇建设的国际经验借鉴 [J]. 经济与管理，2004（5）：23-25.

［32］Ruano J M，Profiroiu M. The Palgrave Handbook of Decentralization in Europe[R]. Cham：Palgrave Macmillan，2017.

［33］Gales P L. The Rise of Local Politics：A Global Review[J]. Annual Reviews Political Science，2021（24）：345-363.

［34］Ross Beveridge，Matthias Naumann. Progressive Urbanism in Small Towns：The Contingencies of Governing From the Left[J]. Urban Affairs Review，2023，59（1），43-72.

［35］宋崇辉. 小城镇发展中地方政府行为：国际经验及优化路径 [J]. 国际经济合作，2010（12）：34-38.

［36］Kohut L. Report on the implementation of the Citizens，Equality，Rights and Values programme 2021-2027-citizens' engagement and participation[R]. European Parliament Committee on Culture and Education，2023.

［37］McGoldrick P，Debs M. THE STATE OF LOCAL INFRASTRUCTURE INVESTMENT IN EUROPE：EIB Municipalities Survey 2020[R]. Luxemburg：European Investment Bank，2020.

［38］UK National Statistics. Government spending[EB/OL].（2023）[2024-06-03]. https：//www.gov.uk/government/government-spending#research_and_statistics.

［39］华高莱斯．特色小镇[G].小城镇建设系列（第一册），2018.

［40］THE CHCFE CONSORTIUM. Cultural Heritage Counts for Europe[R]. Krakow：International Cultural Centre，2015.

［41］苏文婷．国外小城镇风貌规划的理论基础与政策制度[J].学术界，2016（3）：231-239.

［42］王敏．欧洲小城镇建设初探[J].小城镇建设，2004（4）：90-92.

［43］World Economic Forum，Centre for Urban Transformation. This small Finnish city is showing the world how to become carbon neutral[EB/OL].（2023-11-06）[2024-06-03]. https：//www.weforum.org/agenda/2023/11/lahti-finnish-city-carbon-neutral/?n=%40.

［44］吕斌．欧洲低碳城镇建设经验及启示：以瑞典、丹麦、法国为例[J].中国发展观察，2017（6）：57-61.

［45］Europe Environment Agency. Ensuring quality of life in Europe's cities and towns：Tackling the environmental challenges driven by European and global change[R]. Copenhagen：Europe Environment Agency，2009.

［46］王枫云，唐思雅．美国小城镇发展的动力体系及其启示[J].城市观察，2019，（1）：82-91.

［47］李萌．国外的小城镇建设：以美国为例[M].北京：中国社会出版社，2006.

［48］苏晓智，白娟．美国城市示范运动及其启示研究[J].人文地理，2013，28（4）：58-63.

［49］吕鹏．美国城镇化历史进程与路径启示[J].晋阳学刊，2021（5）：88-95.

9 | 国内探索实践

9.1 国家层面的行动

20世纪80年代，国家战略层面开始关注"城之尾、乡之首"的小城镇。1984年《国务院批转民政部关于调整建制镇标准的报告的通知》中明确指出，小城镇应当成为农村发展工副业、学习科学文化和开展文化娱乐活动的基地，逐渐发展成为农村区域性的经济文化中心；2000年《中共中央 国务院关于促进小城镇健康发展的若干意见》文件出台；2014年，中共中央 国务院印发的《国家新型城镇化规划（2014-2020）》强调，坚持大中小城市和小城镇协调发展。40余年间，小城镇在户籍制度、土地有偿使用、个体私营发展等方面进行了重大改革，城镇风貌也发生了翻天覆地的变化。

住房和城乡建设部、文化和旅游部、国家发展和改革委员会、农业农村部等部委，先后开展了全国重点镇、历史文化名镇、特色景观旅游名镇、绿色低碳重点小城镇、美丽宜居小镇、特色小（城）镇、农业产业强镇、乡村振兴示范镇等一系列小城镇示范创建工作（图9-1），促进了小城镇的差异化发展。这种示范创建行动，既顺应了量大面广的小城镇特色化发展的趋势，同时也反映了国家层面治理小城镇的价值导向。

9.1.1 全国重点镇

全国重点镇是指具有一定规模、经济较发达、配套设施较完善的镇，这些镇承担着加快城镇化进程和带动周围农村地区发展任务，是小城镇发展建设的引领和示范。

全国重点镇的示范创建由住房和城乡建设部联合多个部委共同负责，通过一定的程序和标准来确定。1997年、1999年公布命名了75个全国小城镇建设示范镇，作为各地学习和借鉴的典型样板。2004年发布《关于调整和增补全国小城镇建设示范镇的通知》，对已公布的75个示范镇进行一次全面检查和评估，并于2006年增

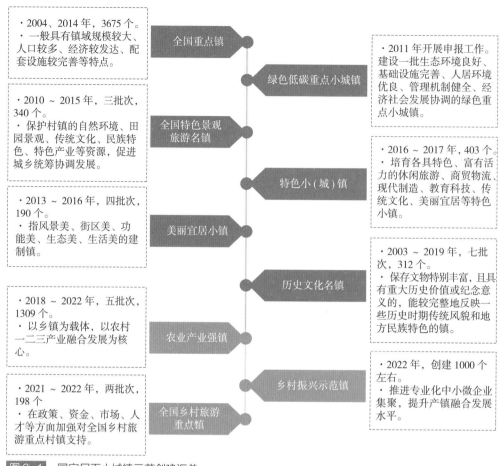

· 2004、2014 年，3675 个。
· 一般具有镇域规模较大、人口较多、经济较发达、配套设施较完善等特点。

全国重点镇

绿色低碳重点小城镇

· 2011 年开展申报工作。建设一批生态环境良好、基础设施完善、人居环境优良、管理机制健全、经济社会发展协调的绿色重点小城镇。

· 2010 ~ 2015 年，三批次，340 个。
· 保护村镇的自然环境、田园景观、传统文化、民族特色、特色产业等资源，促进城乡统筹协调发展。

全国特色景观旅游名镇

特色小 (城) 镇

· 2016 ~ 2017 年，403 个。
· 培育各具特色、富有活力的休闲旅游、商贸物流、现代制造、教育科技、传统文化、美丽宜居等特色小镇。

· 2013 ~ 2016 年，四批次，190 个。
· 指风景美、街区美、功能美、生态美、生活美的建制镇。

美丽宜居小镇

历史文化名镇

· 2003 ~ 2019 年，七批次，312 个。
· 保存文物特别丰富，且具有重大历史价值或纪念意义的，能较完整地反映一些历史时期传统风貌和地方民族特色的镇。

· 2018 ~ 2022 年，五批次，1309 个。
· 以乡镇为载体，以农村一二三产业融合发展为核心。

农业产业强镇

乡村振兴示范镇

· 2022 年，创建 1000 个左右。
· 推进专业化中小微企业集聚，提升产镇融合发展水平。

· 2021 ~ 2022 年，两批次，198 个。
· 在政策、资金、市场、人才等方向加强对全国乡村旅游重点村镇支持。

全国乡村旅游重点镇

图 9-1 国家层面小城镇示范创建汇总

资料来源：笔者自制

补了 58 个全国小城镇建设示范镇。自 2004 年发布《关于公布全国重点镇名单的通知》，将 1887 个镇列为全国重点镇；截至 2014 年，共公布了 3675 个全国重点镇。这一政策有助于推动小城镇的健康和持续发展，同时，对增加投资需求、拉动内需增长、促进城乡经济社会一体化发展等方面也有积极作用。

9.1.2 历史文化名镇

历史文化名镇是我国历史文化资源的重要载体，对于保护历史遗存的真实性、保护城乡传统格局和历史风貌、继承和弘扬中华民族优秀传统文化具有重大意义。2014 年，住房和城乡建设部办公厅发布了第 20 号部令《历史文化名城名镇名村街区保护规划编制审批办法》，细化了规划编制和审批的内容和要求，具有很强的操作性，有助于提高保护规划编制水平、规范规划审批程序，维护历史文化名镇保护规划的科学性和严肃性。

截至 2019 年，全国共公布了 7 个批次的 312 个中国历史文化名镇。这些历史文化名镇成为中国文化遗产保护的重要组成部分，反映了全国不同地域、不同民族、不同经济社会发展阶段聚落形成和演变的历史过程，真实记录了传统建筑风貌、优秀建筑艺术、传统民俗民风和原始空间形态，具有很高的研究和利用价值。随着国际社会和中国政府对文化遗产保护的日益关注，历史文化名镇的保护与利用已成为各地经济社会发展的重要组成部分，成为培育地方特色产业、推动经济发展和提高农民收入的重要源泉，成为塑造乡村特色、增强人民群众对各民族文化的认同感和自豪感、满足社会公众精神文化需求的重要途径，在推动经济发展、社会进步和保护先进文化等方面都发挥着积极的作用。

9.1.3　全国特色景观旅游名镇

中国有许多著名的特色景观旅游名镇，这些古镇以其独特的历史文化、建筑风格和自然景观吸引着众多游客。这些古镇不仅提供了了解中国传统文化和历史的窗口，也是体验宁静乡村生活和自然美景的理想之地。为了加强小城镇和村庄特色景观资源保护，促进特色发展，由住房和城乡建设部会同文化和旅游部开展特色景观旅游名镇的示范创建工作，积极发展旅游村镇，保护和利用村镇特色景观资源。

2009 年，住房和城乡建设部会同文化和旅游部出台了《关于开展全国特色景观旅游名镇（村）示范工作的通知》，2010 年公布了第一批 105 个，2011 年公布了第二批 111 个，2015 年公布了第三批 337 个，共计 553 个，其中建制镇有 340 个。通过此项创建工作，一方面，切实加强了特色景观资源的保护，包括核心景观资源的确定和等级上报，建立了核心景观资源的评估检查工作制度。另一方面，推进特色发展的基本框架，省级住房城乡建设部门指导本地区县级相关部门建立了名镇名村规划区范围内的建设项目审查制度，同时探索改善居民生活的特色发展模式，做好特色旅游项目的宣传和推介工作。再者，在提升名镇名村的综合服务能力上，科学配置市政公用及旅游服务设施，提高从业人员的服务技能，建设了旅游相关的专业实践基地。

9.1.4　绿色低碳重点小城镇

2011 年，为贯彻党的十七届五中全会精神，积极稳妥推进中国特色城镇化，促进我国小城镇健康、协调、可持续发展，《财政部　住房城乡建设部关于绿色重点小城镇试点示范的实施意见》（财建〔2011〕341 号）出台，开启绿色低碳重点小城镇试点示范的遴选、评价和指导工作。同年 9 月，住房和城乡建设部等部委联合印发了《绿色低碳重点小城镇建设评价指标（试行）》通知。通过这类小城镇的创建，一方面，解决资源能源利用粗放、基础设施和公共服务配套不完善、人居生态环境治理滞后等突出问题。另一方面，引导城乡建设模式转型，增强节能减排能力，缓解大城市人口压力，推进城镇可持续发展，促进扩大内需，推进经济结构调整。

9.1.5　美丽宜居小镇

2013 年，为贯彻党的十八大关于建设美丽中国、增强小城镇功能、深入推进新农村建设的精神，住房和城乡建设部开展了美丽宜居小城镇示范工作，印发了《关于开展美丽宜居小镇、美丽宜居村庄示范工作的通知》。美丽宜居小镇是指风景美、街区美、功能美、生态美、生活美的建制镇。它的核心是宜居宜业，特征是美丽、特色和绿色。建设美丽宜居小镇是建设美丽中国的重要行动和途径，是村镇工作的主要目标和内容，是推进新型城镇化和社会主义新农村建设、生态文明建设的必然要求。

9.1.6　特色小（城）镇

特色小（城）镇是指国家发展和改革委员会、财政部以及住房和城乡建设部在全国范围开展的一种新型培育对象。国家计划 2016 年到 2020 年培育 1000 个左右各具特色、富有活力的休闲旅游、商贸物流、现代制造、教育科技、传统文化、美丽宜居等不同类型特色小镇，引领带动全国小城镇建设。特色小（城）镇作为一种微型产业集聚区，具有细分高端的鲜明产业特色、产城人文融合的多元功能特征、集约高效的空间利用特点，在推动经济转型升级和新型城镇化建设中具有重要作用。

但"特色小镇"不是"建制镇"，两者概念容易混淆，从 2020 年 9 月国家发展和改革委员会发布了政策法规《关于促进特色小镇规范健康发展的意见》，到 2021 年城镇化工作暨城乡融合发展工作部际联席会议审议通过并印发了《全国特色小镇规范健康发展导则》，围绕"特色小镇"的基本概念和内涵进行反复阐述，并就发展定位、空间布局、质量效益、管理方式和底线约束等方面，提出普适性操作性的基本指引。

2016 年，《关于加快美丽特色小（城）镇建设的指导意见》由国家发展和改革委员会发布实施。文件中明确指出"特色小（城）镇包括特色小镇、小城镇两种形态。特色小镇主要指聚焦特色产业和新兴产业，集聚发展要素，不同于行政建制镇和产业园区的创新创业平台。特色小城镇是指以传统行政区划为单元，特色产业鲜明、具有一定人口和经济规模的建制镇。"2017 年，国家发展和改革委员会等部委发布《关于规范推进特色小镇和特色小城镇建设的若干意见》，对相关工作推进过程中出现的概念不清、定位不准、急于求成、盲目发展以及市场化不足等问题进行纠正。

9.1.7　农业产业强镇

2018 ~ 2022 年，农业农村部、财政部共批准创建 1309 个农业产业强镇。建设以乡镇为载体，以农村一二三产业融合发展为核心，以形成质量效益突出、宜业宜居镇域小型经济圈，示范带动乡村产业高质量发展为目标，整合各方力量，聚合各类资源，成为乡村振兴战略实施和区域协调发展战略中的重要支点，在发展壮大优势产业，培育乡村产业新业态新模式，推进农村一二三产业融合发展方面发挥积极示范引领作用。

农业产业强镇是在"一村一品"示范村微型经济圈基础上，经过一村连数村、村村连成镇，形成了"一镇一业"小型经济圈，上联县城、下接乡村、内聚要素、外拓市场，产品小而特、业态精而美、布局聚而合，吸引资本聚镇、能人入镇、技术进镇[1]。如今，广袤乡村崛起了星罗棋布的农业产业强镇，优势特色产业不断壮大，有力推动了产业融合、产城融合、城乡融合发展。

9.1.8　乡村振兴示范镇

为贯彻落实《中共中央　国务院关于做好 2022 年全面推进乡村振兴重点工作的意见》要求，分级创建一批乡村振兴示范县、示范乡镇、示范村，引领乡村振兴全面展开，《农业农村部　国家乡村振兴局关于开展 2022 年"百县千乡万村"乡村振兴示范创建的通知》提出，在全国层面探索不同区域全面推进乡村振兴的组织方式、发展模式和要素集聚路径，以此促进农业高质高效、乡村宜居宜业、农民富裕富足。

根据创建任务，农业农村部、国家乡村振兴局组织创建 100 个左右国家乡村振兴示范县；省级农业农村部门、乡村振兴局组织创建 1000 个左右乡村振兴示范乡镇、10000 个左右乡村振兴示范村，分层级推进示范创建。力争用 5 年左右时间，开展创建工作的国家乡村振兴示范县基本覆盖全国各市（地、州、盟）。

9.2 地方层面探索

9.2.1 各省小城镇建设工作进展

全国各省（自治区、直辖市）小城镇建设的推进工作，总体上以抓"点"（试点）、抓"线"（领域）为主，部分省份也开始进行抓"面"（全面推进）。建设内容上，基本都涵盖环境卫生、基础设施、公共服务、风貌治理，部分省份还拓展至治危拆违、产业发展、人文历史等方面。建设主体上，省委省政府发文的11个，其余大部分为住建部门发文。推动时间上，2020年后发文占一半以上，充分体现了近年来国家和各省对小城镇建设工作的重视程度（表9-1）。

18个省（自治区、直辖市）的小城镇建设主题和实施日期　　表9-1

序号	地区	行动主题	时间	重点抓手	抓点	抓线	抓面	发文机构
1	山东	百镇建设示范行动	2012.6	产业发展、基础设施、就业创业、公共服务、管理效能	●			省委、省政府
2	浙江	小城镇环境综合整治行动	2016.9	环境卫生、城镇秩序、乡容镇貌		●		省委、省政府
		"百镇样板、千镇美丽"工程（美丽城镇）	2019.8	设施、服务、产业、品质、治理	●			
		"擦亮小城镇"	2020.7	环境、风貌、"回头看"		●		
		"现代化美丽城镇"（征求意见稿）	2023.1				●	
3	江苏	72个重点中心镇和特色小城镇开展试点示范建设	2016-2020		●			省委、省政府
		23个小城镇开展美丽宜居小城镇建设试点			●			
4	贵州	100个示范小城镇	2019.12		●			省委、省政府
		小城镇综合整治		卫生、厕所革命、污水垃圾、基础设施、"四乱"整治、治危拆违、景观风貌		●		
5	湖北	"擦亮小城镇"	2019.5	"七补齐"		●		省委、省政府
6	安徽	小城镇新型城镇化建设试点	2021.3	环境卫生、基础设施、公共服务、城镇风貌、安全管理、产业培训	●			住建部门
7	江西	美丽乡镇	2021.6	"四美"：环境美、生活美、人文美、治理美		●		省委、省政府
8	广东	美丽圩镇	2021.1	三清、三拆、三整治，"三线"治理		●		省级联席单位
9	吉林	省级示范镇	2022.1	产业项目、市政设施、公共服务、人居环境	●			省委、省政府

续表

序号	地区	行动主题	时间	重点抓手	抓点	抓线	抓面	发文机构
10	重庆	美丽宜居示范乡镇	2022.2	环境、功能、品质、管理	●	●		住建部门
11	辽宁	全省小城镇建设创新发展	2022.9				●	住建部门
12	河北	《河北省小城镇建设标准（试行）的通知》	2018.9				●	省委、省政府
13	四川	百强中心镇	2020.9	基础设施、公共服务、产业、环境风貌、文化、治理	●	●		省委、省政府
14	青海	高原美丽城镇	2019.11	生态格局、生态体系、生态环境、城镇个性品牌、历史文脉、风貌特色	●			省委、省政府
15	陕西	乡村振兴示范镇	2021.11		●			住建部门
16	宁夏	高标准重点小城镇	2021.1		●			省级联席单位
17	新疆	小城镇环境整治示范	2021.5	"五美"：风景美、街区美、功能美、生态美、生活美	●	●		住建部门
18	西藏	特色小城镇	2015.5	产业、功能、绿色、治理	●			自治区党委和政府
	小结			主要抓：环境卫生、基础设施、公共服务、风貌治理 部分抓：治危拆违、产业发展、人文历史	较多，以申报评选为主要方法	住建部门牵头较多	适合发展到一定阶段的地区	省委、省政府发文的11个

资料来源：笔者自制

9.2.2 浙江省小城镇建设经验

（1）小城镇基本情况和建设历程

截至 2021 年底，浙江省全省下辖 11 个设区市 90 个县（37 个市辖区、20 个县级市、33 个县）、619 个镇、259 个乡、482 个街道。全省常住人口 6540 万人，其中小城镇镇域内常住人口 3582.8 万人，占 54.8%，镇区内常住人口 1603.84 万人，占 24.5%。镇区常住人口 10 万人以上的小城镇共 70 个，3 万 ~ 10 万人共 332 个，1 万 ~ 3 万人共 287 个，1 万人以下 321 个。

浙江省小城镇的建设是一项持之以恒的系统性工作。在"八八战略"指引下，遵循城乡发展规律，结合"千村示范、万村整治"的良好基础，瞄准小城镇

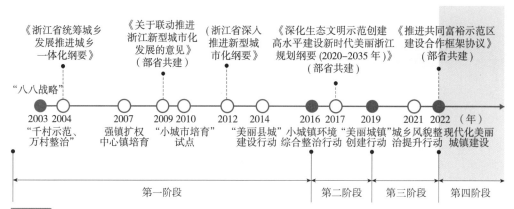

图 9-2 "八八战略"指引下的小城镇建设路线示意图
资料来源：笔者自制

产业"低、小、散"和环境"脏、乱、差"等关键问题，积极实施强镇扩权、小城镇环境综合整治、美丽城镇建设、现代化美丽城镇建设等一系列迭代升级行动（图 9-2）。

第一阶段（2016 年之前）中心镇培育，通过"强镇扩权"集聚资源，壮大强镇功能；第二阶段（2016 ~ 2019 年）小城镇环境综合整治，开展"一加强三整治"；第二阶段（2020 ~ 2022 年）美丽城镇建设，以"五美"为抓手推动小城镇建设提升；第四阶段（2023 ~ 2027 年）现代化美丽城镇建设，以"五个现代化"为抓手进一步提升建设水平。

第一阶段：中心镇培育阶段（2016 年之前）。浙江在全国小城镇综合改革试点的基础上，力推"中心镇培育工程"。2007 年试点 200 个中心镇，工程实施三年后，形成了一批人口超 10 万元、财政超 8 亿元、城市形态初现的特大中心镇。从 2010 年开始，进行了四轮小城市试点培育。到 2020 年，试点单位中有 48 个进入全国综合实力千强镇，其中 10 个进入前 100 名。GDP 破百亿元的达 19 个，财政总收入超十亿元的达 29 个，GDP 增长率超全省平均水平一个百分点以上。总体而言，第一阶段小城镇通过强镇扩权集聚资源，转变了传统粗放增长模式，淘汰了落后产能，壮大了区域强镇功能。但还存在省内欠发达小城镇的政策供给不足、新农村建设缺少强有力的基层执行主体、产业特色不强等问题。

第二阶段（2016 ~ 2019 年）：小城镇环境综合整治阶段。浙江省委、省政府作出开展"百镇样板、千镇美丽"工程的决策部署，启动了小城镇环境综合整治行动，实施对象为 1091 个，包括建制镇、乡、独立于城区的街道建成区范围以及仍

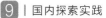

具备集镇功能的原乡政府驻地，成为全国第一个对小城镇进行全面、彻底、全域环
境整治的省份。通过推行以"一加强三整治"为核心的全省小城镇环境综合整治行
动，解决了"脏乱差"等老百姓最关注的环境问题，缩小了沿海与内陆之间的"山
海"发展差距，补齐了全省生态环境的短板，构建了明晰的基层治理"四大体系"，
从整体上激活了浙江小城镇的环境、生态等优势。但还存在高品质公共服务供给不
足、现代农业发展滞后、都市周边城镇功能薄弱等问题（图 9-3，图 9-4）。

图 9-3 小城镇环境综合整治行动的核心框架
资料来源：笔者自制

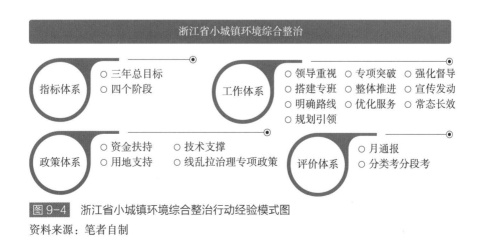

图 9-4 浙江省小城镇环境综合整治行动经验模式图
资料来源：笔者自制

第三阶段（2020～2022年）：美丽城镇建设阶段。在全省县域经济向都市区经济转型、明确"四大建设"的新形势下，构建了美丽城镇"五美"建设的长远框架（图9-5）。美丽城镇的建设对象包括建制镇（不含城关镇）、乡、独立于城区的街道等，总计1010个。建设过程中，将"物质更新促进功能复兴"的理念持续深化，系统落实了全省"五位一体"总体布局和"八八战略"中关于小城镇发展的重要要求。建设成效上，实现了省级卫生城镇全覆盖，居全国省份第一。统筹建设15分钟建成区生活圈、30分钟辖区生活圈，加快完善城镇"一老一小"公共服务设施，新增等级幼儿园1080个、卫生院1158个、实体书店1358个、邻里中心1070个、小镇客厅944个，公共服务处于全国领先水平。到2022年底，累计有363个小城镇达到省级样板镇要求，初步构建以小城镇政府驻地为中心、宜居宜业、舒适便捷的镇村生活圈，初步建立城乡融合发展的体制机制，形成工农互促、城乡互补、全面融合、共同繁荣的新型城乡关系。

"五美"18项重点行动

功能便民环境美	共享乐民生活美
融入浙江大花园总体布局，推进城乡风貌提升和未来社区建设 · 深化环境综合整治 · 构建现代化交通 · 推进市政设施网络 · 提升城镇数字化水平	明确美丽城镇生活圈配置，打造"十个一"标志性工程 · 提升住房建设水平 · 加大优质商贸文体设施供给 · 提升医疗健康服务水平 · 促进城乡教育优质均衡发展 · 加大优质养老服务供给

兴业富民产业美	魅力亲民人文美	善治为民治理美
坚持"名镇名企"，强化因镇施策走"小而精、特而强"之路 · 整治提升"低散乱" · 搭建主平台 · 培育新业态	深入挖掘文化内涵，系统提升文化价值 · 彰显人文特色 · 推进有机更新 · 强化文旅融合	集成推进省委："152"数字化改革工程，推进多领域智慧场景应用 · 建立健全长效机制 · 全面提升公民素养 · 加强社会治理体系和能力建设

图9-5 美丽城镇建设框架和重点行动

资料来源：笔者自制

第四阶段（2023～2027年）：现代化美丽城镇建设阶段。根据《浙江省人民政府办公厅关于全面推进现代化美丽城镇建设的指导意见》（浙政办发〔2023〕49号）文件，浙江每年将打造100个以上环境更宜居、服务更友好、产业更兴旺、人文更深厚、治理更高效的现代化美丽城镇示范镇，联动推进现代化美丽县城（城区）建设。到2025年底，打造300个以上现代化美丽城镇示范镇，打造15个以上现代化美丽县城（城区）。到 2027 年底，打造 500 个以上现代化美丽城镇示范镇，所有城镇达到现代化美丽城镇基本要求，所有山区海岛县基本建成现代化美丽县城（城区），小城市培育试点全面完成。

（2）小城镇发展建设经验

浙江省小城镇建设的成功经验主要包括三方面。

一是明确战略纲领：践行战略、久久为功。2003 年，浙江就启动了"千万工程"，2018 年，这一工程项目被联合国授予"地球卫士奖"。2004 年浙江省委发〔2004〕93 号文《浙江省统筹城乡发展推进城乡一体化纲要》明确提出，要扭转城乡差距、工农差距、地区差距的扩大化趋势。很多人知道浙江是著名水乡，水是生命之源、生产之要、生态之基。但彼时的浙江农村"脏、乱、差"现象非常突出，农村生活污水处理率仅为 2.5% 左右；河道淤积，沉重的环境包袱严重制约了可持续发展。因此，第一阶段城乡一体化建设的渐进式行动始于镇域内的乡村。

当镇域里的乡村建设取得一定成效后，镇区成了"不平衡不充分"矛盾的深水区。在城乡一体化纲要的指引下，2007 年启动了中心镇培育，2010 年启动了小城市培育，2016 年启动了特色小镇培育。在这些局部探索后，迎来了全省小城镇建设。第二阶段聚焦"环境短板"这个关键问题，激活了小城镇环境生态优势，而生态环境优势是浙江"八八战略"的一个战略要点。第三阶段，2019 年省住房和城乡建设厅工作会议明确了高质量谱写小城镇环境综合整治新篇章，由此构建了与"五位一体"相匹配的美丽城镇"五美"长远建设框架。一系列建设行动，不断彰显小城镇作为"城之尾、乡之首"的枢纽价值。

二是探索工作方法：规划引领、分类施策。2020 年，浙江省完成小城镇全面建设的顶层设计，包括三个阶段的工作任务和 11 部配套的技术规范，涉及规划方案阶段的县域统筹、"一县一计划"的量身定做方案细则，创建实施阶段的"十个一"标志性工程，核验复评阶段的共性、个性和满意度指标。

中央一直强调要按照区位条件、资源禀赋和发展基础，因地制宜发展小城镇。浙江开创了新的分类来呼应和落实国家新型城镇化和乡村振兴两大战略，分为都市节点型、县域副中心型、特色型和一般型四大类，发挥小城镇的不同价值，同时优化浙江省城镇体系和推动县域城乡融合。其中，都市节点型为"四大建设"服务，可发展成为都市区或省域中心城市的卫星城；县域副中心型是就近就地城镇化的重要载体，具有较强区域中心功能；特色型则是具有较强特色优势资源，可提供较强产业带动和就业支撑，面向产业升级需求，进一步细分为工业特色型、农业特色型、商贸特色型和文旅特色型四个子类，促进宜工则工、宜农则农、宜商则商、宜游则游；一般型是乡村振兴的龙头，承担着基层的管理职能。

全省90个县域单元全部编制完成"一县一计划"，列入三年创建的499个小城镇"一镇一方案"也全面完成。以规划为引领，进入创建和核验阶段，三年完成了363个省级样板的创建，发挥重点示范和模范作用，并且基础较好的都市节点型和县域副中心型两类小城镇成功创建的比例也相对较高。

三是夯实保障机制：组织保障、要素保障。从2016年的环境综合整治开始，浙江省将小城镇建设作为城乡融合的总抓手和"牛鼻子"，将琐碎的小城镇工作凝结为一套包含工作体系、重大项目体系和高质量发展指标体系在内的统一话语体系。省级高位推动加上部门联合，从组织上确保工作顺利展开，并且切实保障人地财等关键要素。

人的保障——政府通过"有形之手"，开设"美丽讲堂"和培训，完成省、市、县、镇四级传导达成五美共识，将"政府独奏"转变为"群众合唱"。浙江首创"双师"制度，"河长制"也出自浙江。社会"自治之手"发动集体自组织和乡贤回归更是如虎添翼。

地的保障——从2003年提出"千万工程"和"建设生态省"两大决策以来，政府不再单纯以"增减挂"为核心，而是将耕地保护、生态保护、产业转型、城乡融合等多元目标进行协同增值。小城镇探索中，有两分两换、台地产业和坡地村镇等创新，遵循"开发与保护并重，建设与环境融合"的建设思路，探索低丘缓坡土地的利用模式。美丽城镇建设也优先保障民生项目的土地指标。

财的保障——从小城市培育试点开始，浙江省级层面的专项资金都维持在10亿～15亿。小城镇环境综合整治阶段开始以三级财政保障建设进度，包括省级的专项补助、市级的专项保障和县级的创建级别奖补，其中县级财政是主要保障，约占57.2%。美丽城镇建设阶段，政府以财政小投入撬动了社会大资本投入（社会资本在60%以上），起到四两拨千斤的良好效果。

9.2.3 广东省小城镇建设经验

（1）小城镇基本情况和建设历程

截至2021年底，广东省下辖1123个乡镇，其中包括1112个建制镇、4个乡、7个民族乡。1123个乡镇中，全国重点镇121个，省级中心镇266个，省级城乡融合发展中心镇试点39个，城关镇36个。从镇区常住人口规模看，5万人以上的乡镇有 156 个，3 万～5 万人的乡镇 73 个，1 万～3 万人的乡镇 211 个，1 万人以下的乡镇 683 个。

全省 1123 个乡镇实现生活污水处理设施全覆盖和乡村生活垃圾收运处置体系全覆盖，农贸市场覆盖率 93.1%，运输服务站覆盖率 62.2%，卫生院覆盖率 98.6%，综合文化站覆盖率 98.1%，公共厕所覆盖率 96.1%，政务服务场所覆盖率 98.6%，5G 网络覆盖率 87.0%，4K/8K 超高清网络覆盖 86.9%。

广东省小城镇建设起步较早，也取得了较好的成效。2000 年以来，按照《中共中央 国务院关于促进小城镇健康发展的若干意见》的要求，广东省先后开展了专业镇发展、中心镇发展、宜居村镇建设等一系列工作，有力促进了小城镇健康、持续、多样化发展。特别是近年来，广东省重点实施美丽圩镇建设攻坚行动，在韶关、云浮开展美丽圩镇建设专项改革试点，出台了系列工作方案和建设指引，重点提高小城镇人居环境、基础设施和公共服务水平，提升小城镇集聚辐射带动能力。对于推动城乡融合、加快乡村振兴、实现县域就地城镇化有着积极意义。

（2）小城镇发展建设经验

广东省小城镇建设的成功探索经验主要包括四方面。

一是注重党建引领、全面推进。在广东省小城镇建设过程中，始终坚持加强党在基层的全面领导，对标乡村振兴战略二十字方针总体要求，紧扣小城镇建设强弱项、补短板的工作部署，实现小城镇全面发展。以云浮为例，云浮市美丽圩镇建设以"一强五美"为目标，用"党建强"引领"产业美、生态美、乡风美、治理美、生活美"，市、县、镇三级书记牵头成立领导小组，设立专班抓好小城镇建设。围绕农业就近就地产业化、公共服务就近就地均等化、农村人口就近就地城镇化三条建设路径，聚焦"10+N"的建设重点，全面提升小城镇产业、风貌、服务、治理等各方面的能力，形成"圩镇带动镇域、镇域支撑县域"的良好局面。

二是注重分类引导、差异发展。广东省内珠三角地区和粤东西北地区小城镇发展差距较大，即使是在同一个市、县内部，小城镇的资源禀赋和发展阶段也各不相同，差异化的小城镇发展道路可以说是必然的选择。例如，云浮市按照圩镇的功能、面积、人口和经济发展等因素，把全市 63 个镇（街）划分为三类圩镇。其中，一类圩镇是各县（市、区）城区建成区范围的镇（街）；二类圩镇是集聚辐射能力较强、人口相对较多、经济规模较大、圩镇建成区面积有一定规模的镇（街）；三类圩镇是集聚辐射能力相对较弱、人口经济规模和圩镇建成区面积相对较小的镇（街）。对不同类型的小城镇，实施分类指导、分类建设、分类竞赛，坚持差异化错位发展，立足本地历史文化、资源禀赋、产业基础、人口分布，因地制宜打造特色化产业、塑造品质化生活，推进个性化发展。佛山市首批 6 个创建示范圩镇的小城镇，根据各自特点和优势，做法、亮点各有千秋。如北滘镇以北滘新城建设为重点，主动对接三龙湾辐射，以村级工业园区升级改造淘汰落后产能，在完成"三清理、三拆除、三整治"工作基础上，着重加强垃圾污水治理水平，提升公共服务能力，实现智慧化改造；里水镇以生态环境提升为重点，全力打造"新态新城，梦里水乡"品牌，挖掘文旅资源，提升建设品质，为绿色生态资源注入高附加值功能。

三是注重以人为本、民生导向。广东各地乡镇基本完成了"三清理、三拆除、三整治"工作，镇域人居环境得到明显改善。围绕群众关心的民生问题，聚焦补齐短板弱项，小城镇的水、电、路、气、邮政通信、广播电视、物流、防灾减灾等基础设施不断完善，政务服务平台、教育、医疗、文化、商业等公共服务水平持续提高，软件硬件基础设施加快提档升级。以韶关为例，韶关市开展乡镇（镇街）提升"139"五年行动计划，坚持改善民生为基本出发点，首批试点乡镇整治提升后，镇街环境得到飞跃式改变，原先垃圾满地、污水横流、"三线"横飞等现象已成过去式，补齐了基础设施和配套服务短板，新建、改建了一批文化广场、文化公园、文化书屋等，群众的日常生活需求得到满足，获得感、幸福感提升。周边乡镇群众对于小城镇整治提升工作反响热烈，积极配合并投身到第二批乡镇整治工作当中。

四是注重多方筹措、保障资金。广东省委、省政府持续加大对小城镇建设的投入，在每年统筹下达涉农资金支持村镇基础设施建设的基础上，对粤东西北地区 12 市和肇庆市所辖 901 个乡镇按平均每个乡镇每年 2000 万元的标准安排驻镇帮镇扶村资金。明确土地出让收入、发行一般债券和专项债券要优先支持小城镇建设等政策，鼓励金融机构建立完善服务乡镇的工作机制，深入开展"千企帮千镇"行动，鼓励支持一批大型企业"连片包镇"，从多个渠道保障小城镇建设所需资金。例如，韶关市作为广东省欠发达地区，在财政较为困难的情况下，市财政统筹全市各类资金，印发《韶关市乡镇提升行动考核验收办法》，计划对纳入整治提升的 85 个乡镇给予平均 1000 万元的奖补资金，五年总共要投入约 8.5 亿元。同时县、镇各级政府相应安排财政支持资金，整合利用林业、水利、住建、农业等部门专项资金。此外，还积极发动鼓励外出乡贤、热心人士（企业）和干部群众冠名（立碑）捐赠资金，鼓励 PPP 模式撬动社会资本以市场运作等形式参与镇街提升建设。

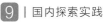

9.2.4 湖北省小城镇建设经验

（1）小城镇基本情况和建设行动

截至 2022 年底，湖北全省共有 17 个市（州）、88 个县（市、区）。在全省 922 个乡镇建成区的常住人口统计中，数量大于 5 万人共 17 个，3 万～5 万人共 34 个，2 万～3 万人共 71 个，1.5 万～2 万人共 66 个，1 万～1.5 万人共 138 个，0.5 万～1 万人共 266 个，0.5 万人以下共 330 个。

2020 年湖北省人民政府办公厅印发《湖北省"擦亮小城镇"建设美丽城镇三年行动实施方案（2020-2022 年）》的通知，全省全面开展以"七补齐"为主要内容的"擦亮小城镇"建设美丽城镇行动。2022 年下半年，湖北省住房和城乡建设厅对三年行动组织了总体评估，并按城市节点型、特色型（具体分为文旅、商贸、农业、工业特色 4 个子类）和一般型等类型分类评选出 100 个省级示范乡镇。全省共谋划 8989 个项目，计划投资 1235 亿元，完成投资 835 亿元。

通过三年行动，湖北省基本实现镇镇有游园、处处有美景，高颜值示范街道频频亮相小镇居民朋友圈；谋划产业发展类项目 297 项，总投资 276 亿元，全省乡镇特色产业蓬勃发展，大大激发了镇村发展活力；谋划治理类项目 187 项，总投资 15 亿元，综合执法权限持续下放，乡镇治理能力不断增强。经过三年的努力，全省乡镇基本达到干净整洁有序的要求，涌现出一批配套完善、宜居宜业、特色鲜明的美丽城镇，小城镇服务和带动乡村振兴能力显著增强。

（2）小城镇发展建设成效与经验

一是形成了浓厚行动氛围。全省上下一盘棋，省市县乡四级联动，全面协同推进。①省级统筹，加强工作调度。省政府成立了由分管副省长为召集人的联席会议制度，21 个省直单位作为成员单位，省住房和城乡建设厅编制了《全省"擦亮小城镇"建设美丽城镇工作指南》和《全省"擦亮小城镇"建设美丽城镇技术导则》，搭建了信息管理平台，每年明确工作重点，定期调度工作进展。省级每年支持 50 个左右小城镇创建示范，省级财政共以奖代补资金 1.01 亿元。②市州主导，营造比学赶超的工作氛围。全省 17 个市州均成立了领导小组或联席会议，如宜昌市坚持"一把手"工程，建立联席会议制度，每季度召开现场推进会；孝感市将"擦亮小城镇"三年行动与乡村振兴"三项行动"结合，将年度考核结果纳入党政目标管理和干部实绩考核；黄冈市多次组织外地学习考察，召开现场推进会。③县市组织，加大政策和资金支持力度。各地加大财力投入，安排财政专项奖补资金，有效调动了乡镇工作的积极性。如荆门钟祥市安排奖补资金 5010 万元。④乡镇主动，创新探索新思路新方法。各乡镇充分发挥主观能动性，在实干上下功夫，在落实上见成效，涌现出如应城市田店镇低成本微改造模式、罗田县河铺镇多方共管模式等一批可学习、可借鉴的亮点做法。

二是取得了明显成效。因地制宜、分类指导，齐头并进、各美其美。①普遍实现干净整洁有序目标。以改善小城镇"脏乱差"人居环境为突破口，开展环境综合整治活动，累计拆违 484 万平方米，拆除破旧雨棚、遮阳棚等近 5 万个，拆除建筑物、搭建物近 3 万处，整治违规占道行为 1 万余起，清理存量垃圾 11 万多吨，清理河道近 2000 公里，全省小城镇基本达到干净整洁有序的标准。②基础设施功能完善配套。着力解决污水垃圾治理突出问题，全省建成 996 个乡镇生活污水治理项目，建成垃圾中转站 1987 座，实现乡镇生活污水垃圾治理设施全覆盖，稳定运行。着力提升小城镇品质风貌，新增 2330 个"口袋公园"和 1978 个文体广场，整治立面 16.9 万户，规整弱电管线 6.9 万公里，空中"蜘蛛网"有效整治，小城镇颜值明显提升。408 个乡镇达到"十个一"标准。③镇区发展潜力明显增强。全省乡镇新增产业投资总额 1762 亿元，盘活资产价值超 150 亿元，全省乡镇新增城镇常住居民人数 53.8 万，新增就业人数 45.5 万，新增注册商户 21.6 万户，老镇区焕发出了新的生机与活力，小城镇成为引领城镇化发展和促进乡村振兴的重要引擎。

三是克服了投资瓶颈。各地创新方法，努力克服资金瓶颈，全省累计完成投资约 835 亿元，其中市县财政投入 207 亿元、整合各类项目资金 177 亿元、带动社会投资 451 亿元，用"小资金"撬动"大民生"。探索推广了四种投融资模式：①自力更生。罗田县等地将土地增减挂钩交易收益和全县土地出让收入的三分之一投入小城镇建设，将乡镇国有资产资源及土地收益、城镇配套费全部返还乡镇。②项目资金整合。兴山县等地充分抓住脱贫攻坚和三峡移民政策机遇，近年来争取中央、省、市资金 35 亿多元。③资源融资。仙桃市遴选优质收益性项目和资产打包贷款融资，获得国开行 80 亿元授信。竹山县依托县政府以固定资产作为抵押物，向农发行申请融资贷款 7 亿元。④市场主体投资。孝感汉川市"BOT+"融资，孝昌县"F+EPC"融资，云梦县"1+N"融资，安陆市依托平台公司融资，有效缓解乡镇建设财力不足的问题。

四是提升了治理水平。拓宽基层各类群体参与基层治理渠道，推进共建共治共享。①坚持一张蓝图绘到底。省级详细制定了行动方案，各地持续用力，真抓实干，谋划建立三年行动项目库，通过一个平台实现全省统一的项目化、清单化管理。②坚持建管并重。全省乡镇综合管理和执法人数达到 1 万人，执法力量不断加强。三年共组织设计下乡近 1.5 万人次，开展相关培训及群众会超 1.3 万次，提高了基层干部能力，培养锻造了一支小城镇建设管理的高素质干部队伍。③坚持发动群众参与。坚持共同缔造理念，以解决群众"急难愁盼"的民生为重点，动员居民投工投劳、捐资捐建、质量监管、日常维护。湖北日报、厅门户网站及各地媒体发布行动新闻稿 500 余篇，社会各界广泛关注。

五是获得了群众认可。把群众的需求放在第一位，"干的事"精准对接群众"盼的事"，工作获得群众频频"点赞"。①总体支持度和满意度较高。2021 年 5 月和 2022 年 9 月，国家统计局湖北调查总队和第三方评估机构两次共走访了 14 个市（州）73 个县（市）128 个乡镇 1000 多名居民，共收集问卷 2856 份，近九成群众对"擦亮小城镇"三年行动感到满意。②群众实际参与度较高。65% 的乡镇居民积极参与三年行动，自己家园自己建，自己家园自己管，居民的认同感、归属感、幸福感明显提升。③解决了群众"急难愁盼"问题。近 80% 的乡镇居民对街道面貌、居住环境、商业经营、停车场、快递点以及垃圾、公厕、污水设施等方面的改善表示满意。

9.2.5 四川省小城镇建设经验

（1）小城镇基本情况和建设历程

四川省立足小城镇量大面广的客观条件，长期坚持突出重点、示范带动的工作方法，积极稳妥推动全省小城镇建设（图 9-6）。主要分为三个阶段的工作：

第一阶段（2012 年之前），从示范小城镇到重点小城镇（500 个），探索人地财政策配套改革。第二阶段（2012 ~ 2018 年），实施"百镇建设行动"，先后开展 300 个试点示范镇建设，探索全方位政策改革，积极建设县域经济社会发展副中心。第三阶段（2019 ~ 2025 年），建设"百强中心镇"，结合乡镇撤并（四川省小城镇特

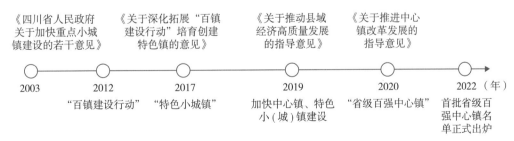

图 9-6　四川小城镇建设路线示意图
资料来源：笔者自制

征是"多而密、小而弱",2019 年实施乡镇行政区划调整,改革前建制镇 2236 个,调整后 2016 个),扩权赋能,培育 200 个左右省级百强中心镇,推动有条件的百强中心镇发展成为县域副中心和现代新型小城市。

(2)小城镇发展建设经验

一是强化"百强中心镇"的引领带动作用。四川省"省级百强中心镇培育创建计划"推出了一系列改革措施。主要包括六大提升工程(基础设施、公共服务、产业聚集、环境风貌、文化传承和城镇治理)和五大改革措施(创新规划编制、深化行政管理体制改革、深化财政和投融资制度改革、深化农村产权制度改革和完善人才振兴制度)。

自 2012 年推动"重点镇培育、百镇建设行动"以来,累计投入省级财政资金超 40 亿元,市县配套资金超 100 亿元,基础设施建设投资超 800 亿元,带动社会资本投入超 2000 亿元。就近就地吸纳农业转移人口超 200 万人。已考核的 58 个省级百强中心镇,镇均常住人口达 4.3 万人,镇均建成区面积达 4.4 平方公里,镇均 GDP 达 29 亿元,较全省建制镇平均水平分别多 2.7 万人、3 平方公里、12 亿元。其中市政建设项目 252 个,完成投资 37 亿元,生活垃圾无害化处理率和生活污水处理率均达到 100%,分别高出全省平均水平 28 个百分点和 22 个百分点。

二是通过"乡镇划片"来统筹协调片区村镇发展。四川省以县域内地缘相近、交通相连、产业相关、人文相通的几个乡镇(街道)或几个村(社区)组成的地理区域为片区单元,编制镇村国土空间规划,有效推动经济联系、基础设施、公共服务、基层治理等协调建设,符合四川省地域特征和现实需求。

9.3 小结

基于以上四个省域单元的小城镇建设实践,重点梳理了创建阶段和建设成效,从政府行为的视角重点剖析其治理逻辑,从而得出以下四点共性经验。

一是发挥小城镇在城乡一体化中的支撑作用,实现"造血—生肌—健体"的良性循环。走在前列的例如浙江省,20 世纪 90 年代开展的强镇扩权,2016 年开展的环境综合整治,持续消灭小城镇"脏乱差"等问题;2019 年开展的美丽城镇建设,全方位推进"五美"协同发展。再如广东省,先后开展了专业镇发展、中心镇发展、宜居村镇建设、重点实施美丽圩镇建设攻坚行动等一系列工作,有力促进了小城镇健康、持续、多样化发展。所以说，充分认识小城镇在城乡中的价值是基本前提。

二是注重顶层设计、协同联动，通过因地制宜的分类施策，激发小城镇活力。小城镇分类指引方面，《"十四五"新型城镇化实施方案》基于区位、功能等因素将小城镇分为卫星镇、专业功能镇和综合性小城镇，一些省份对该实施方案进行了衔接和细化。浙江省基于区位和功能进行省域全覆盖分类，把全省小城镇分为都市节点型、县域副中心型、特色型（含文旅、工业、农业、商贸类）、一般型，引导各地城镇科学定位、各美其美。此经验在广东、湖北等省有相似的探索。江苏省基于区位和现状规模等多因子分析，重新审视小城镇的综合价值，分为都市区型、都市圈型、都市圈外三类，并提出片区联动、特色发展、精明收缩的策略，建议以小城市标准发展片区中心镇，依托独特资源发展非片区中心镇，以城市化社区标准建设被撤并镇。四川省开展"两项改革"和百强中心镇建设。因此，因地制宜是各省处理不同发展阶段小城镇建设的基本原则。

三是加强规划引领，制定量化标准，树立典型样板强化示范作用。例如，浙江省印发《浙江省县域美丽城镇建设行动方案暨"一县一计划""一镇一方案"编制技术要点》《浙江省高水平推进美丽城镇建设工作重点任务指标体系（2020–2022年）》《浙江省美丽城镇建设指南（试行）》《浙江省美丽城镇建设评价办法操作手册（试行）》《浙江省美丽城镇建设工作考核办法（试行）》等量化标准，结合每个城镇的资源禀赋，分类制定"一镇一方案"，引导小城镇特色化、品质化、高质量发展建设，有力破解"千镇一面"难题，全面融入城乡风貌整治提升行动。再如，湖北省人民政府办公厅印发《湖北省"擦亮小城镇"建设美丽城镇三年行动实施方案（2020–2022年）》的通知，全省全面开展以"七补齐"为主要内容的"擦亮小城镇"建设美丽城镇行动，顺应小城镇发展趋于分化的规律，集中资源推动样板镇建设，形成一批有示范引领作用的样板效应。可以说，建设标准和树立典型是使工作能够得到广泛支持并深入人心的两个重要方法。

四是创新工作机制，推动组织保障和要素支撑。浙江省从2016年开始，推行实体化专班运作，确保工作一抓到底。建立首席设计师、驻镇工程师制度，推进设计下乡，实现美丽城镇技术辅导全覆盖。此外，四川、广东等省还持续加大对小城镇建设的投入。例如，广东省对粤东西北地区设置帮镇扶村资金，四川省也加大了小城镇相关的省级财政和市县配套资金投入。因此，"抓机制"和"强保障"是工作得以顺利开展并取得成功的两个重要抓手。

参考文献：

［1］ 农业农村部乡村产业发展司.农业产业强镇建"圈"促发展六大模式：全国已批准建设811个打造乡村产业发展高地 [J].农产品市场，2021（1）.

10 | 优化小城镇发展建设的战略路径

10.1 久久为功，循序渐进

10.1.1 制定小城镇中长期发展战略

小城镇建设不能一蹴而就，而是要做到久久为功。从国内外的经验看，一般需要为小城镇的发展建设提供 20 年左右的培育期，完善相关的配套政策，加强各类要素支撑保障，为小城镇健康发展注入动力。因此，建议确立小城镇建设的中长期发展战略，为小城镇发展建设提供 20 年左右的发展战略期，并在顶层设计层面完善相关制度设计，为小城镇发展建设创造良好的环境。

从国际经验看，各国普遍用了 15 ~ 20 年培育小城镇。例如，日本 1973 年（城镇化率约 70%）开始推动缩小城乡环境设施建设差距，建设具有特色的农村定居社会。到 20 世纪 80 年代中后期，日本村镇基础设施建设水平基本和城市持平（15 年）。英国 1946 年（城镇化率约 78%）开始推动"新城运动"，依托小城镇开发新的产业和生活区，承接大城市人口及功能疏解，20 世纪 70 年代后大城市人口外流趋势促进了小城镇发展。

从国内经验看，小城镇的培育也需要近 20 年的时间。我国浙江省从 2007 年开始推动强镇扩权和中心镇培育，先后启动小城镇环境综合整治（2016 年）、美丽城镇建设等工作（2020 年），历经 15 年左右努力，实现了小城镇建设水平的显著提升，目前还在进一步升级中。

需要注意的是，小城镇建设要把握好时机。从国际经验看，一般是在快速城镇化后期阶段（城镇化率超过 70%），开始重点推进小城镇建设。在这一时期，发达国家开始出现就业和家庭选择性地从大都市区向小镇的转移，形成了"逆城市化"的趋势。其背后的重要原因，是农村地区交通、市政基础设施、通信网络等方面的改善，使小城镇对于企业主和个人来说更有吸引力。同时，企业的再组织和分散化也促进了小城镇的发展。总之，进入快速城镇化后期阶段，小城镇的条件逐步改善，再加上小城镇房屋价格、生活节奏、自然风光等方面的优势，吸引了退休人员、远程办公人员、长距离通勤者和第二住所拥有者等群体[1]。

10.1.2 实施迭代升级的循序渐进

20 年左右的培育期，不是平铺直叙、平均用力，而是分阶段逐步迭代，不同区域、不同阶段工作重点要有所差异。小城镇发展建设要在总体战略的指导下，一件事情接着一件事情办，求好不求快，循序渐进，分阶段推进实施。以浙江省为例，小城镇发展建设主要划分为多个阶段，逐步实现了小城镇发展建设的目标。总体上看，小城镇培育可以分为三个主要阶段（表 10-1）。

一是起步阶段：坚持民生导向，改善人居环境。在小城镇培育的起步阶段，小城镇普遍发展动力不足，建设水平不高，各类问题突出。在这一阶段，不能设定过高的目标，而是要优先解决小城镇居民最为"急难愁盼"的问题。一般而言，这一阶段可重点推进小城镇人居环境整治等基础性工作，加强基础设施建设，提升公共服务功能，改善生活环境品质和城镇秩序。

二是完善阶段：注重聚焦重点，突出示范培育。在解决了小城镇最基本的生活环境改善问题后，小城镇培育可以进一步聚焦，抓典型培育，通过中心镇、示范镇等建设，引导资源要素向有条件的区域投放，避免遍地开花，并强化重点城镇的辐射带动作用。

三是成熟阶段：加强整体联动，实现城乡融合。小城镇培育具备一定的工作基础后，可以推进整体联动，把示范经验由点及面地推广，并以小城镇为节点，推动构建以城带乡、以工带农、城乡互补、全面融合、共同繁荣的新型城乡关系。这一阶段，可以探索小城镇片区化建设、集群化建设等模式。需要指出的是，整体联动不是把全部小城镇当作重点来培育，而是要加强重点镇与一般镇的联系，实现发展红利的共享。

浙江省小城镇分阶段建设行动表　　　　　　　　　　　　表 10-1

阶段划分	时代背景	工作重点	取得成效
中心镇培育阶段（2016 年之前）	小城镇政策供给不足，产业特色不强	力推"中心镇培育工程"，通过强镇扩权集聚资源，转变传统粗放增长模式，壮大区域强镇功能	中心镇发展水平提高，辐射带动能力增强
环境综合整治阶段（2016 ~ 2019 年）	小城镇环境"脏乱差"问题突出	推行以"一加强三整治"为核心的全省小城镇环境综合整治行动	解决了环境问题，激活了浙江小城镇的环境、生态等优势

续表

阶段划分	时代背景	工作重点	取得成效
美丽城镇建设阶段 （2020～2022年）	全省县域经济转型	推进"五美"建设，促进优势集成升级	样板小城镇发展建设水平得到系统提升
现代化美丽城镇建设阶段 （2023～2027年）	奋力实现中国式现代化	推动"五个现代化"，持续扩大现代化美丽城镇的覆盖面	—

资料来源：笔者自制

10.1.3　坚持高位推动与协同联动

小城镇发展建设是一项系统工程，不可能靠一个部门推动，也不可能仅依靠政府力量完成。因此，必须坚持高位推动，将碎片化的工作统筹协调，形成小城镇建设的政策支撑体系、重点工作体系、重大项目体系和关键指标体系，将小城镇建设置于重要战略地位。同时，需要加强多部门协同，改变"条条"管理模式，通过成立工作领导小组等方式，促进部门相互配合、共谋共建，联动推进小城镇"规－建－管"工作。此外，还要加强上下联动，推动建立省级部署、市级指导、县级谋划、乡镇落实的工作格局。建立自下而上的反馈机制也同样重要，基层工作层面及时发现并反映现实问题，并在顶层设计层面不断优化相关政策与标准，加强技术指导和实地帮扶。

10.1.4　完善制度建设与配套政策

推动小城镇发展建设是一项长期持续性的工作，需要在国家层面建立完善小城镇发展二十年培育期的主体政策。然而，近年来支持小城镇发展建设的相关政策出现"断档"，急需建立扶持小城镇的发展环境。

一是务实大胆地推动小城镇发展制度创新。小城镇培育主体政策的实施，离不开制度的创新。针对目前制约小城镇发展的行政管理体制问题，以及人地财等要素保障机制问题进行重点探索和突破。

二是加快完善引导小城镇建设的相关配套政策。针对小城镇建设的主要问题和长远目标，研究出台指导小城镇建设的相关意见，作为小城镇工作的总体纲领。同时，针对特定类型小城镇或特定工作领域，出台更为具体的指导意见，主要包括特色小城镇建设、小城镇公共投资政策、小城镇"生活圈"构建政策等。

三是推动相关法律法规的修订。《建制镇规划建设管理办法》等法规在特定历史阶段指导了各地小城镇建设发展，也使得小城镇的规划编制和审批、建设项目审核、"一书两证"发放、项目实施监督管理等工作有据可依，发挥了积极作用。但面对新形势、新需求，法规的适用性有待提升，急需加以修订，以规范小城镇建设行为、推动小城镇差异化管理、引导小城镇高质量发展。

四是发挥国家示范试点建设的工作抓手。目前，针对小城镇的相关示范试点工作数量不少，主要包括全国重点镇、历史文化名镇、特色景观旅游名镇、农业产业强镇、乡村振兴示范镇等。但现有工作缺乏跟踪评估，缺乏相关的政策、资金等支持，缺乏动态调整机制，示范试点的作用有待进一步提升。因此，需要对示范试点进行进一步的整合谋划，使之成为推动小城镇发展建设的工作抓手。

10.2 区域协同，县域统筹

10.2.1 以都市圈协同为重点，引导小城镇融入区域分工

都市圈作为一个重要的区域发展单元，正在日益突显其在区域经济和社会发展中的核心作用。都市圈协同发展不仅为中心城市带来新的发展机遇，同时，也对圈内的小城镇产生深远影响。小城镇融入都市圈，不仅是区域发展的必然趋势，更是实现城乡协调发展、促进区域平衡发展的重要途径。

（1）促进小城镇参与都市圈生产和消费体系

从理论上来看，区域分工是社会分工的空间表现形式，即相互关联的社会经济体在地理空间上的分异。从产业经济学角度来看，区域分工是指产业链在空间上呈现出分置现象，产业链空间分置降低了产业培育的"门槛"，这种"门槛"降低效应源于区域专业化分工带来的比较优势效应、产业迁移效应和产业集聚效应[2]。小城镇根据自身优势承担都市圈中的特定功能，通过建立产业园区或商业合作区等生产和消费功能空间载体，与都市圈内大中城市实现功能互补。例如，小城镇可以发展成为都市圈的物流中心、研发基地或休闲旅游区，这不仅优化了区域功能组织和布局，也提升了小城镇在都市圈中的地位和作用。

（2）加强小城镇与都市圈的交通联系

交通是连接小城镇与都市圈的重要纽带，畅达流动的交通网络建设重构了小城镇的区域角色[3]。高效的人员、物资和信息流动，加强了小城镇与都市圈大中城市之间的经济和文化联系，通过优化通勤联系，促进都市圈内的同城化就业。特别是重点突出中心城市与周边小城镇之间的交通联系，结果自然是鼓励并支持都市圈的

通勤圈在某些方向上跨越地市的行政辖区[4]。例如，北京与廊坊燕郊、上海与苏州昆山、广州与佛山、深圳与东莞松山湖等，均已形成显著的跨区域通勤现象。已出台都市圈发展规划的福州、南京、成都、"长株潭"、西安、重庆等都市圈的空间范围，也均跨越了3个以上的地级行政区，覆盖多个外围县级行政单元，平均半径70千米以上，必然涉及大量的小城镇。完善畅达流动的跨区域交通网络体系对小城镇意义重大。

从世界主要城市看，欧洲已经形成了主要城市以轨道交通为主，市郊以汽车为主的交通模式。人口密度大的东京则形成了以轨道交通为主的运输模式。2019年，《国家发展改革委关于培育发展现代化都市圈的指导意见》（发改规划〔2019〕328号）中明确提出，都市圈要以1小时通勤圈为基本范围，打造轨道上的都市圈，探索都市圈中心城市轨道交通适当向周边城市（镇）延伸。探索都市圈轨道交通运营管理"一张网"，推动中心城市、周边城市（镇）、新城新区等轨道交通有效衔接，加快实现便捷换乘，更好适应通勤需求。

（3）突出小城镇生态环境价值

政府推动小城镇融入都市圈的过程具有明显的阶段性特征，每个阶段都有其特定的目标和重点。初期阶段可能侧重于塑造美丽生态环境，中期侧重战略框架和基础设施建设，后期则更加注重产业协作和文化交流等。无论如何，建设和谐宜居的美丽生态环境是一系列问题和困境的出路。

"小城镇的价值"就是在于靠近大自然的区位优势，较好的自然资源禀赋，可以作为慢节奏生活的承载地，即"小的是美好的""特色的是美好的""有机集中是美好的"[5]。因此，促进小城镇与大都市协同发展的生态路径是培育和谐共生的绿色发展观和小城镇美丽生态建设理念。

10.2.2 县域统筹小城镇建设，探索建立多层级的生活圈

都市圈之外的小城镇，也需要加强统筹建设。其中，县域是统筹小城镇建设的重要单元。

（1）构建小城镇生活圈，统筹公共服务设施配置

以小城镇为载体，建立"中心据点+圈层"的乡村公共资源配置方式。统筹小城镇服务设施配置，要逐步打破行政边界，促进跨村跨镇共建共享。综合考虑人口规模、出行方式、服务需求等因素，以县域为单元，可探索划定多层级生活圈。一是联村共建15分钟步行生活圈，满足居民基本生产生活和精神文化需求，重点补足

文化室、活动场地等设施；二是镇村联建 15 分钟骑行圈，满足基础教育、医疗和商业等需求，重点补足幼儿园、小学、卫生室、农技服务站等设施；三是跨镇建设 30 分钟车行圈，以县城或重点镇为主提供优质的公共服务，重点补足中学、专科医院、养老机构、大型商超等设施。

专栏 10-1：日本、韩国生活圈建设经验

日本：构建多等级生活圈。在考虑如何为收缩地区公平、有效配置公共服务与基础设施问题上，日本通过多等级的生活圈构建，将乡村纳入大城市的服务圈层，其核心是依托区域资源来弥补收缩地区因人口下降而导致的设施配置能力不足。日本自 1969 年第一次全国综合开发计划开始，便一直致力于生活圈的构建，先后发展出"广域生活圈""市町村圈""定住圈构想"和"地方生活圈"等不同尺度的生活圈概念。地方生活圈依据距离、人口、设施的不同可划分为四个等级，根据不同范围的生活需求布置相应的公共服务设施。市町村基本处于一次生活圈（＞5000 人）和二次生活圈（＞1 万人）范围内，通过地方生活圈与周边中小城市联结，町村能够享受政策优惠和城市大市场，有助于稳定当地人口。此外，地方生活圈也成为日本对乡村地区进行社区结构优化与行政区划调整的重要方式。

韩国：以小城镇作为乡村地域中心，联结城市与农村。韩国从 1972 年启动了针对全国邑面的小城镇培育事业，主要经历了四个阶段，核心目标是将小城镇作为联结城市与农村的节点，以此缩小城乡差距。其中，于 1990 年第三阶段小城镇开发事业中提出农村定住圈开发计划，旨在各级农村中心集中投资建设现代化的生活基础设施与有竞争力的生产设施。对此，在农村地区划分定住生活圈—定住区—住宅区三个层级，分别对应中心城市—中心邑面—中心村落。韩国 2015 年开启了新一轮的中心地开发事业，核心思想是通过在邑面中心增设或更新各类公共服务设施，进一步强化邑面中心的行政、文化、交通、贸易等功能，提升它对周边农村地区的服务能力，并且有选择地集中于农村社区。

（2）统筹基础设施建设模式与建设标准

小城镇基础设施建设要考虑人口、地形、区位、经济、资源环境等因素的影响。一是要因地制宜选择建设模式（表 10-2）。更多地选取适合小城镇人口规模、

经济发展水平的小型化、分散化、生态化建设模式，提高设施运行效率、降低设施运行成本。二是合理确定建设标准，避免过度投入。

设施类型与相关主要影响因素　　　　　　　　　　　表 10-2

设施类型	主要影响因素
道路交通	人口分布是关键因素；自然环境条件（地形、地质、水文、用地类型）；区位条件（影响高等级道路分布）；经济产业结构（服务农业、工业、旅游的道路规模和密度差异较大）
供水	水资源、经济水平、地形条件、区位特征、城镇体系、人口规模、分布及流动趋势
污水处理	人口是最关键因素；地形条件、区位特征（与中心城镇距离、与交通干线距离）、经济水平是重要因素；部分区域还需考虑生态敏感性、水环境容量的影响
环卫	人口密度和城镇化水平是最关键因素（决定垃圾的总量和类型）；经济水平、地形条件、区位特征、环境容量是重要因素；还需考虑终端技术、政策宣传的影响
燃气	人口密度及用户分布情况（居民用户、公共服务用户、工业用户等）；区位（与气源、管道距离）；地形地势、气候条件、经济水平等

资料来源：笔者自制

专栏 10-2：各类基础设施建设模式与建设标准统筹思路

道路交通。一是要促进小城镇融入县域、区域交通网络，加强小城镇与周边城镇、铁路站场、高速公路出入口及主要公路联系通道建设；二是要结合服务人口规模、经济产业结构等，合理确定镇村公路的建设标准，避免过度建设；三是要科学选择城乡公交建设模式。根据与县城的距离、地形条件等，合理设置小城镇公交线路和站点。同时，规模较大的镇，可设置镇域内公交线路，逐步提高村庄公交覆盖率。

供水设施。小城镇的供水模式一般包括城镇接轨型、独立集中型几种模式。邻近城市（县城）的小城镇可推进城市（县城）供水管网向周边小城镇和乡村延伸；其他小城镇可采用独立建设的集中供水设施，但需要完善净化、消毒等处理工艺，加强水质监测，确保供水水质达到生活饮用水卫生标准。

污水设施。主要处理模式包括统一纳管入厂、集中收集处理、分散收集处理（小型污水处理设施、单户／联户处理）等。以县域为单元，因地制宜选择处理模式，宜集中则集中，宜分散则分散。靠近城市（县城）的镇，优先纳入城市（县城）污水管网；城镇化水平较高、人口密集的镇，可集中规划建设污水处理设施；相邻间距较近的镇，可采用跨镇集中联建方式建设污水处理设施；

人口少、集中程度不高的镇，推广小型化、分散化、生态化处理设施。同时，需要注重污水管网的同步建设，做到厂网并举，提高污水收集能力。

环卫设施。重点做好垃圾处理模式选择，一般采用"户分类、村收集、镇转运、县处理"的城乡一体化模式，但人口稀疏、受运输距离或垃圾产生规模等因素制约的小城镇，可建设小型化、分散化、无害化处理设施，并防止二次污染。

燃气设施。主要分为纳入燃气管网、乡村储气罐站和微管网供气系统和非管网供气等模式。伴随着居民对生活品质要求的提升，以及能源使用的安全性和经济性受到更多重视，部分地区对建设燃气管网产生了需求。但由于燃气设施建设与开通成本较高，区位偏远、地形条件复杂、人口规模小或持续流出的镇，不适合铺设燃气管道。邻近城市（县城）或主要交通干线、地方经济较为发达的镇，更适合接入燃气管网。

10.3 因地制宜，分类引导

我国地域范围广阔、区域差异巨大，不同地区气候、地形、资源等自然条件和经济发展、文化传统等人文条件均有很大不同，小城镇的发展环境和发展路径也有很大差别。分类施策是引导小城镇发展和建设的关键手段，如费孝通先生所言，"小城镇研究的第一步，应当从调查具体的小城镇入手，对这一总体概念做定性的分析，即对不同的小城镇进行分类"。

近年来，小城镇的分化趋势越来越明显，不论是政策导向还是学术研究，因地制宜引导小城镇分类发展是一以贯之的基本共识。总体上看，不同视角和维度下，对小城镇的分类思路差异较大，各地在实践过程中也形成了不同的分类体系，小城镇类型学的研究仍有待进一步系统推进。

10.3.1 现有小城镇分类体系梳理

诸多学者对小城镇分类开展了大量研究，综合既有研究来看，主要的分类方式主要有以下几种。

一是按等级结构划分，将小城镇分为中心镇、重点镇、一般镇等类型，这是小城镇分类较为常见的一种思路，也是各地在小城镇发展建设实践过程中经常采用的方式。二是按主导功能划分，这也是非常常见的思路与方式，如朱喜刚、孙洁、马国强将小城镇分为居住聚落型、农业产业型、工矿集聚型、旅游休闲型、商贸商业型、交通枢纽型、生态保护型和复合型城镇 8 种类型 [5]。三是按发展模式划分，如费孝通从经济角度出发，总结出苏南模式、温州模式、珠三角模式等几种不同小城镇发展模式 [6]。四是按区域关系划分，例如，张鹏从城乡统筹的视角，构建了"长吉一体化"区域小城镇的发展模式，即城市扩展的"变农模式"、城乡互融的"合农模式"、以城带乡的"拉农模式"、村企共建的"新农模式"和城村互联的"带农模式"[7]。

此外，也有学者从其他视角对小城镇进行分类，例如，按小城镇经济和人口增长类型，分为激增型、渐增型、停滞型和衰退型 [8]；朱建达认为小城镇空间形态一般经历散漫发展、集聚发展、扩展发展、统筹发展四个阶段，形态模式从多集均布零散型向单核向心集聚型、单核外延拓展型、多核集群网络型方向演变 [9]。同时，也有相对综合的分类，比较有代表性的如仇保兴，将小城镇归纳为十种类型，即城郊的卫星城镇、工业主导型、商贸带动型、交通枢纽型、工矿依托型、旅游服务型、区域中心型、边界发展型、移民建镇型、历史文化名镇。

总的来看，学者们从小城镇所在区域的经济发展阶段、与中心城市的距离、自身发展的主导产业和动力机制等多个角度，对小城镇发展模式与特征分类进行了研究。针对研究目的的不同，采用的分类视角也各不相同。尽管存在差异，但在小城镇分类研究过程中，也具有一定的共性特点，即规模、职能和区位被认为是小城镇进行分类的核心因素 [10]。

10.3.2　关于小城镇分类实践探索

全国及各省市的相关规划及政策文件中，主要立足小城镇的区位条件、资源禀赋、等级与功能等考虑小城镇的分类，突出重点和特色发展。

《"十四五"新型城镇化实施方案》中，提出"分类引导小城镇发展"的任务要求，并具体提出了卫星镇、专业功能镇（先进制造、交通枢纽、商贸流通、文化旅游等）和综合性小城镇几种类型，并提出了抵边村镇的类型。

不同地区也结合工作需要，也建立了小城镇的分类体系与引导政策。大多数省份都有基于等级、辐射范围等因素确定中心镇的探索，部分省份从功能等角度对小城镇进行分类建设引导（表 10-3）。

各级分类推进小城镇建设相关政策情况 表 10-3

范围	文件名称	时间	分类依据	具体分类
全国	《"十四五"新型城镇化实施方案》	2022 年	功能	卫星镇、专业功能镇、综合性小城镇、抵边村镇
全国	《中共中央 国务院关于做好 2023 年全面推进乡村振兴重点工作的意见》	2023 年	等级 + 功能	农业产业强镇、重点镇、中心镇
河北	《河北省小城镇建设标准（试行）》	2018 年	等级	重点镇、一般镇
浙江	《关于高水平推进美丽城镇建设的意见》等系列文件	2019 年	功能	都市节点型、县域副中心型、特色型、一般型
江西	《江西省开展美丽乡镇建设五年行动方案》	2021 年	等级	基础类、提升类、示范类
广东	《广东省美丽圩镇建设攻坚行动方案》	2021 年	等级	打造宜居圩镇、示范圩镇
四川	《关于推进中心镇改革发展的指导意见》	2020 年	等级	中心镇（含城市卫星城镇、城乡融合发展示范小城镇、宜居宜业宜游的新型绿色低碳小城镇）、一般镇两类
陕西	《关于推进乡村振兴示范镇建设的实施方案》	2021 年	功能	工业型、农业型和旅游型等特色城镇类型
宁夏	《关于推进美丽乡村建设高质量发展的实施意见》	2020 年	等级	重点镇、一般镇

资料来源：笔者自制

10.3.3 与分级结合的小城镇分类

我国幅员辽阔，不同区域的小城镇存在巨大差异，使得小城镇的分类成为必须。李同升曾指出，目的导向的小城镇分类研究是小城镇空间优化和分类指导的基础[11]。开展小城镇分类，核心目标是支撑政策的制定。在当前阶段，对小城镇分类的主要政策目标包括两个方面。

一是突出重点。小城镇分化首先表现为发展潜力的差异，全国仅有少部分小城镇具有发展潜力，对这部分小城镇进行相对集中的投入是未来政策制定的重要方向。因此，应当优先识别具有发展潜力的小城镇进行重点培育和建设，聚焦投入、避免浪费。

二是突出特色。与更加综合的城市相比，小城镇的发展往往突出某方面的专业功能，因此，需要通过分类引导，对小城镇的专业功能进行强化。

作为带有政策指向的分类体系，难以采用单一因子进行分类，采用复合因子进行分类往往更加适宜。在分类过程中，应当更多依据人口规模、资源禀赋、区位条件等客观因素，特别是要关注人口指标。从当前分类的目标来看，首要任务是要识别出具有发展潜力的小城镇，而人口指标是最能反映小城镇发展潜力的综合性指标——不同规模的小城镇，在不同地区的作用可能不一样，但适用的经济社会规律是共通的。

从政策支持的重点对象来看,主要有两类小城镇需要予以关注。一类是具备发展条件的小城镇,这类小城镇需要在政策上予以支持,保障其健康成长;另一类是虽然不具备发展条件,但有着特殊的战略价值(如抵边固边、文化传承等),仍需加以支持的小城镇。上述两种情况之外,大部分的小城镇属于基本维持现状或处于萎缩中的小城镇。综合上述分析,可以采用分级与分类相结合的方式,对小城镇进行分类。

(1)特大镇

镇区常住人口超过 10 万人的镇,其实际管理需求已经和传统的小城镇明显不同,在建设管理需求方面更加接近小城市。《国家新型城镇化规划(2014-2020 年)》也提出,要对人口在 10 万以上的特大镇进行职权的扩大和设市制度的创新。在"十三五"规划纲要中又提出"加快拓展特大镇功能,赋予镇区人口 10 万以上的特大镇部分县级管理权限,完善设市设区标准,符合条件的县和特大镇可有序改市"。因此,将镇区人口 10 万以上的镇划分为特大镇。从人口总量上看,特大镇相当于Ⅱ型小城市;从经济发展水平看,特大镇是经济发展强镇,初步具备城市功能。我国特大镇的数量较少(约 50 个),主要分布在广东、福建、浙江、江苏等东部沿海省份(表 10-4)。

我国特大镇分布情况　　　　　　　　　　　　　　表 10-4

省份	数量	小城镇
广东省	19	九江镇、西樵镇、丹灶镇、大沥镇、狮山镇、里水镇、南庄镇、乐从镇、陈村镇、北滘镇、龙江镇、新塘镇、南村镇、钟落潭镇、人和镇、江高镇、狮岭镇、谷饶镇、井岸镇
浙江省	10	杜桥镇、许村镇、庵东镇、瓜沥镇、三墩镇、柳市镇、鳌江镇、塘下镇、南浔镇、织里镇
福建省	7	新店镇、池店镇、陈埭镇、角美镇、建新镇、鼓山镇、上街镇
江苏省	4	木渎镇、盛泽镇、黎里镇、周市镇
河南省	2	洪门镇、龙湖镇
江西省	2	莲塘镇、昌东镇
河北省	1	临洺关镇
山西省	1	云中镇
海南省	1	城西镇
贵州省	1	黔灵镇
安徽省	1	桃花镇

资料来源:笔者根据城市和小城镇改革发展中心课题组《特大镇设市研究》课题相关数据整理。

（2）大型镇

一般而言，镇区常住人口规模大于 3 万人（相当于日本当前的设市标准）且人口保持稳定增长的镇，具备较高的发展潜力和较强的辐射能力，第三产业特别是一些相对较高层次的服务产业设施（如图书馆、文化馆、体育馆等）能够得到有效配置和正常运营，是需要重点关注的对象。因此，将镇区人口规模 3 万～10 万人的小城镇划分为大型镇。全国层面来看，2020 年镇区人口规模 3 万～10 万人的小城镇约 1000 个，占比约 5%。当然，人口密度较低的西部及东北地区，可适当降低规模标准。

（3）中型镇

一般而言，镇区常住人口规模大于 1 万人的镇，可以达到各项基本公共服务设施配置的门槛。因此，将镇区人口规模 1 万～3 万人的小城镇划分为中型镇。全国层面来看，2020 年镇区人口规模 1 万～3 万人的小城镇约 4000 个，占比约 20%。

（4）小型镇

将镇区常住人口规模小于 1 万人的镇划分为小型镇。全国层面来看，2020 年镇区人口规模小于 1 万人的镇约 1.36 万个，占比超过 70%。此外，也可以考虑对小城镇设立人口规模的下限。近年来，多个省份出台的设立镇标准，均把镇区人口规模下限定在 5000 人；同时，5000 人也是幼儿园、老年服务站等基本服务设施配置所需的门槛规模。然而，我国小城镇区域差异明显，从笔者的实地调研看，在很多区域，镇区常住人口达到 3000 人的镇，也能有效发挥服务乡村的作用。因此，可以考虑把小型镇的镇区人口规模下限设定为 3000 人。

（5）小城镇专业功能分类的进一步思考

在以规模为指标的划分类型基础上，可以进一步区分小城镇的专业功能。大型镇一般是区域产业分工的重要节点，兼有"三农"服务职能；中型镇以为周边提供"三农"服务职能为主，兼有承担县域副中心或区域分工职能。因此，大型镇和中型镇还可以结合其在区域产业分工扮演的角色，对其专业功能进行进一步细分，主要包括综合服务、加工制造、商贸流通、文化旅游、历史文化、抵边固边等。小型镇以为镇域提供"三农"服务为主，一般不会承担比较重要的专业化产业职能，但部分具有特殊价值的小型镇，仍需要加以区分，进行专门的政策支持。目前来看，主要包括边境小城镇、历史文化名镇等类型。

10.3.4 差异化的小城镇分类指引

（1）"改特"：特大镇改市（街道）

特大镇具有县市一级的经济和人口规模，却只有乡镇一级的权限配备。关系特大镇发展的审批权、执法权、文化卫生民生社会事业发展自主、行政执法权等都在县里和市里，极大地限制了特大镇在产业发展活力和城市功能完善等方面的能力。赋予特大镇管理权限、行政升格以及乡镇、园区合并，在当前的行政管理体制下并不能有效解决特大镇持续健康发展问题。鉴于此，《国家发展改革委关于印发〈2020 年新型城镇化建设和城乡融合发展重点任务〉的通知》中明确提出，要"统筹新生城市培育和收缩型城市瘦身强体，按程序推进具备条件的非县级政府驻地特大镇设市。"考虑到未来有扩权需求的乡镇还将不断增加，宜进一步深化体制改革，尽快研究出台具体的特大镇设市政策。部分已经与城市连片一体化发展的特大镇（如安徽省肥西县的桃花镇，已经与合肥市辖区的建成区连片），也可以改为街道，提高管理水平。

（2）"放大"：大型镇放权

人口规模大镇的责任较大、职能宽泛，除了一系列社会管理的常规事务，往往还承担发展产业经济的重要职能。事权与责任不匹配，极大地制约了这类小城镇的发展和建设。因此，需要明晰小城镇职能、梳理条块关系，整合管理部门和公共资源，逐步匹配乡镇的责任与权力。

需要注意的是，在实践中会发现现行的"强镇扩权"虽得到政策鼓励而逐步推行，但扩权政策在具体执行过程中出现权力收放集分循环、法理性不足、放虚不放实、自主性不足等问题。不能把有权有利的人、财、物权上收，却把那些需要投入、难度大的事下放到镇里。同时，大型镇放权也要更有针对性，要有助于其专业功能的发挥。

（3）"稳中"：稳定中型镇

中型镇是推进城乡基本公共服务均等化的重要节点，在一些人口密度较低的中西部地区，中型镇甚至可能承担县域副中心的职能。避免中型镇人口过快流失，帮助中型镇提高人口集聚能力，应当成为政策的主要目标。因此，中型镇要结合实际需求提高公共服务水平、改善环境风貌。需要注意的是，中型镇的公共设施建设模式要做到因地制宜，避免因简单套用城市模式或采用过高标准而提高后期运行维护成本。

（4）"并小"：合并小型镇

我国部分省份已经开展过较大规模的乡镇合并工作，但从全国总体层面看，小城镇仍存在规模过小、辐射能力不足的情况。因此，因地制宜地推进小型镇合并，仍然有着较为积极的意义，有助于优化农村基层政权和基层组织、降低行政管理运行成本、促进城乡融合等。当然，行政区划调整还涉及产业发展、城镇布局、公共服务、基层治理等众多方面，是一项全局性、综合性、系统性的改革，牵一发而动全身，必须采取积极而稳妥的方法和步骤，成熟一个，调整一个，切忌"一刀切"。

10.4 彰显特色，提升品质

小城镇要有吸引力，必须彰显特色、提升品质。一方面是要做到有别于城市，在规划理念、建设模式等方面体现小城镇的特点；另一方面，更重要的是在分类发展和区域统筹的策略引导下，小城镇建设要针对其核心职能进行提升。小城镇建设不能"为建设而建设"，而是要以建设促进发展，注重民生的同时兼顾投资效益。浙江省美丽城镇建设的一个重要理念就是"以空间环境的改善促进产业功能复兴"，针对不同类型的美丽城镇，设置个性指标引导建设方向，取得了很好的效果。因此，应当通过合理的建设引导，强化小城镇在区域中的职能分工，实现建设与发展的良性循环。

10.4.1 围绕居民需求，塑造宜居环境

创造宜居环境是小城镇建设的基本要求。要围绕小城镇的人口特征，借鉴"完整社区"建设理念，按照"住房建设—基础设施建设—公共服务设施建设—环境整治—风貌提升"的工作逻辑，由小到大，系统推动相关建设工作。

（1）强化安全管理，建设品质社区

住房建设方面，重点要针对小城镇自建房占比高的特点，加强既有住房和新建住房的安全管理。新建房屋应选择在安全、适宜的地段进行建设，避开灾害易发区域。新建房屋应加强规划、设计、建设、竣工验收全过程管理，满足质量安全要求。加强自建房安全隐患排查，对存在安全隐患的，实施分类处置。加强特色民宿建设的安全性管理。有条件的地区可将老旧小区改造的范围拓展至建制镇，有条件的小城镇可有计划地实施镇中村、镇郊村改造。

完善社区基本公共服务设施建设。规范设置便民设施，根据需求和规范要求安装电梯。建设无障碍设施，考虑适老化功能需求。根据自身情况有序改善住区居住环境，提升社区宜居水平。健全社区治理体系，提高社区管理专业化、共享化水平。

（2）完善设施建设，提升服务质量

基础设施建设方面，要完善基础设施等城镇发展的基本条件，保障供水设施、供电设施、供气设施等基础设施建设。优化交通体系，完善镇区路网，推进城乡客运一体化建设。更新改造老旧市政设施，加快防洪排涝设施、应急避难场所建设等。推广建设新型基础设施。加强污水、垃圾处理设施建设，推动公共厕所改造提升。改善小城镇居民的基本生活条件，注重建设模式和建设标准的差异性，避免"一刀切"。

公共服务设施建设方面，要结合小城镇人口结构的变化合理加强设施供给，提升医疗、教育、养老、体育等公共服务水平，逐步提升综合品质。提升乡镇卫生院服务能力，打造县域医疗服务次中心。加强小城镇优质教育资源供给，实施教育强镇筑基行动，增强镇驻地学校辐射引领功能。打造绿色便捷文体新载体，建设全民健身中心、体育公园等文体设施，发展智慧广电平台和融媒体中心等。推动镇区便民服务中心集约化、数字化发展，引导建设舒适便捷、全域覆盖、层级叠加的镇村生活圈体系。推动设施的共建共享，避免闲置浪费[12]。

（3）加强环境整治，塑造特色风貌

环境整治方面，要维持城镇秩序，针对违规占道房屋治理、交通秩序整治、经营秩序整治、空中线缆整治等方面提升品质[12]。抓好小城镇重要节点景观打造，塑造一批具有代表性的建筑精品，规划建设贴近群众的街头游园、山体公园、滨河公园等，构建山清水秀、蓝绿交织的开敞空间。开展店外经营、户外广告、门头牌匾、"空中蜘蛛网"等治理行动，保持环境整洁美观。

风貌提升方面，要尊重自然地理格局、保护传承历史文化，通过融合山水本底来塑造宜人的空间尺度，塑造具有地域特色的城镇风貌。结合历史文化、主导产业和地域地貌特点，积极开展镇区风貌设计，彰显独特的山水格局、布局形态、街巷空间和建筑特色，塑造特色景观风貌，提升空间环境设计水平。

10.4.2 以建设促发展，支撑产业培育

小城镇建设要与小城镇发展相结合，实现以环境营造促进产业功能复兴。不能

为了建设而建设，靠建设拉动 GDP 是短期的，单纯搞建设是不可持续的，关键是与发展形成良性循环。要坚持以建设促进发展，以发展带动建设，注重民生的同时兼顾投资效益，并为居民创造更多就业机会。

发展特色产业，主要通过培育休闲旅游、商贸旅游、教育科技、传统文化、康养宜居等特色产业小城镇，同时推进农业产业融合，打造具有特色的田园综合体。产业转型升级，将基础的农业产业链进行延伸，促进产业结构优化。小城镇的产业支撑，重点包括以下四个方面。

一是现代农业。要完善小城镇农事服务相关设施，支撑农业现代化发展和乡村振兴。通过乡村振兴战略规划的引导，统筹配置乡村、小城镇地区的产业、土地、资本等资源，以农业发展为杠杆带动一、三产业融合发展，推动产业协同发展[13]。

二是商贸流通。小城镇长期以来都是乡村地区的商贸流通中心，结合当代居民的消费特征和现代物流的发展趋势，重点完善商贸服务设施与物流服务设施建设，优化商贸服务功能。鼓励建设具有现代水准的标志性商业综合体。

三是文化旅游。文化旅游可能成为小城镇相对重要的产业功能，结合旅游服务需求，合理建设餐饮、购物、民宿等旅游服务设施，促进农文旅融合发展。

四是加工制造。部分小城镇未来仍具有发展制造业的潜力，要积极统筹产业平台建设、完善产业服务设施，精准定位主导产业发展方向，着力拉长主导产业链条，加大产业园区建设力度，优化生产力空间布局，推动集约发展。

10.4.3　挖掘多元优势，打造特色空间

综合考虑生态、历史、文化等多方面因素，通过彰显生态品质、塑造特色空间、传承特色文化、培育特色产业等措施，打造魅力小城镇，实现可持续发展。

（1）彰显生态品质，打造特色空间

小城镇建设要与自然基底相协调，注重整体景观系统的打造，坚持山、水、城、人有机融合，重点依托生态林地、滨水空间、临山空间等主要节点，塑造具有生态自然、传统风韵、人文风采、时代风尚的特色景观系统。加强镇区重要节点绿化美化。综合考虑不同人群的使用要求，合理设置游览、休闲、运动、健身、科普等各类设施。以现有生态空间、商业街区、旅游景点为基础，推进小城镇绿道串联成网。沿绿道完善设施配套建设，提升绿道网多元复合功能。鼓励小城镇绿道与城市绿道相衔接，形成城乡联系的有机整体。

（2）传承特色文化，培育特色产业

小城镇要深入挖掘自身文化特征，重塑小城镇地缘文化记忆，正确处理小城镇建设与文化保护传承的关系，保留地方文化的多样性。充分挖掘地域文化、传统风俗，传承非物质文化遗产，重点保护"非遗"传统工艺、传统工法、传承人及"非遗"传承空间。延续传统脉络，严格保护老镇区的总体空间格局、传统街巷、连片的历史建筑、传统风貌建筑以及传统风貌片区。科学利用历史文化遗产，不过度开发，禁止破坏性开发。

（3）活化文化载体，丰富功能业态

深入挖掘街区文化特色，鼓励文化载体作为公共活动场所开放使用，引入文化展示、体验、休闲、创意等功能业态，展示街区的老字号、名人故事，融合历史文化元素和现代需求。重点改造提升老街区、老建筑和老厂房等建筑空间。鼓励改造利用老厂房、老设施，积极发展文化创意、工业旅游、演艺、会展等功能，植入商贸、健康、养老服务等生活服务功能。推进城乡公共文化服务体系一体建设，主动迎合大中城市居民的文化需求，以文旅产业为抓手，带动本地经济发展，同时以经济发展为支撑，进一步提升文化保护和建设的水平，形成良性循环。

10.5 改革创新，强化保障

我国不同地域、不同发展水平的小城镇，在集体土地使用和管理、乡镇财政管理以及综合执法等领域都或多或少面临着一些问题，这些问题无疑对新时代小城镇的建设管理提出了新要求。尤其是需要改变目前乡镇管理"一刀切"的形式，创新小城镇建设管理机制，加强人、地、财等各类要素的保障，对有发展潜力的小城镇充分实现放权，引领小城镇差别化、特色化发展。

10.5.1 协同联动，加强小城镇建设用人保障

技术、经营、管理等各领域的人才缺乏，是影响小城镇发展建设的重要因素之一。对小城镇而言，加大人才引进力度，完善人才引进机制，搭建人才激励政策，是助力发展的关键措施。出于对小城镇发展的支持，在地方实践中，小城镇建设的多元主体参与越来越成为趋势，省、市、县、镇各级政府往往以协同联动的方式共同推进小城镇发展建设，而社会力量与公众参与也逐步开始扮演更重要的角色。因

此，破解小城镇建设的人才瓶颈，应当充分发动政府、社会、基层等各方面力量，形成合力。

（1）上下联动的工作专班机制

针对镇级行政单元技术和管理力量不足、权责不对应等现实问题，面向特定领域的小城镇建设工作成立工作专班是较为成熟的地方工作机制，如此就可以动员省、市、县各级政府的技术和管理力量为小城镇建设服务，从而可以在短时间内形成成效。

例如，2016年前后浙江开展小城镇环境综合整治的工作期间，构建了自上而下的完整工作推进机制。省、市、县、镇四级机构均成立小城镇环境综合整治行动领导小组，并设置领导小组办公室。省、市、县、镇四级小城镇环境综合整治机构设置的情况大体一致，在具体部门设置上，市、县、镇可以根据具体情况进行合并、拆分或增设。形成工作专班机制后，小城镇的建设就不仅是小城镇自身的任务，而是自省级至镇各行政层级的共同任务，从而有效缓解了基层力量不足的问题。

（2）发挥基层组织的能动作用

考虑到小城镇的建设、监督、检查等工作常常受到镇的人员编制和配备等制约，而很多具体工作是非常复杂多样的，因此，发挥镇一级以下的单位、组织、群众的参与和监督作用是一项比较行之有效的政策措施，能够有效地弥补镇级层面人员编制不足的问题。

例如，《天津市自建房安全专项整治和百日行动实施方案》（津政办发〔2022〕36号）就充分利用基层力量来开展小城镇的自建房安全专项整治工作。方案提出，"发挥城管、社区（村）'两委'、物业的前哨和探头作用。街道（乡镇）落实属地责任，健全房屋安全管理员制度和网格化动态管理制度，依托街道（乡镇）村镇建设、自然资源、农业综合服务等机构，统筹加强自建房质量安全监管。"可以看到，在应对自建房安全专项整治这类较为繁重的工作任务，在强调街道（乡镇）责任的同时，充分发挥了社区、物业等基层的作用。依托社区居民组织、村集体组织等基层组织，可以有效提升小城镇在精细化治理方面的能力。

（3）采用更为灵活的编制方式

采用较为灵活的人员编制方式，也可以优化人力资源配置、提高用人效率，从而为小城镇建设提供支撑。通过下沉编制资源、创新管理机制等形式，用好用活机构编制资源，持续为镇街扩权增能，推动镇街有责管事、有人办事。

在江苏部分地区的经验中，改革方案允许公务员编制与事业编制统一使用。采取的办法一般是事业单位编制予以保留，但并不配备相关人员，不实际运转，其职责与相关的办、局、中心整合归并。由试点镇根据现实需求和事权需要，在身份上分类管理，在用人上统一调度和使用。考虑经济发展的规模和社会管理的复杂性，在财力许可的情形下，试点镇还大多扩大了外包和聘用人员的数量。尽最大可能在现有条件下实现人力资源的优化配置[14]。在山东部分地区的改革探索中，通过"减县补镇""减上补下"方式，向镇街下沉事业编制，满足小城镇发展和用人需求。探索"编制分类管理，统筹镇街工作机构设置、统筹人员使用"工作机制，不断提升机构编制资源使用效益。打破行政事业机构界限，允许小城镇因地制宜设置工作机构，明确规定各工作机构负责人可以由公务员担任，也可以由事业干部担任，赋予更加灵活的用人自主权①。

（4）创新技术力量的支持机制

规划、建筑等技术力量的短缺一直是制约小城镇发展的瓶颈，责任规划师等制度的实施较好地补上了这一短板，对于规划设计下乡和加强技术管理有着积极意义。2018 年 9 月，《住房城乡建设部关于开展引导和支持设计下乡工作的通知》提出："借鉴浙江驻镇规划师、成都乡村规划师等经验和做法，探索建立本地区设计人员驻县市、驻乡镇和驻村的服务模式。"

浙江省是较早开展驻镇规划师制度探索的省份。乡镇人民政府（街道办事处）为加强规划建设管理，按照一定标准，通过购买服务、选调选派、义务服务、志愿服务等多种形式，聘请城乡规划、建设、设计、施工、管理等方面的专业技术人员，成为驻镇规划师。2017 年浙江省提出在全省范围内推广驻镇规划师制度，并印发《关于推广驻镇规划师制度的指导意见》。驻镇规划师扎根责任片区，"一对一"提供规划专业服务，有效解决了基层规划专业技术力量不足、规划"最后一公里"落地难等问题，为后续的小城镇环境综合整治、美丽城镇建设等工作提供了坚实的技术支撑。

10.5.2 创新机制，优化建设用地供给和管理

土地在小城镇建设中的重要性不言而喻，人口的集聚、产业的发展、基础设施建设和公共服务配套都离不开土地这个基本载体。当前，在我国自上而下的新增建设用地指标分配方式下，处于基层的小城镇往往难以获得充足的发展空间，土地资源紧缺以及连带引发的公共服务、基础设施建设滞后等问题愈发凸显。②在生态保

护和耕地保护的双重压力下，小城镇建设必须提高用地效率、用足存量空间，创新土地管理体制机制，从而保障小城镇的合理用地需求。

（1）创新集体建设用地使用机制

和以国有土地为主的城市不同的是，小城镇的镇区用地往往呈现国有土地和集体土地相互交织的态势，甚至以集体土地为主。据住房和城乡建设部 2015 年的 121 镇调查显示，小城镇镇区的建设用地 60% 左右是农村集体建设用地。在资源环境紧约束的背景下，小城镇很难获取足够的新增城镇建设用地规模。《中华人民共和国土地管理法》修订后，集体经营性建设用地入市的制度突破，有助于小城镇转变土地供应模式，缓解建设用地供给压力。因此，需要有序探索小城镇城乡二元建设用地的混合使用方式，可以考虑率先在小城镇进一步探索集体建设用地使用制度的创新。

江西省鹰潭市作为国家城乡融合发展试验区，在集体经营性建设用地入市试点方面取得了很多成功经验。鹰潭市余江区锦江镇精密制造产业经过三十多年的发展，已成为全省最大的微型元件生产基地。随着产业转型升级，上下游中小企业用地供需、环保等矛盾日渐突出，制约全镇 30 多家企业发展。为助力城乡融合，在锦江镇规划建设了第一个纯粹使用集体土地建设的"精密元件入市产业园"，园区占地面积 529 亩，园内土地全部由集体经济组织通过就地入市或异地入市方式提供，由区工业投资集团通过挂牌交易取得土地，建设标准厂房和商业服务、基础设施，让上下游中小企业拎包入住[③]。通过创新利用集体建设用地，锦江镇实现本地产业的承载空间从传统产业作坊向标准化厂房的跨越，有效解决了小城镇产业发展的用地需求。

（2）统一国有和集体用地的管理

我国对国有土地和集体土地采用差异化的管理制度，即城镇采用控制性详细规划为依据的"一书两证"（选址意见书、规划建设用地许可证、建设工程规划许可证），乡村采用简易化的"一证"（乡村规划建设许可证）制度，目前，针对集体土地上的建设项目管理尚未形成一套完整的规划实施和管理体系。这就导致小城镇镇区的规划、建设、管理容易因土地性质的不同而造成人为割裂，尤其是镇区的集体土地上往往有着大量的自建房，建设存量大，建筑形式多样，建筑条件复杂，给小城镇管理造成了很多困难。

基于现有规划许可管理体制，未来小城镇的管理改革方向，应延续现阶段"多审合一、多证合一"改革，本着优化审批环节流程与深化"放管服"改革的原则，建议在合并建设项目选址意见书、建设项目用地预审意见的基础上,统一核发建设项目用地预审和选址意见书,结合建设用地规划许可、建设工程规划许可、乡村建设规划许可,共同构成新的城乡规划许可,以适应新时期国土空间用途管制需求。同时,建议强化开发边界外的建设用地审批许可,加快推进村庄规划编制工作,以此作为乡村建设规划许可的依据,控制乡村地区的建设时序。

（3）探索全域土地综合整治模式

通过开展全域土地综合整治,能够有效促进小城镇低效建设用地的腾退与盘活,优化土地要素市场化配置,破解土地利用碎片化等问题。但当前的土地整治存在一定的政策瓶颈,导致土地整治阻力大等问题,需要探索政策创新,特别是要探索创新差异化土地用途转变的利益平衡机制,提升土地权属人参与低效建设用地腾退的积极性。

广东省近年来积极开展全域土地综合整治探索,积累了较为丰富的成功经验。通过全域土地综合整治,解决部分地区空间布局无序化、耕地碎片化、土地利用低效化、生态功能退化等问题,优化城镇、农业、生态空间布局,在切实保护耕地资源与生态环境的同时,也为城镇发展建设、产业转型升级和优质项目落地提供了充足的土地保障。2022 年 12 月,《中共广东省委关于实施"百县千镇万村高质量发展工程"促进城乡区域协调发展的决定》提出,开展城乡土地综合整治,推进城乡建设用地增减挂钩,满足县镇扩容提质空间需求。在镇级土地要素保障方面,重点要提升规划精度,明确镇域土地资源的数量、布局和功能,以镇域为主体,整镇推进、镇村并举盘活存量用地,腾出优质连片发展空间,优化生产性布局[④]。例如,河源市龙川县佗城镇通过开展全域土地综合整治,除了新增 1000 余亩耕地,还通过盘活低效建设用地,一方面,为现代农业产业园落地腾挪建设用地空间,破解企业落地难题;另一方面,将点状文旅要素串联成线,打造全域旅游格局。

10.5.3　拓展渠道,多方筹措小城镇建设资金

分税制改革后,绝大部分小城镇没有独立的财权,小城镇建设主要依靠县级财政,"镇财县管"制度削弱了小城镇原本就不强劲的财政收支自主能力。税费改革在减轻和取消农民负担的同时,开始对中央与地方以及地方各级政府之间的关系产生巨大的影响,对于以农业为主的小城镇政府而言,其主要财政收入开始由农业税费变成来自上级政府的转移支付。因此,需要结合小城镇政府财政在改革后的新特征,以及新时期的建设需求,探索资金保障的新途径。

（1）加强上级财政支持

小城镇建设水平不高，很大程度上是受制于建设资金匮乏，而加大对小城镇建设的财政投入可带来多个方面的成效。但财政支持小城镇建设要注意方式，合理确定投入的重点方向。小城镇量大面广，如果全国1.88万个小城镇都要进行普惠性投入，所需的资金量极其巨大。依据调研，仅在基础设施建设方面，小城镇人均建设投入约5000元/人。2020年全国小城镇镇区人口约1.6亿人，据此估算，建设投入资金需8000亿元左右，仅靠政府财政投入难以全覆盖。因此，财政支持小城镇建设不能面面俱到，要重点支持关键类型和关键领域。支持对象以重点镇、特色镇为主，通过政府的资金投入形成示范，进而带动社会资本投入小城镇建设，提高投入产出效益，实现建设与发展相互促进；领域上以基础设施补短板、人居环境整治为重点，主要支持小城镇基础设施建设提升。同时，财政支持应当探索以县为单元的统筹模式，确定部分具有良好基础、特色鲜明、积极性高的县开展典型示范，上级财政给予补助，统筹推进小城镇建设，有效避免资金浪费，提高资金投入的精准性。

浙江省在2020～2022年推动全省美丽城镇建设工作期间，设立美丽城镇建设资金精准支持小城镇建设。在省级层面，省财政每年有5亿元专项资金用于以奖代补，如2022年度每个样板镇可获得300万元至500万元的省级专项资金。同时，在市级层面落实专项保障政策，如杭州市级财政分3年下拨2亿元、宁波市分3年下拨3.2亿元、嘉兴市分3年下拨2亿元等，支持各市的美丽城镇样板建设。在县（市、区）级层面，也有不同的奖补政策，如德清县，为加快推进洛舍镇商贸型省级样板美丽城镇建设，设置县级财政奖补按创建级别补助，达到美丽城镇基本要求的一次性补助1000万元，达到市级样板的一次性补助3000万元，达到省级样板的一次性补助5000万元，专项用于美丽城镇建设。通过省市县三级财政资金的叠加，一方面，提高了各地建设美丽城镇的积极性，另一方面，也极大地带动了社会资本投资。

（2）创新引入社会资本

要想改善小城镇设施状况，仅依靠传统的政府财政和银行信贷等传统投融资模式是不够的，还需要充分发挥市场经济的作用，将社会资本引入小城镇建设中。在基础设施及公共服务领域，通过PPP机制引进民间资本、吸引社会资金参与供给，一方面可以减轻政府财政压力，另一方面将为日益壮大的民间资本、社会资金创造市场发展空间，使市场主体在市场体系中更好地发挥其优势和创造力。除PPP模式之外，近年来 BOT 模式（"建设，运营，移交"模式）、EPC 模式（工程总承包模式）等政府与资本合作的建设方式也在小城镇建设项目中屡次出现，前者主要应用于小城镇污染治理、乡村旅游等项目，后者则更多用于小城镇文旅产业和其他特色建设。这些模式不仅创新了小城镇政府的融资模式，也给目前日渐壮大的社会资本提供了一个发展自己的机会。

江苏昆山南部的锦溪、淀山湖、周庄三镇抓住长三角生态绿色一体化发展示范区的战略机遇，积极推动一体化发展。昆山虽常年位居全国"百强县"首位，但"锦淀周"三镇所在区域属于昆山发展的"留白"区域，地方财政压力较大。2022年 6 月，长三角示范区协调区"锦淀周"三镇一体化生态提升 EOD 项目正式启动，项目总投资 118.97 亿元，是江苏首个超百亿元 EOD 融资模式落地项目。项目授信总额 95 亿元，授信额度居江苏 EOD 模式融资项目之首。通过用好政策性金融工具，"锦淀周"三镇获得了建设的"开门钥匙"。2022 年 9 月，项目成功获得 3.3 亿元国家政策性开发性金融工具支持，为项目实施提供了宝贵的资本金。推进"昆山之链"首链工程等生态环境项目的同时，后续也将加快对"锦淀周"三镇低效、存量土地等要素资源进行收储、盘活，以期形成"环境优化、人才集聚、产业发展、反哺生态"的良性循环[⑤]。

10.5.4　强镇扩权，破解影响发展的制度瓶颈

在我国垂直分权体系下，小城镇作为我国最低层级的政府管理单位，自治权力较弱、缺乏自主性；与此同时，小城镇政府机构的责任较大、职能宽泛，包括管理经济、教育、科学、文化、体育、财政、民政、公安、司法等一系列事务。此外，小城镇存在大量派出机构，镇里的很多职能部门主要听从于上级政府，乡镇的管理权被进一步削弱。事权与责任不匹配，极大地制约了小城镇的发展和建设。因此，需要明晰乡镇职能、梳理条块关系，整合管理部门和公共资源，探索重构"县—乡镇"关系，逐步匹配乡镇的责任与权力，赋予有发展需求的小城镇相应的自主权。

（1）匹配小城镇的事权与责任

进入新时期，小城镇在服务"三农"、带动乡村振兴方面的责任尤为突出，而部分发展基础较好的小城镇，则有进一步发展产业经济的强烈诉求。因此，需要结合实际需求，有序推进强镇扩权。对于服务职能较强的小城镇，需要强化其在义务教育和公共医疗卫生方面的公共服务职能；对于产业经济发展较好的小城镇，需要强化其在就业和社会保障等方面的职能。对于缺少自身发展动力的小城镇，也应当

考虑对相应职能和权力的回收，在上级（县级）层面予以统筹解决，既帮助小城镇完善相关行政管理和日常服务职责，又可以缩减基层编制、减少财政负担。

需要注意的是，在实践中会发现"强镇扩权"虽得到政策鼓励而逐步推行，但扩权政策在具体执行过程中出现权力收放集分循环、府际关系冲突、法理性不足、放虚不放实、自主性不足等问题。因此，不能再像以往那样把有权有利的人、财、物权上收，却把那些需要投入、难度大的事下放到镇里，才能真正实现权、责、利的对等，赋予有潜力的小城镇以充分的自主发展权。

（2）提供综合执法的相关权限

1996 年国家出台《中华人民共和国行政处罚法》，将行政处罚权限制在县级政府及其职能部门，因此，我国乡镇一级政府是不具有执法权的。随着管理职能下沉，部分省份探索乡镇综合执法，成立综合执法大队，由县级以上人民政府行政主管部门授权，用扁平化管理模式逐渐取代原有的垂直化管理，增强乡镇街道的治理能力，可以让上级领导者听到更多关于基层群众的意见建议，同时，让街、乡、镇管理层级拥有更多的权力去解决群众的难题。然而，在综合执法的实践过程中，"放权"不到位、不合理的情况依然存在。许多镇政府尤其是经济发达的重点镇政府实际上缺乏与之匹配的经济社会管理权与执行权。镇政府通常要在有限的编制、人员、执法权限基础上，完成行政处罚与执法的全套职能，这在实际上造成了较大的困难。

面对当前小城镇尤其是部分经济发达镇的实际管理需求，在权责匹配的原则下，需要根据镇级人民政府所承担的管理职责与任务，合理调配资源，适当赋予权力，方便建制镇规划区内管理、执法等活动。为激活小城镇建设管理的活力，可以赋予建制镇人民政府完整的规划建设相关执法、检查、处罚权限，同时方便执法检查的进行。在镇规划区内违反规划行为的查处与处罚执行由镇政府作为第一责任人。执法权和行政审批权力下放，有助于简化行政层级和提高行政效率。

（3）探索特大镇设市体制改革

特大镇具有县市一级的经济和人口规模，却只有乡镇一级的权限配备。事关特大镇发展的审批权、执法权、文化卫生民生社会事业发展自主权、行政执法权等都在县里和市里，极大地限制了特大镇在产业发展活力和城市功能完善等方面的能力。赋予特大镇管理权限、行政升格以及乡镇、园区合并，在当前的行政管理体制下并不能有效解决特大镇持续健康发展的问题。鉴于此，《国家发展改革委关于印发〈2020 年新型城镇化建设和城乡融合发展重点任务〉的通知》中明确提出，要

"统筹新生城市培育和收缩型城市瘦身强体，按程序推进具备条件的非县级政府驻地特大镇设市"。考虑到未来有扩权需求的乡镇还将不断增加，宜进一步深化体制改革，尽快研究出台具体的特大镇设市政策。

在我国行政区划设置代表了对不同行政区划主体的确权和赋能，决定了行政单元获取资源和发展话语权的能力[15]。探索特大镇的"设市"区划调整，能够破解目前强镇扩权存在的局限性，避免下放权力难以落实的问题。可以考虑以特大镇行政区域切块设立县级市、合并周边部分区域后设立县级市、切块设立镇级（副县级）市等模式，提升行政层级、压缩行政链条、精简行政机构。合理扩充特大镇人员编制，补充专业人员缺口，并持续推进数字化城市治理水平，以数字赋能保障行政效率和治理效能[16]。

注释：

① 邹城市用活机构编制资源赋予镇街更加灵活的用人自主权.邹鲁先锋公众号，2023–07–12.

② 局促的小城：小城镇"地荒"压力调查.半月谈，2013–06–12. http：//www.banyuetan. org/chcontent/jrt/201369/50677.shtml.

③ 鹰潭市积极探索集体经营性建设用地入市.江西农业农村公众号，2022–11–22.

④ 屈家树：以全域土地综合整治推进高质量发展的广东实践与思考[EB/OL]. [2023– 11–15]. http：//nr.gd.gov.cn/gkmlpt/content/4/4284/post_4284686.html#664.

⑤ 昆山：用好政策性金融工具 聚力建设世界级湖区.新华财经客户端，2023–01–19.

参考文献：

[1] 保罗·L.诺克斯，诺克斯.小城镇的可持续性：经济、社会和环境创新 [M]. 易晓峰，苏燕羚，译.北京：中国建筑工业出版社，2018.

[2] 庄晋财，卢文秀，华贤宇.产业链空间分置与特色小镇产业培育 [J].学习与实践，2018（8）：36–43.

[3] 陈前虎，王岱霞，武前波，等.特色之路：改革开放以来浙江小城镇发展转型研究 [M].北京：中国建筑工业出版社，2020.

[4] 高国力，邱爱军，潘昭宇，等.客观准确把握 1 小时通勤圈内涵特征 引领支撑我国现代化都市圈稳步发展 [J].宏观经济管理，2023（1）：26–32.

[5] 朱喜钢，孙洁，马国强.规划视角的中国小城镇模式 [M].北京：中国建筑工

业出版社，2019.

［6］费孝通.中国城乡发展的道路 [J]. 中国乡镇企业，2001（8）：5-7.

［7］张鹏，杨青山，王晗.基于城乡统筹的长吉一体化区域小城镇发展分化与模式研究 [J]. 经济地理，2011，31（4）：599-602.

［8］顾朝林.论中国建制镇发展、地域差异及空间演化：兼与"中国反城市化论"者商榷 [J]. 地理科学，1995（3）：208-216；297.

［9］朱建达.我国镇（乡）域小城镇空间形态发展的阶段模式与特征研究 [J]. 城市发展研究，2012，19（12）：33-37.

［10］仇保兴.小城镇十种发展模式 [J]. 建设科技，2004（19）：8.

［11］李同升，刘笑明，陈大鹏.区域小城镇的空间类型与发展规划研究：以宝鸡市域为例 [J]. 城市规划，2002（4）：38-41.

［12］常宇佳，丁利慧，冯亚楠，等.以品质提升为向导的小城镇规划探索 [J]. 现代物业（中旬刊），2019（3）：184.

［13］郭思润.基于深度调查的武汉地区小城镇分类引导建设策略研究 [D]. 武汉：武汉轻工大学，2023.

［14］张桃荣.经济发达镇行政管理体制改革的实践与思考 [J]. 成都行政学院学报，2013（4）：5.

［15］李晓琳.适应城镇化未来发展需要的行政区划调整研究 [J]. 区域经济评论，2021（2）：116-124.

［16］城市和小城镇改革发展中心课题组.特大镇设市研究 [R]. 2022.

附录

典型地区小城镇调研报告

小城镇规划研究案例

附录 1 | 典型地区小城镇调研报告

1.1 东部地区：浙江省美丽城镇省级样板镇调研

近年来，浙江忠实践行"八八战略"，奋力打造"重要窗口"，沿着习近平总书记亲自擘画的路径，在"千村示范、万村整治"工程基础上，于2016年至2019年实施小城镇环境综合整治行动、2020年启动美丽城镇建设，成效显著。浙江通过美丽城镇建设，全省1010个小城镇实现了美丽蝶变和跨越提升，城乡融合发展水平走在全国前列，已成为全域共富共美、协同长治长效的优质样板。

2022年8月，根据住房和城乡建设部工作部署，由中国城市规划设计研究院对浙江省小城镇建设工作进行综合评价。课题组调研了浙江省5个地级市的17个镇街，覆盖6类代表类型。附录选取6个代表性的省级样板镇案例，从基本概况、创建类型、创建举措和问题困难四个方面展现每类小城镇的特点和建设情况。

1.1.1 都市节点型：温州市乐清市柳市镇

（1）基本概况

温州市柳市镇位于乐清湾之滨、瓯江口北岸，北临乐清市中心城区，南与温州市区隔江相望。柳市镇距离乐清市中心城区15公里，距离温州中心城区20公里，是温州市区到乐清市区的核心走廊上的重要节点。柳市镇下辖5个居民社区、89个行政村，镇域面积92平方公里，户籍人口23万余人，外来人员22万余人。

历史上的柳市镇是一座因在柳树下形成集市而得名的城镇。早在西汉时，这里就已形成村落，集镇则形成于北宋。现在的柳市镇是一个以生产经营低压电器而闻名的传奇集镇，涌现出了正泰、德力西、人民、天正等知名品牌，创造了闻名中外的"柳市奇迹"，浓墨重彩地书写了一部雄浑壮丽的农民创业史。2021年实现规模以上工业产值528.05亿元，增速14.5%；财政总收入52.83亿元，增长9.1%；实现全社会固定资产投资额60.5亿元；完成"小升规"119家、企业股份制改造7家、挂牌企业4家、上市报会企业1家、上市企业1家，新增高新技术企业60家，企业研发投入 14.38 亿元。

柳市镇于 2010 年被确定为浙江省首批小城市培育的 27 个试点镇之一，并于 2014 年被确定为全国中小城市综合改革试点的 4 个镇级单位之一，2016 年又入选为全国第一批特色小镇。在此期间，柳市镇紧抓发展机遇，以改革试点为导向，向着现代化小城市大步迈进。积极开展小城镇环境综合整治、国家级卫生城市创建等一系列行动，以温州市中心镇第一名的成绩通过省小城镇环境综合整治验收，2020 年入选省级样板镇，并成功创成省级文化强镇。

（2）创建优势

一是综合承载力强。柳市镇位列全国综合实力百强镇第 13 名，获得国家级卫生镇、全国大书法名镇、美丽城镇省级样板、省级森林城市、3A 级景区镇等荣誉称号，列入第四轮省小城市培育计划。柳市镇为温州市北部副中心、乐清"一心两翼"的南翼副中心，全镇常住人口约 45 万人。

二是产业特色化明显。柳市镇已形成以高低压电器、电子、机械、仪表等为主导的工业产业体系。拥有工业企业 1.5 万家，其中规模以上工业企业 664 家、高新技术企业 216 家、挂牌上市企业 3 家、中国 500 强企业 4 家；拥有中国驰名商标 8 件，国家级企业技术中心 3 家，省级企业技术中心 5 家，拥有"中国低压电器之都"等国字号"金名片"，变压电器占全国 70% 的市场份额。建成投产正泰物联网传感器产业园、人民集团产业园，并推进了苏吕小微园等多个项目建设。每年定期举办中国电器文化节。

根据温州市域总体规划片区定位、乡镇发展诉求、现有乡镇规划、现状基础与禀赋四个方面的综合考虑，将柳市镇定义为都市节点型城镇。

柳市镇在这一轮建设中，积极对接温州市跨江发展（北跨、南联、拥江发展）战略，做大中心城区，增加中心城区能级，配合温州北跨战略向南发展，深入落实乐清大都市区美丽城镇建设，打造经济、社会、文化全面繁荣的都市节点城镇。同时打造城镇特色，依托电气产业基础和区位优势，加快建设瓯江智慧供应链物流园、智能电气创新发展中心、中国国际电工电器城会展中心、正泰物联网传感器产业园、德力西和人民集团省重大产业园，力争在大物流、物联网、智能电气等领域成为领跑者，努力打造世界级先进电气产业集群。

（3）创建举措

① 明确美丽城镇创建核心内容

柳市镇在功能定位明确提出打造电器都会、艺术之乡，联动北白象镇构建温州都市区北翼，建设成为以特色工业、高新产业、生活居住为主要功能的综合型小城市。作为中国改革开放的先行区，柳市镇持续深入实施"产业强镇、民生共享、生态优先、文化引领、创新驱动"五大战略，努力打造国际电工电器制造基地、瓯江口北岸宜居品质新城，打造滨江新城，融入温州发展，再创"中国电器之都"新辉煌。

一是精心规划，拉开城市框架。结合省小城市培育计划，以现代化小城市建设理念为引领，合理确定城市开发边界，进一步明确建成区范围。全面落实村规模优化调整后的村庄规划编制工作，规范农村宅基地审批和建房规划许可管理。优化完善规划体系，做好与柳白新区、物流区等各项规划整合工作，促进规划有机衔接。推动城市有机更新，稳步启动上园社区、林宅村、翔金垟村、垟心村旧村改造工作。突出谋划中心城区建设，结合乐清市域总体规划和柳市实际，初步确定近期中心新城规划，范围西至电器城大道，东至环东路，北至溪桥路，南至木山后，以中心大道和翁象大道为主干道，打造一个约 8 平方公里，以居住、商业、休闲、购物为主的 RBD 区块。远期结合温州"两线三片"，将在瓯江北岸沿线，以七里港、黄华、长岐片区为主，打造一个"产业集聚、环境优美、交通畅通、公配齐全"约 5 平方公里的滨江产业新城。

二是精美建设，提升城市能级。全力护航 S2 线、228 国道、瓯江北口大桥等重大项目建设；加快美丽城镇样板镇创建工作，启动市民体育活动中心建设，围绕乐琯运河两侧，打造 14 公里的"十里绿道"绿色生态慢行系统，沿线打造田园风光带，布点休闲娱乐产业，积极发展"月光经济"。大力开展村庄绿化和村居环境整治，加快推进林宅公园建设，继续推进口袋公园、边角绿地建设，开展"一村万树"创建工作。加快柳市综合交通体系建设，谋划甬台温高速柳市互通和 325 省道建设，加快启动翁象大道建设，争取打通溪桥路、柳翁西路等断头路，完善"八纵八横"路网架构。大力推进治堵工程，完成柳白路与 104 国道交叉处、柳翁路与中心大道交叉处等一批路口畅通工程，谋划长虹隧道行车分流项目，启动柳江路、柳黄路"白改黑"工程，提升路网运行效能。加强地下空间、立体空间、边角地利用，继续推进停车场建设；加强对商铺标牌、建筑立面、标志管线等统一设计和改造，启动柳江路立面改造，打造黄华高速出口景观带。加大公厕建设改造力度，抓好水利基础设施建设，提升污水管网建设收集率和建设质量，确保实现污水零直排。加快荷堡村生态公墓改造，并稳步向全镇推广。

②落实标志性创建工程

柳市镇"十个一"标志性工程

附表 1-1

类型	序号	指标类别	标准要求	建设内容
"两道"	1	一条快速便捷的对外交通通道	与重要对外交通节点实现10～30分钟快捷接驳	104 国道
	2	一条串珠成链的美丽生态绿道	山、水、城相融的城镇景观绿道、休闲步道、骑行绿道	乐琯运河十里绿道
"两网"	3	一张健全的雨污分流收集处理网	开展雨污分流改造提升并实施"污水零直排区"建设	建成区雨污分流管道覆盖率100%，建成污水管网200公里
	4	一张完善的垃圾分类收集处置网	生活垃圾分类投放、收集、分类封闭运输、分类处置	分类收集设施、12处垃圾中转站、1处垃圾焚烧发电厂
"两场所"	5	一个功能复合的商贸场所	连锁便利店、连锁超市、综合市场、商贸特色街	乐清国际电工电器城（产业）、现代广场购物中心（商贸）
	6	一个开放共享的文体场所	图书馆、体育场馆、全民健身中心、文体中心	柳市镇文化中心
"四体系"	7	一个优质均衡的学前教育和义务教育体系	等级幼儿园、义务教育标准化学校、城乡教育共同体	全面创成等级幼儿园，开展城乡教育共同体建设，开展集团化办学，小班化对接公办学校与民工子弟学校教育质量对接提升
	8	一个覆盖城乡的基本医疗卫生和养老服务体系	医共体、标准化乡镇卫生院、村级卫生所（室）、居家养老服务中心、康养综合体	建立医共体（市第三人民医院），标准化村级卫生院共10家，全镇居家养老服务中心75家，基本覆盖，康养综合体（建设中）
	9	一个现代化的基层社会治理体系	城镇综合治理中心、数字化管理平台、"四个平台"指挥中心	特色化"一体两翼"治理体系
	10	一个高品质的镇村生活圈体系	构建5分钟社区、15分钟建成区、30分钟辖区生活圈	镇域内实施生活圈体系

加大优质教育、商贸、文体设施供给，健全都市节点型城镇功能。其中，文化方面构建以全省最大的镇级文化中心为龙头，89家农村文化礼堂、5家社区文化家园为阵地，各城市书房、读书驿站、百姓书屋为网点的公共文化服务网络，不断满足辖区群众日益增长的文化生活需要。养老服务方面，建设完成10家居家养老服务照料中心等项目，高效提升医疗养老服务水平。商贸服务方面，通过打造"三里一路"等月光经济带，不断加大优质商贸设施供给。文体方面，建成投用多家百姓书屋和多家城市书房，建立开放共享、均衡高效的文体服务体系（附图1-1）。

③精细管理改善城镇面貌

巩固国家卫生镇创建成果，推进建成区及城市主要道路市场化保洁，实行"一把扫帚扫到底"，完善智能考核机制，完善环卫收费制度。加强精细化管理水平，

附图 1-1 柳市镇公共服务设施

资料来源:《柳市镇美丽城镇建设方案》

加强 16 条严管路管理力度,并稳步扩大严管范围,推进"六小车"拉网式整治,划定禁行区域。全面加强非法流动摊贩打击、人行道抄告力度。建设建筑垃圾消纳场,大力查处非法建筑垃圾运输车辆,严管建筑垃圾、淤泥乱倾倒行为。加强户外广告管理,全面推进垃圾分类工作,打造大兴西路等 9 条路"五位一体门前三包"示范街区。加强违章管控,严格落实"四到场"制度,对新建违法建筑一律即查即拆,同时,加大存量违建拆除力度,确保创成"基本无违建镇"。提升绿化养护水平,启动中心大道、柳江路、溪桥路等主干道及道路交叉口绿化改造提升工程;将柳川公园、上来桥公园等村级公园纳入镇级管理,加快更新老旧设施、提高整体绿化质量。大力推进中央和省级环保督察整改,持续深化蓝天、碧水、净土、清废等专项行动。继续做好"五水共治"工作,加强黑臭河污染源治理,通过"建、养、护"三位一体管治结合,通盘谋划"防、堵、疏",进一步落实"河长制",确保河道水质逐年提升。

（4）问题困难

一是集群化发展制约因素多。乐清柳市镇工业产业发达,尤其是电工电器电气、仪表等电器电气产业,搭乘美丽城镇集群建设的东风,创新谋划了通过柳市、北白象两镇强强联合构建 30 分钟交通圈，辐射带动磐石镇形成柳白片美丽城镇集群。集群化发展将打通柳市、北白象、磐石三镇的人员、交通、文化、产业和公共服务等界限，打造成集特色工业、高新产业、生活居住等多功能于一体的综合型产城融合区。两强带一弱，符合温州大战略，但也存在产业雷同、土地指标制约严重、优质企业外流等困难。原计划以便捷的交通线为基础向南发展的战略，受土地因素制约无法落地，并导致产生多处断头路，整体交通建设受到影响，城镇格局无法拉开。

二是教育短板依然突出。全镇现有公办中小学 23 所，均通过了省义务教育标准化学校的验收。民办中小学 4 所；公办高中 2 所，民办高中 1 所；公办幼儿园 3 所，民办幼儿园 70 所；实现等级幼儿园全覆盖，镇域农村等级幼儿园 100%。但现有教育资源仍不能满足居民实际需求，其中，中、小学学位不足的问题突出，2022 年计划将通过"民转公"和扩班，分流随迁子女 4600 名，在未来三年，柳市镇需扩建或新建学校解决学位不足的问题；此外，公办幼儿园占比也明显不足。

1.1.2 县域副中心型：温州市乐清市大荆镇

（1）基本概况

大荆镇地处温州乐清市境东北部，镇域总面积 128 平方公里，下辖 8 个社区、47 个行政村、2 个城市社区，人口约 10.6 万人，是国家级风景区雁荡山的东大门。从宋朝建寨至今已有千年历史，境内有迎客僧、石门潭、东石梁洞、攀龙牌坊、五指峰、牛郎山等名胜古迹。拥有"中国铁皮石斛之乡""国家铁皮石斛生物产业基地""中国铁皮枫斗加工之乡""国家级农业产业强镇"等 4 张国字号"金名片"，被评为浙江省铁皮石斛产业集聚区、省级（大荆）石斛田园综合体、省级卫生镇、省级美丽乡村示范乡镇等荣誉称号。大荆镇下山头村"村企共建、能人带动"入选浙江乡村振兴十大模式，2022 年被评为浙江省首批未来社区，该村的经验做法列入全省共同富裕示范区典型案例。

（2）创建优势

大荆镇启动美丽城镇建设行动以来，以"石斛花开，五美大荆"为创建愿景，紧扣美丽城镇建设总体要求，坚持创新、协调、绿色、开放、共享发展理念，围绕"一核、二带、三街、五区、多节点"五大规划重点，把铁皮石斛特色产业做大做强做精，以县域都市副中心型美丽城镇样板为创建总目标，奋力推进"五美大荆"建设，打造产城融合示范标杆，在共同富裕赛道上跑出加速度。

（3）创建举措

① 高度重视蓝图编制

在创建思路方面，始终贯彻三大理念：一是推进全域化旅游概念。大荆镇作为雁荡山的东大门，定位为三大旅游镇之一，将来需要承担旅游集散、游览服务等功能，都已纳入规划并开始实施；二是塑造特色城镇风貌。以自然山水为基础，以老街和大荆溪为依托，对乡村、城镇空间进行景观风貌提升，形成大荆镇独具特色的风貌格局；三是优化石斛产业结构。围绕"生态大荆、美丽大荆、幸福大荆"，加快产业转型步伐，形成育苗、种植、深加工、销售全流程的石斛产业链，打造系列铁皮石斛康养产业。

规划思路上重点抓两个方面：一是分层次打造。多次邀请设计团队，组织召开大荆镇美丽城镇建设行动方案专项研讨会，充分利用大荆历史文化资源丰富、城镇产业基础扎实、环境整治成效显著的三大优势，结合大荆现状及历史禀赋，将建设规划分为大荆镇全域和重点规划区两个层次，并突出谋划中心城区建设，以现状街道核心区和周边重点村落为重点打造区域；二是精品化打造。对标省美丽城镇最新评价方法以及"五美"和"十个一"的要求，规划设计了两条精品线路，并同步邀请浙江卫视对精品线路宣传片拍摄进行指导，在各个节点优化美化建设，逐步实现精品线路打造，让广大群众有获得感。

② 大力落实组织和要素保障

完善工作责任体系。一是成立了由镇党委书记为组长，镇长、镇人大主席为常务副组长，镇党委副书记为副组长，其他班子成员及中层正职干部为组员的美丽城镇建设行动领导小组，并抽调精干人员成立综合协调小组和美丽城镇建设办公室。二是建立工作例会制度。坚持实行"一周一汇报、一月一督查、一季一大会"，督促确保各项创建工作有序推进。三是强化资金土地保障。近3年来，与美丽城镇建设相关的财政资金、社会投资总额已达5.065亿元，设计范围内的土地要素已全部调整保障到位。四是融合调动外部力量。聘请温州中邦工程设计有限公司设计师为大荆镇驻镇规划师，对全镇各类规划、设计方案、施工建设、美化绿化等方面提供专业技术指导。

持续发动全员参与。一是深入开展创建各项行动。17个村创建市级新时代美丽乡村、全镇范围内开展"共富示范·醉美大荆"环境整治、每月评选最美最脏村社等活动。二是建立结对共创制度。建立"路长制""河长制"，由镇三套班子成员、相关科室、"两代表一委员"、志愿者等分组认领主干道路和河道，每月进行测评评比；基层站所、企业、学校等单位划分包干区域范围，切实形成"全员参与、共建共创"的工作合力。三是推进"一支队伍管执法"。在乐清全市首个成立综合行政执法队，融合市场监管、资规所、农办、生态环保所等8个基层站所，针对美丽城镇建设过程中存在的难点堵点等问题，开展一支队伍管执法、联合执法＋专业执法、"综合查一次"等，不断提升全镇基层治理能力，实现共治共创共建共美。

围绕项目推进建设。根据省美丽城镇建设系统内的进度，24个项目建设已选址落定开工率100%，累计完工项目8个；系统库总金额5.065亿，累计完成4.1193亿，投资进度为81.33%。其中，大荆镇二环路工程（二期）计划总投资5800万元，目前累计投资4464万元；慢方适铁皮石斛健康产业链项目，目前累计投资6728万元；下一步将在创建工作中继续重点抓系统入库项目、精品线路打造、城镇基础设施、为民服务场所等建设进度，确保在当年10月底基本完工（附图1-2）。

（4）问题困难

一是项目推进速度不快。前期工作涉及的审批部门和相应事项较多，程序较为复杂，一些小项目由于多重因素导致前期工作推动较慢、后续施工工期时间紧张。

附图1-2 大荆镇铁定溜溜主题园区

资料来源：笔者自摄

二是配套设施较薄弱。大荆镇地域面积较大，政府自身财政能力有限，城镇原本公共服务配套设施基础较为落后，虽然有债券资金保障，但大面积的基础设施提升有较大难度。三是全域创建周期长。要把"千年古镇"打造好，需要持续性、反复性工作，但涉及镇全域的整体提升，还需持续投入更多精力和财力，才能达到全域共富共美的最终目标。

1.1.3　工业特色型：宁波市慈溪市龙山镇

（1）基本概况

龙山镇地处慈溪市域最东部，区域总面积 141 平方公里，下辖 28 个行政村、3 个居民委员会、1 个社区和 1 个农垦场，常住人口 18.7 万人（其中外来人口 12.4 万）。2008 年 7 月，撤销原龙山镇、三北镇、范市镇，以其行政区域合并设立龙山镇。2014 年慈溪滨海经济开发区与龙山镇合署办公，实行"区镇合一"管理体制。区镇以建设慈东现代化小城市为总目标，不断深化区镇融合，经济社会发展迈上新台阶。区镇先后获得国家级生态镇、国家卫生镇、国家级绿色园区、省旅游强镇、省森林城镇等荣誉称号。

（2）创建优势

一是龙山镇历史悠久，文脉深远。作为陈亮状元故里，生活在这片土地上的龙山人民薪火相传，将陈亮文化"义利并举"的精神内涵发展出了新的意义。得天独厚的人文优势，正是龙山镇的发展之源，"状元故里"的品牌建设目标也随之应运而生。

二是区域工业体系完善，形成优势产业集群。龙山镇（慈溪滨海经济开发区）是慈溪经济社会发展的主要增长极和重大功能板块，也是宁波海洋经济及环杭州湾产业带的节点组成部分。区域工业体系完善，目前已形成家电电子、毛绒化纤、机械装备、汽车零部件等多个优势产业集群，企业总数超过 3000 家，国家电力投资集团、丰树（新加坡）集团、中东欧国际产业合作园等重大平台项目投资落户，宁波伏龙同步带有限公司获评国家级专精特新"小巨人"、省隐形冠军企业，慈溪市博生塑料塑料制品有限公司等 10 家企业入选宁波单项冠军企业。2020 年完成地区生产总值 147 亿元，工业总产值 750 亿元，均列宁波市第一。

（3）创建举措

按照《浙江省美丽城镇建设评价办法》及《龙山镇美丽城镇实施方案》，龙山镇计划总投资 1.88 亿元，推动落实包括邻里中心建设、智慧城镇建设、道路立面改造、交通驿站改造等在内的 11 大类 31 项建设项目，以项目化工作法撑起高质量城镇建设，力争全面补齐城镇功能短板，建设新时代美丽龙山。

① 定位产城共荣

立足"状元故里"的定位，龙山镇在美丽城镇创建过程中始终延续小城镇特色风貌的塑造，编制规划中开展整体风貌管控。在以陈亮文化为核心文化元素的基础上，结合陈亮故里风景线打造，融合太平湖、普明禅寺等优越的自然人文景观，串点成线，彰显独有的山水格局，打造别具"状元故里"韵味的风情小镇。

龙山镇立足"工业特色型"美丽城镇的定位，对照"环境美、生活美、产业美、人文美、治理美"的工作目标，努力创建综合实力强劲、产业蓬勃发展、生态环境秀美、人居环境和谐的美丽城镇样板镇，谱写了产城共荣、全域美丽的新篇章，进一步提升人民群众的获得感和幸福感。截至目前（调研开展时间），总投资 13 亿元的 18 个美丽城镇建设项目，已建设完工 14 个，另 4 个项目正按照三年计划有序有力推进施工。

② 提升工业质效

一是注重产业导向，开创招商引资新局面。围绕壮大产业、补齐链条，深化"全员招商、以商引商"机制，创建 1 年来累计引进项目 36 个，总投 62.87 亿元。编制并试行《区镇工业投资项目准入管理办法和评审细则》，提高项目招引质量和决策科学性。全面推进"低散乱"专项整治行动，完成 130 家企业整治提升。加快国能置信"滨海智创小微园"的建设运营，签约入驻企业 53 家。高质量践行"山海协作"，与常山县共建产业飞地，是全省第二个也是宁波首个"产业飞地"，目前已有 5 个项目入驻。

二是强化创新驱动，助推科创水平新发展。致力研发合作平台建设，实现人才互通、技术对接。近年来，相继与杭州电子科技大学、南京林业大学等 50 家高校院所建立产学研合作平台，实打实助力企业人才引育、技术创新。目前，区镇共有院士工作站 2 家，慈溪"上林英才"、宁波"3315 系列"计划人才（团队）20 余个。2020 年高新技术产业增加值达 35 亿元，占规模以上工业增加值的 48.64%，完成研发经费投入 9.46 亿元，同比增长 14.92%。区域内新认定高新技术企业 40 家，总量累计达 92 家。

三是聚焦产业争先，实现梯度培育新突破。打好上规、上市、上云、上榜"四上"企业"组合拳"，努力培育一批"单项冠军"和"隐形冠军"。区镇现有国家级专精特新"小巨人"企业 2 家、浙江省隐形冠军 1 家、宁波市专精特新"小巨人"

企业 9 家、宁波市"单项冠军"示范企业 3 家，10 家企业列入宁波市"单项冠军"培育企业名单。同时，鼓励企业主导、参与制定行业标准。伏龙同步带有限公司、浙江蓝禾医疗用品有限公司等企业参与编写国家行业标准，宁波五菱工贸实业有限公司等 3 家企业编订的浙江制造标准发布。

四是提升服务效能，做到营商环境新提升。全力打造审批事项最少、办事效率最快、服务水平最优的营商品牌。推进"最多跑一次"改革，对所有产业项目和政府投资项目实行"挂图作战"，进度上墙，每月对账。持续深化"跑小二"服务机制，精确掌握企业诉求，提供"一站式"综合服务，有力保障国家电力投资集团、公牛集团股份有限公司等重大项目的招引落地和配套服务，累计完成投资项目审批代办 560 件。

③ 筑牢生态底色

牢固树立经济发展与环境保护双赢的理念，依托美丽民居、美丽庭院、美丽街区、美丽厂区、美丽河湖和美丽田园等美丽创建载体，驰而不息打好"蓝天、碧水、净土、清废"攻坚战，建设更加宜居的绿色区镇。

一是抓好生态环境提优补短。全面推进生态环境大排查大整治工作，排定实施 13 项重点工程，政府性投入超 7000 万元。完成 467 家企业排查全覆盖，形成问题滚动排查、限期整改销号、实现整体提升的良性循环。始终以"零容忍"的态度依法查处各类环境违法行为，已立案查处 41 家，行政处罚金额 612.6 万元。进一步完善河长、湖长、小微水体长制度，探索生态环境网格化管理机制，完成伏龙湖省级美丽河湖创建（全市首个）。

二是抓好城镇秩序精细管理。加强智慧城管建设，城镇精细化考核保持同类乡镇第一。持续巩固"三改一拆"、"无违建"乡镇创建、"两路两侧"等工作成果，大力开展"清爽行动"，完善垃圾分类收集处置网，进一步提升城镇秩序和村容镇貌。高标准推进"精特亮"创建工作，完成整体方案设计，总投资超 3000 万元的 13 个改造项目正加紧实施，进一步打造"链式"风景。

三是抓好全域旅游提质发展。大力实施乡村振兴战略，积极培育生态经济新引擎，把区镇丰富的生态及文旅资源优势转换为发展优势。对老街、老房、老桥等历史财产进行原真性保护与开发。重点打造"达蓬·仙境风韵线"和"伏龙·民国风情线"两条精品旅游线路，盘活提升山下新昌隆民国特色商业街、整合打造徐福水街，推动方家河头村形成区域性假日景点。区镇成功创建为省 4A 级景区镇，并被纳入省旅游风情小镇培育名单。已建成 3A 级景区村庄 4 个、2A 级景区村庄 1 个和

A 级景区村庄 7 个。2020 年获评全域旅游示范市建设考核优秀单位一等奖。

④ 完善功能配套

坚持高起点规划、高水平建设管理，通过内外兼修，持续推进城镇功能完善、品质提升，提高生产、生活便利度。

一是重建设、强管理，提升城镇基建水平。完成新城景观亮化工程，加快工业邻里中心和商业区块建设，切实提升新城和园区的功能配套。优化交通路网，总投入 5 亿元，先后建设（建成）长邱线一期等 15 个区镇主干道提升改造工程。配合完成杭甬高速复线政策处理，完成征地并交付 1006 亩。优化公交线路，新建 8 个公交停靠站，新增停车位 208 个。提前一个月完成省级下达的农村危房排查整治任务23144 户。农贸市场星级全覆盖，5 个农贸市场创成三星级和省放心市场。

二是重保障、惠民生，提升公共服务水平。加强优质医疗健康服务资源供给，推进龙山医院二期工程前期工作，提升健康一条街、健康生活馆等健康支持性环境建设。促进城乡教育优质均衡发展，推进城乡教育共同体建设，完成龙山高中新校区和新凤湖初中的建设，龙山小学、范市初中等校舍设施改造，加快推进伏龙湖幼儿园方案设计，以及三北中心幼儿园二期工程开工建设。

三是重长效、促和谐，提升基层治理水平。创新推进开发区"工业社区"建设，优化"城警联勤""护企辅警""护村辅警"等工作机制，激活社会治理的"神经末梢"。完成"社会矛盾纠纷多元化调解中心"组织架构，设置信访、司法、劳动保障等 9 个窗口，实现矛盾纠纷调处化解"一站式"服务。基层自治、法治、德治实现高效融合，7 个村成功创建为省级"善治"示范村。

（4）问题困难

一是城镇管理长效机制有待完善。尽管慈溪乡镇的经济基础比较好，公共服务集成化做得比较好，但运营还是有困难。创建检查后，美丽城镇"五美"整治行动纵深推进还需构建常态化治理机制，如开展日常巡查、集中整治、保洁绿化等专项行动。二是建设管理流程有待简化。改造、提升类项目的建设管理流程较为复杂，如遇到项目实施周期短的情况，按照标准化流程走招标投标程序，会导致赶不上创建节点，因此，这类创建制度下的项目需要有流程上的创新和突破。

1.1.4 文旅特色型：湖州市德清县莫干山镇

（1）基本概况

莫干山镇位于湖州市德清县西部，毗邻国家级风景名胜区莫干山，北眺南京、东望上海、南接杭州，镇内空间格局是"八山半水分半田"。莫干山镇全镇面积 191 平方公里，下辖 2 个居民委员会、17 个行政村，常住人口 2.3 万人。莫干山镇是一个以文化旅游为主导产业的镇，旅游以"民国海派"文化为基调，镇上的黄郛路是海派文化的核心承载区。

（2）创建优势

一是区位优势和资源优势明显。莫干山镇是中国国际乡村度假旅游目的地、省级休闲农业与乡村旅游示范镇、全国环境优美乡镇、全国美丽宜居小镇、省特色农家乐示范镇、浙江省首批旅游风情小镇。境内的莫干山为天目山之余脉，既是国家 AAAA 级旅游景区、国家级风景名胜区，也是国家森林公园，气候凉爽宜人，素有"清凉世界"之称，清代开始已成为我国四大避暑胜地之一。众多的历史名人，既为莫干山赢得了巨大的名人效应，为莫干山留下了难以计数的诗文、石刻、事迹以及二百多幢式样各异、形状美观的名人别墅，也为莫干山镇的文旅特色发展奠定了良好的基础。

二是文旅特色产业优势。莫干山镇是第一批中国特色小镇。民宿、旅游、文创产业优势明显。其中，民宿产业导入多元化的主题，形成了全国民宿产业的高地，以"莫干山"为代表的"民宿发展模式"入选国内外乡村振兴中产业发展较好十个经典案例之一。旅游产业方面，2021 年接待游客超 272 万人次，旅游收入超 25.8 亿元，财政总收入 1.62 亿元，固定资产投资增长 73.6%，人均可支配收入超 3.6 万元。结合"环莫干山"游打造，对镇区街道进行民国风格改造，举办了音乐节、国际自行车赛事、山地越野竞赛等节庆活动。

（3）创建举措

① 发展文旅新业态吸引人才集聚

莫干山镇的文化旅游产业非常兴盛，且均是以年轻人为主导的产业结构（产业由年轻人策划），近五年新增了 1500 多个年轻业态。以某村为例，其文旅产业由 60% 的返乡人、20% 的新乡人和 20% 的原乡人共同组织起来。围绕文化旅游，产生了民宿业、陶瓷手工艺品、黑胶唱片、机车自行车骑行、两餐与简餐服务、室外团建等活动策划、培训等形成了开枝散叶的相关产业。莫干山也是中国民宿标准（行业标准，国标正在报审中）的制订地，2022 年，"民宿管家"成功申报为民政部公布的新职业。

文旅产业的发展，日益走向高端化和智慧化。民革中央会议、G60 科创走廊成果转化拍卖会、之江实验室（莫干山矿洞非常适合做精密实验室，累计投入接近 10

亿元）、鼎力机械研究院等，带来了大量高端服务设施需求的人才和旅客。莫干山镇重点以"莫干论剑谷"建设为牵引，推动"科技人才植入美丽山谷"，搭建起长三角区域人才互动、对外推广的优势平台。莫干山民宿管家培训中心配备了民宿行业及相关领域专家，组成强优师资力量，为学员提供多方位优质的管家服务培训。莫干山综合治理智慧平台以科技手段赋能打造智慧化、数字化的高质量城镇。

② 提升基础设施建设支撑新经济

一是建设"美丽绿道"，支撑起各类体育赛事 IP 和露营经济。例如，斯巴达挑战赛每年吸引四千至五千人参加，这些旅客的消费能力很强，在莫干山每名游客人均最低消费是 1500 元。"美丽绿道"也撑起了露营经济，由于莫干山镇平原、坡地、山地均有，因而露营点十分多样，露营产业非常火爆。老百姓利用自己的茶园等提供露营场地和简单的卫生、充电服务，并收取 1000 元左右的场地费。

二是污水、垃圾、消防建设全市领先，并且撬动社会资本投入建设。政府在美丽城镇建设方面自 2016 年至今至少投资了 1.7 亿元，其中污水管网敷设耗资最高、管线下埋（上改下）次之、外立面改造和绿道建设再次之；但由此也撬动了大量的社会资本，社会资本投资在建的项目已经有 20 亿元。莫干山镇是德清地下污水管网最长的镇、也是接入市政管网比例最高的镇，污水主管网总计达到 60 公里，政府前期投入大量资金用于建设污水处理设施。垃圾分类、回收、转运等各类设施齐全，每个村都有垃圾中转站，由专人专车负责运输，实现生活垃圾分类智能化、一站处理易腐垃圾。湖州连续三年是浙江垃圾分类考核第一名的市，而德清是湖州第一名，莫干山又是德清第一名。消防也是重点建设的领域，莫干山同时承担森林消防和城镇消防两种职能，需要全方位监控山林情况，共安装了 20 个高空天眼和烟感温感探头，并改进了消防取水方式。

③ 探索农地改革盘活闲置农房

莫干山镇探索了较为成熟的集体经营性建设用地改革和宅基地改革，已经有800 多套农房流转出去。尽管宅基地最多仅能一次性出租 20 年，但一些民间租赁会签补充协议，由政府作为担保。对老百姓而言，自家房屋的租金明显提高，甚至已经超过了武康县城。民宿业未兴起时，50 平方米房屋的租金每年 2 万 ~ 3 万，如今已经至少每年 5 万 ~ 6 万。

例如，莫干山好物旗舰店，由宅基地腾退重建形成，主要卖义乌专列运来的进口产品，当地老百姓都来此处消费，每天销售额能达到一万多元。再如，五四村2005 年率先实现 3000 多亩耕地百分百流转，开创"企业 + 村集体 + 村民"的合作新模式，定位为"整村景区"，由中国美术学院来整体设计园区。结合德清地理信息产业，整村整园区均做了精细的地理信息库建设。全村 71 座闲置农房中已经盘活 65 座，用于文旅民宿等产业。"我德清"APP 让村民每个人都成为网格员，有任何环境设施等问题均可以拍照上传。

④打造"无废村庄"

莫干山镇以创建美丽城镇省级样板镇为契机，结合"无废村庄"建设，切实解决环境突出问题，全面改善镇域环境卫生面貌，助推美丽城镇环境美。一是全面提升生态碳汇能力。大力推进美丽乡村建设，探索建立生态补偿机制，严格执行《德清西部地区保护与开发控制规划》，关停水源保护区内涉水排污企业 12 家、畜禽养殖场 155 家，有效减少工业企业和畜牧业污染排放。开展低丘缓坡"坡地村镇"建设用地试点工作，推进项目生态复绿，目前已申报试点项目 8 个。二是全力改善全域人居环境。实施"无废细胞"工程，统筹推进"五水共治"、垃圾分类等人居环境整治工作。推进农村生活污水管网建设，完成市政主要管道 64 公里，依托农户接管、终端处理、尾水纳管等系统功能，提高污水纳管率和处理率。新建 17 座农业垃圾分类亭和 1 座资源化利用站，日处理易腐垃圾 10 吨以上，实现易腐垃圾不出镇。三是全速推行低碳生活方式。倡导"节能环保，绿色低碳"理念，在民宿酒店推行循环用水、节约用能等环保模式，7 个房间以上民宿全部独立安装生活污水处理系统。严令禁止景区使用一次性用品等不可回收用具，酒店民宿不主动提供一次性用品。

（4）问题困难

一是部门之间缺乏统筹。例如，电力、电信等线网设施建设缺乏统筹，影响旅游镇的风貌。二是莫干山镇旅游兴旺，因此施工空窗期很短。地下石头较多，施工难度高。三是土地制约严重。由于镇域内有国家级风景名胜区、水源保护地，只能通过碎片化供地模式和"坡地村镇"建设政策提供建设用地。目前，"坡地村镇"政策被叫停后，建设空间受到较大影响。现有的建设用地只能用于高回报的项目，目前要求亩均投资超过 1000 万的项目才能引进。四是财政压力比较大。当前的第三产业税收比较少，原因是绝大多数小型企业、民宿酒店有很大的税收减免，对财政贡献较小。

1.1.5　农业特色型：湖州市德清县洛舍镇

（1）基本概况

洛舍镇位于德清县北部，镇域面积 47.32 平方公里，下辖 1 个居民委员会、6 个行政村，常住人口 2.5 万人，其中户籍人口为 1.8 万人。2021 年财政收入 4.85 亿元，2022 年上半年财政收入 2.41 亿元。2021 年农村居民人均收入 4.9 万元。

（2）创建优势

一是农业优势。一方面，洛舍镇农业产业平台建设成效显著。洛舍农业以项目化为主导，产业平台、龙头企业、科技农业示范等多主体稳步发展，农业规模化雏形初现。智能节水灌溉示范园、"先丰农业"、鱼菜共生植物工厂、浙江省淡水水产研究所德清基地、"千亩方""万亩方"等农业项目投入运营。在农业平台建设上，正在推进绿色农田项目，东衡村已创建国家级现代农业产业示范园、国家农村产业融合示范园和生态修复农业产业园。另一方面，洛舍镇农旅融合创新发展潜力巨大。"水保园"、"水情馆"、洛水湿地、鱼菜共生等一批"农旅＋"项目相继完工。"水保园"成功创建国家级水土保持示范区，洛舍漾入选国家级水利风景区名单。东衡村绿色农田项目将建设开心农场体验区、智慧农机示范、智能灌溉示范、绿色防控示范等观光体验区。镇里设有农事服务中心、育秧中心，可以为全县的农业发展提供服务。

二是工业特色。全镇工业以木皮加工为主，多数企业从事附加值不高的传统加工制造业，头部企业偏少。仅兔宝宝一家企业就占到本产业财政收入的 60%。洛舍镇贡献了全国 70%～80% 的木皮产量，木皮废物的循环利用是省重大项目。钢琴产业也是洛舍镇特色产业。2021 年 9 月，"钢琴之乡"称号通过复评。钢琴内部的 8000 多个零部件在洛社镇都有企业生产。木业、钢琴两个行业共有企业约 500 家，其中木业企业 300 多家（13 家规模以上企业），钢琴企业 100 多家（4 家规模以上企业）。企业以小型"作坊"为主，部分规模以上企业还计划要退库。东衡村有两个产村融合示范项目，即利用废弃荒山复垦成功建成东衡钢琴众创园、木皮文化产业园两个小微园区。

（3）创建举措

① 融合农文旅产业发展与生态治理

洛舍漾有 2000 多亩水面，是国家水利风景区，也是现代水利示范园（附图 1-3）。水稻种植面积 6290 亩，粮食年均总产量达 3100 吨。2020 年农业"大好高"项目认定率、开工率、投产率均实现全市第一。智能节水灌溉示范园、"先锋农机"、浙江省淡水水产研究所德清试验基地等农业项目投入运营，两家大型水产养殖公司成功申报省级美丽渔场。随着文化影响进一步扩大，先后开展全球性钢琴公益艺术、上海"蓝丝带"关爱自闭症儿童等公益钢琴艺术主题活动，成功举办钢

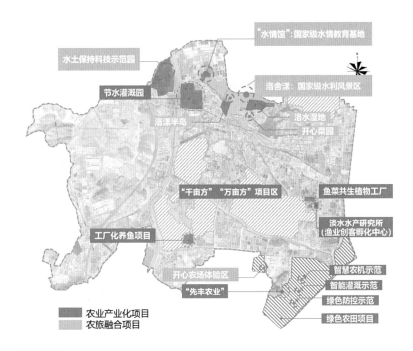

附图 1-3 洛舍镇农业发展项目分布示意图

琴文化节 13 次。镇文化中心进入内部装修阶段，东衡文创街开始植入钢琴馆、书吧等元素，住宿、餐饮等配套服务设施启动建设。推进"人居环境百日攻坚活动"，垃圾分类闭环处理，达到良好环境治理效果。

全镇持续提升农业现代化，以现代科技为动力全域推进农业绿色生态发展，促进农业资源可持续利用和生态环境持续改善。一是打造渔业集群，延长产业链。依托浙江省淡水水产研究所德清基地渔业产业大脑应用场景，招引"百源康生态农业"、"丰池农业"等企业，通过"鱼菜共生""工业化循环水养殖"等模式，提升养殖品质、增加养殖产量，全面提高农业亩产效益（附图 1-4）。例如，鱼菜共生产业园采取无土栽培，将养鱼和种植一体，工厂化循环水养殖，高密度水产养殖，肽营养品生产。一个养殖罐有两千斤鱼，等于一亩水塘产量，是典型的规模经济产业。截至 2022 年底，鱼菜共生项目已实现净收益 171.41 万元，"丰池农业" 10 月投产后可年产优质水产品 500 吨。二是跃升技术能级，提升价值链。以省级绿色农田试点项目为契机，对洛舍镇百粮山 3200 亩农田实施农田灌溉排水与宜机化改造、田块平整与耕地质量提升、粮食生产机械智能化作业、病虫害绿色防控、绿色农田数字化运营等五大建设工程，新建管道灌溉 1850 亩、灌溉泵站 2 座、平整田块 1700 亩，预计 2022 年底完成总工程量的 90% 以上，2023 年 3 月竣工并通过验收。三是创新模式举措，完善收益链。创新采用规模种粮大户共建合作社的模式，将农机资

附图 1-4　鱼菜共生产业园

资料来源：笔者自摄

源整合，共同成立先锋农机专业合作社，为农户提供机耕、播种、插秧、植保、收割、烘干等粮食生产全产业链服务，服务区每亩净收入最高达 1200 多元，累计为农民增收 750 多万元，该模式作为全省唯二、全市唯一入选农业农村部 2022 年全国农业社会化服务的典型，在全国得到推广。

②完善基础设施和组建镇村服务团

实现全域水路贯通，投资 2.2 亿元的绕镇公路顺利通车。累计新增停车位 1300 余个。2020 年成功获评省级园林镇、省级 4A 级景区镇，并实现 A 级景区村庄全覆盖，其中东衡村获评 3A 级景区村庄。共创建美丽河湖 31 条，以沿河路为基底的美丽街巷提升全面完成，洛舍漾省级幸福河湖创建综合成绩列全省第一。镇村联动组建服务团，建立周六环境整治服务日机制，持续深化垃圾分类，人居环境质量进一步提升。推进"三改一拆"立体化防控，拆除省级巡察点位 2 个，累计拆除存量违建 10.6 万平方米。通过规范涉水涉气企业生产、严肃查处违法倾倒渣土、定期开展重点区域水样监测等措施，实现环境质量持续提升。

（4）问题困难

一是财政税收压力较大。以往的洛舍是靠采矿业（建筑石料）为主要收入，2018 年以后资源逐渐枯竭，但税收的基数仍旧未变，导致税收的压力非常大。二是投建管运不到位。水利示范园等项目经营不善，没有主体单位运营统筹，未能把运营理念和规划设计结合到项目建设中，导致良好的自然生态没有充分开发利用。三是基础设施还有待提升。如负责镇区内污水处理的杨树湾污水处理厂已接近满负载，行政村污水设施普遍老旧，即使是像东衡这样的中心村，其管网设施也不够完善。

1.1.6　商贸特色型：嘉兴市桐乡市濮院镇

（1）基本概况

濮院镇地处长三角平原腹地，位于沪嘉杭 G60 科创走廊，区位优势显著。濮院自古以来享有"幽湖""梅泾""永乐之市"等美称，是历史悠久的江南名镇，风雅质朴，文化底蕴深厚。唐和北宋时，濮院镇为嘉兴县永乐乡地，是大运河出嘉兴市区后流经的第一个古镇，曾"日出万匹绸"，被誉为"嘉禾一巨镇"，是明清时期江南五大名镇之一，历经 890 多年悠久历史。全镇总面积 64 平方公里，辖 5 个居民社区、14 个行政村，总人口 20 余万人。其中户籍人口 47830 人（截至 2019 年末），新居民超过 15 万人。

（2）创建优势

一是区位优势。地处"沪苏杭"一小时经济圈及"长三角城市群核心区"，是 G60 科创走廊上的重要节点、杭州都市区中的县级中心城市，有条件充分融入长三角一体化及大湾区发展。

二是商贸优势。濮院镇先后入选首批中国特色小镇、获评中国最美特色小镇50 强第一、桐乡毛衫时尚小镇成功评为省级特色小镇（附图 1-5）。濮院镇有工业企业超过 1200 个，其中规模以上工业企业百余个，有营业面积超过 50 平方米的综合商店或超市近 200 个。全镇从事毛纺织生产的工人约 6 万人，毛衫服饰行业在岗职工总数达到 26 万人。市场成交额达千亿元，连续多年实现两位数的高速增长。

附图 1-5　濮院时尚大会

资料来源：《桐乡市濮院镇美丽城镇建设汇报材料》

三是城建优势。交通方面，城镇形成"四横四纵"的骨架路网。公共服务方面，有中小学、18所幼儿园等教育设施，桐乡市第四人民医院等医疗卫生设施，村社区医疗卫生服务站实现全覆盖。建有艺术中心、伯鸿城市书房、星级菜场、公园、佳源商业生活中心等高等级服务设施。

（3）创建举措

① 明确两大发展战略目标

濮院镇定位为"专业化、数字化、时尚化、国际化"的商贸古镇，致力于高质量打造"中国时尚第一镇"和建设"世界级针织时尚产业集群"两大愿景目标，全力助推经济社会协调发展。

② 拓展镇区建设用地规模

市级列出美丽城镇建设项目清单，建立美丽城镇建设项目库，出台年度城镇建设用地指标，优先保障美丽城镇建设用地的相关政策。镇区现状建成区14.54平方公里（含纳入现状建成区范围的城镇和新市镇社区用地）；近期镇区建设范围19.35平方公里，新增面积5.48平方公里；规划远期镇区建设范围23.84平方公里，预留发展空间4.49平方公里。

③ 完善镇区五大功能分区

拓展东南部市场核心区，完善中西部以针织产业园区为基础的时尚智造区，打造北部以行政中心为核心的文教生活区、东部古镇旅游度假区，新建南部时尚创意总部区（附图1-6）。

④ 推动重点项目开发建设

以古镇有机更新项目、印染生态产业园、时尚创意总部区项目、市场提升拓展项目、运河水乡田园综合体等五大项目为依托，打造濮院镇发展新的增长极。

一是古镇有机更新项目。古镇位于镇区东部，于2017年列入浙江省4A级旅游景区创建名单，总面积3300亩，投资额200亿元。

附图 1-6　濮院镇五大功能分区

形成核心景区、生态度假区和时尚文化创意区三大功能板块，打造中国最具影响力的旅游目的地小镇，拉动濮院旅游人口的快速增长。

二是印染生态产业园项目。镇区现有印染企业 18 家，污水处理厂 1 家，小印花园区 1 个，后整理企业 3 家，总占地面积约 595.17 亩，是毛衫产业链不可或缺的重要环节，但布局分散，生态环保压力突出，需抓紧规划搬迁入园。规划以"集中布局、印染入园"为切入点，致力于把园区建设成为国内印染行业标杆和示范区。本着集约高效利用土地的规划原则，印染产业生态园规划工业用地面积 0.3 平方公里，相较现状节约 0.1 平方公里用地指标。

三是时尚创意总部区项目。时尚创意总部区位于镇区西南部，以"一心三体、一园一基地"的规划结构为发展框架，打造中国时尚展发布中心、中国时尚品牌示范园、中国时尚生活生态体验基地、中国时尚设计创意综合体、中国纺织工业互联网创新综合体、中国时尚科教服务综合体（附图 1-7）。

四是市场提升拓展项目。在现状市场的基础上，根据新经济业态的发展要求积极拓展产业功能，打通中兴路、永越大道、金龙路、双燕路等主干道；建设时尚广场等公共服务设施配套，复合利用地下空间；引入现代物流、综合市场等高端商贸功能，打造时尚地标，建设数字化市场。

五是运河水乡田园综合体项目。项目位于濮院镇运北片区，总面积 25.7 平方公

附图 1-7　濮院时尚中心

资料来源：《桐乡市濮院镇美丽城镇建设汇报材料》

里，共包含 7 个行政村，其中含新联及星旗 2 个省级 A 级景区村，包含三大主要农业板块、四大核心业态以及六大特色业态，旨在打造全国首个时尚引领下的田园综合体。

（4）问题困难

一是城镇环境和风貌仍然有待改善。目前，城镇环境已有很大提升，但局部区域仍存在摊乱摆、车乱停等情况，交通问题尤为突出。老市场区块建筑质量、风貌与市场时尚、繁荣的整体风貌不够协调。二是毛衫产业链各环节缺少联动。毛衫行业设计研发能力不足、自主品牌的能力和影响力不足、资源的集聚效能不足，各环节未能形成互促共进关系，产业有待进一步提升。

1.2 中部地区：湖北省"擦亮小城镇"基本情况

1.2.1 全省小城镇建设总体情况

针对小城镇存在的综合治理统筹不足、公共环境"脏乱差"、基础设施建设和公共服务滞后、管理水平不高、特色缺失等问题，2020 年湖北省人民政府办公厅印发《湖北省"擦亮小城镇"建设美丽城镇三年行动实施方案（2020–2022 年）》的通知，全省全面开展以"七补齐"为主要内容的"擦亮小城镇"建设美丽城镇行动，重点补齐规划、公共环境、基础设施、公共服务、城镇风貌、产业发展、治理水平等方面短板。省级每年支持 50 个左右小城镇创建示范，省级财政共以奖代补资金 1.01 亿元。对小城镇进行分类引导，分为城市节点型、特色型（具体分为文旅、商贸、农业、工业特色 4 个子类）和一般型。

"擦亮小城镇"三年行动实施以来，取得了显著成效。一是普遍实现干净整洁有序目标。以改善小城镇"脏乱差"人居环境为突破口，累计拆违 484 万平方米，拆除破旧雨棚、遮阳棚等近 5 万个，拆除建筑物、搭建物近 3 万处，整治违规占道行为 1 万余起，清理存量垃圾 11 万多吨，清理河道近 2000 公里，全省小城镇基本达到干净整洁有序的标准。二是基础设施功能完善配套。着力解决污水垃圾治理突出问题，全省建成 996 个乡镇生活污水治理项目，建成垃圾中转站 1987 座，新增 2330 个"口袋公园"和 1978 个文体广场，整治立面 16.9 万户，规整弱电管线 6.9 万公里，空中"蜘蛛网"得到有效整治，小城镇颜值明显提升。三是镇区发展潜力明显增强。全省乡镇新增产业投资总额 1762 亿元，盘活资产价值超 150 亿元，全省乡镇新增城镇常住居民人数 53.8 万，新增就业人数 45.5 万，新增注册商户 21.6 万户，老镇区焕发出了新的生机与活力，小城镇成为引领城镇化发展和促进乡村振兴的重要引擎。

根据湖北省三类县域功能区划分，选取了一类县（以国家、省重点开发区域所在地）中的仙桃市、二类县（国家农产品主产区所在县）中的安陆市、三类县（国家重点生态功能区所在地）中的远安县进一步观察不同县级单元"擦亮小城镇"行动实施情况。

1.2.2　一类县：仙桃市小城镇建设情况

（1）主要做法

① 职责分工

按照"市级主导、乡镇主抓、部门主管、群众主体"的职责分工体系推动小城镇建设。市级制定了《仙桃市"擦亮小城镇"建设美丽城镇工作季度考评方案》，对各地工作成效进行考评，考评结果直接同经济收益挂钩。各地乡镇党委政府把"擦亮小城镇"行动当作头号民生工程和政治任务，摒弃大拆大建的做法，力主以"修"和"治"为主，以"建"和"造"为辅，因地制宜，科学推进。市直相关部门全力配合乡镇开展弱电入地、交通秩序、经营秩序、环境卫生等整治工作。采取请群众参与设计、受群众监督质量、让群众评议成果等方式，形成共建共治共享的良好社会氛围。

② 项目谋划

按照"十个一"功能配置的目标要求，进一步调整优化镇域规划设计，统筹建设 15 分钟建成区生活圈、30 分钟辖区生活圈。一是任务项目化。结合各地实际，按照"十个一"标准找准短板、谋划项目，将工作任务转化为建设项目，不断更新"擦亮小城镇"项目库内容。二是项目集中化。指导各类补短板项目整体打包，提高项目审批效率和资金使用效率。三是项目清单化。进一步明确整治内容、实施时间、资金来源及保障措施，分阶段梯次推进。

③ 彰显特色

因地制宜，打造宜居宜业城镇。一是挖掘文化底蕴。以弘扬红色文化、文旅资源为切入点，打造了西流河镇、陈场镇红色旅游栖息地，以及沙湖镇、沔城回族镇本土特色文旅名片。二是推动产城融合。依据产业优势，坚持集镇基础设施与产业园建设一体联动，建设彭场非织造布特色小镇、毛嘴女裤之都、剅河桃花小镇，产城融合格局逐步拉开。三是紧扣宜居主题。坚持规划、交通、设施、管理"四个一体",大力实施城镇有机更新,整体推进镇区立面改造、景观优化、功能提升,三伏潭镇、郑场镇、杨林尾镇完成集镇空中强弱电线全面整治入地、主干道沿线建筑立面修缮,城镇颜值大幅提升。

④ 资金统筹

在统筹好乡村振兴融资资金、土地增减挂钩、国土综合整治、生态修复等项目资金的基础上,积极拓宽"擦亮小城镇"建设项目的融资渠道。一是申报专项建设债券。聘请第三方专业机构指导各镇梳理项目库,合理包装收益性项目,积极申报省政府专项建设债券。二是争取专项融资贷款。对接国家开发银行湖北省分行、中国农业发展银行湖北省分行,遴选优质收益性项目和资产,积极申报专项融资贷款。三是引导社会资本参与。指导各地创新融资方式,吸引社会资本参与老年服务中心和托幼中心等营利性项目建设。

(2)"擦亮小城镇"成效

① 城市节点型—三伏潭镇

三伏潭镇总投资约 5800 万元,先后完成了新发展区域控制性详细规划和道路修建、管网配套、绿化亮化、杆线迁移、电力配套等工程,园区的承载能力和对外客商的吸引力明显增强。开放式的体育公园、人民广场、夏市公园、沟二社区、夏市社区、大市场、幼儿园等配套设施提升了镇区的综合服务功能。

② 工业特色型—毛嘴镇、彭场镇

毛嘴镇总投资约 9600 万元,整治内容重点为建设大道、服装创展中心、三槐路、阳光步行街、毛嘴大道等重点路段。通过整合资源,镇域产业得到激活,地方历史文化底蕴更加显现。将发展特色经济与挖掘人文和资源禀赋相结合,推动产镇融合,有力带动乡村振兴。坚持规划引领,精心擦亮"女裤名镇"。

彭场镇是非织造布特色小镇。非织造布产业是彭场镇的人气所在、灵魂所在,该镇始终围绕产业抓城镇建设。总投资约 2.3 亿元,基本完成彭场大道、文化路、振兴路、共同大道等四条主要街道的升级改造,全长 7200 米;此外,还包括道路硬化刷黑、弱电管线下地、雨污管网分流、绿化亮化、街头小游园等项目。

③ 一般小城镇—郑场镇

郑场镇为一般型小城镇,镇政府为"擦亮小城镇"综合推进"四美共建",围绕建设秀美村镇,打造 20 公里美丽乡村示范带的总目标,切实营造整洁、优美、舒适的集镇环境(附图 1-8)。

毛嘴镇服装产业园

郑场镇水渠治理

彭场镇城市广场

彭场镇产业园

附图 1-8　仙桃市"擦亮小城镇"成效图
资料来源：笔者自摄

（3）存在的问题和困难

一是工作维护难度大。随着一大批基础设施项目建成，各镇后期维护和管理压力剧增，但由于人员、经费、机制等要素的缺失，部分已建成的基础设施缺少必要的维护维修和管理，直接导致了很多设施建成后损坏比较严重，或不能正确使用，或没有及时维护，城镇基础设施不能发挥应有的作用，造成了资源的损耗。

二是政策支持需加强。"擦亮小城镇"工作暂无对应的专项支持政策，相关目标考核等工作暂未落实，资金等要素瓶颈比较明显。改造建设完成后，由于管理机制、保障措施不健全，少数地方治理工作出现反弹。需要进一步划分市、镇两级权责，推动管理事权向乡镇下放，激发体制机制活力，推动建设管理一体、协调发展；进一步充实城镇管理人员力量，加强日常维护管理队伍建设。

三是技术培训需要加强。需要加大对城镇建设管理人才的培养力度，指导各地积极与企业、院校及培训机构沟通，培养造就一支能力过硬、素质优良、结构合理的管理人才队伍，为城镇建设管理提供有力的人才支持和保障。

1.2.3　二类县：安陆市小城镇建设情况

（1）主要做法

①精准定位

全市围绕"两地一城"全域旅游的发展目标，深度挖掘各乡镇的文化特色、资源禀赋，以突出横向比较优势为目标，对各乡镇发展方向精准定位，围绕功能定位抓建设。全市13个乡镇按照"规划先行、分年推进、特色定位"的要求，通过多种融资方式分批次逐年稳步推进，全面实施以"七补齐"为主要内容的"擦亮小城镇"行动。

② 专业化设计

为打造"功能完善、设施齐全、产业突出"的小城镇，围绕各乡镇的功能定位，融合乡镇的建设思路和老百姓的意见，统一对各乡镇进行专业的规划设计。

各乡镇根据自身不同定位，积极谋划项目清单和任务清单，建立滚动项目库，按照各乡镇的特色合理地增减项目库内容，项目建设重点突出各乡镇的特色定位，加快个性化打造。动态调整的项目建设更能突显各乡镇的特色，更贴合各集镇的整体风貌。

③ 尊重民意民愿

注重民意，重抓痛点。各乡镇在功能镇区项目建设前期，以"群众急需、群众想要、群众所恶"为调研方向，通过居民座谈会、致群众一封信、开展民意问卷等形式，加强"功能镇区"建设宣传，广泛收集民意民情，重点解决群众生活中的痛点、难点，提升镇区服务能力，取得了广大群众的一致好评和广泛支持。

④ 精细化施工

为加快镇区项目建设进度，缩短施工工期，有效解决设计与施工的衔接问题，减少采购与施工的中间环节，顺利解决施工方案中的实用性、技术性、安全性之间的矛盾。项目建设统一采取EPC项目总承包模式进行招标投标，统一聘请湖北省城市规划设计总院有限责任公司为EPC总承包商。通过采取EPC模式，合同总价和工期相对固定，投资和工程建设期相对明确，利于费用和进度控制，能够最大限度地发挥工程项目管理各方的优势，不仅减轻了乡镇干部的管理压力，而且在简化施工流程、控制建设时间、提高管理效率等方面取得良好成果。

⑤ 多元化融资

全市充分考量乡村振兴建设需要庞大的资金支持，以融创资金为抓手，为突破发展瓶颈，盘活乡镇"钱袋子"，激发镇区建设活力。各乡镇大胆探索，坚持走市场化道路，成立镇属国资平台，并将其作为全镇乡村振兴投融资平台，与市国有平台、村级经济合作社实现无缝衔接，达到"资源变资产、资产变资金、资金变发展"的效果。镇属国资平台企业主要职能为围绕镇委镇政府中心工作，以土地出让收益等财政收入为担保，以储备土地抵押等为主要形式进行多渠道、多形式的筹集和融通资金，对重大项目、符合产业政策并且具有良好经济效益和发展前景的项目，进行开发、投资和经营管理。

（2）"擦亮小城镇"成效

① 商贸重镇—洑水镇

洑水镇是安陆市最大的乡镇，户籍人口 3.8 万人，是全国重点镇、国家卫生镇、省级文明乡镇。洑水镇提出了"涢水古港、商贸重镇、钓具基地、宜居洑水"创建目标，梳理出影响群众生产生活的难点、堵点、痛点问题，集中列入项目规划解决。初步实现"产、镇、人、文"四位一体向纵深推进的良好局面。洑水镇推动基础设施建设提档升级，打通雨污管网 7 公里，弱电入地 5 公里，规整店招 160 处，新增公共车位 600 个，更新路灯 300 盏，小镇生活质量显著提升。同时，该镇充分挖掘本地资源禀赋、文化底蕴，修旧如旧打造洑水港码头，建设原生栈道和仿古风雨桥，体现古港文化，重拾历史记忆。

② 旅游名镇—烟店镇

烟店镇东临涢水，西依碧山，诗仙李白谪居于此，写下了"桃花流水窅然去，别有天地非人间"等不朽诗篇。烟店镇按照"李白故里、唐风古镇"的特色定位，把镇区作为城乡衔接、景区对接的"枢纽"，不断强化服务居民与服务游客的多重功能。以提升服务功能为着力点，注重完善公共服务设施。实施硬化、美化、绿化、净化、亮化工程，集镇水电路等基础设施全提升、污水和燃气管网全覆盖、架空线路全入地。新建体育公园、图书馆各 1 处，小游园 3 处，停车场 4 处，安装仿古路灯 140 盏，居民生活条件明显改善。围绕"吃、住、行、游、购、娱"旅游六要素，补齐功能短板。按照李白生活的唐朝建筑风格，统一镇区、景区、园区建设风貌，完成集镇沿街 900 余间房屋改造，并统一设计制作导引牌、店招、门牌，唐风古镇的风韵已经形成。完善旅游服务设施，建设农家乐 28 家、民宿 30 家、旅游驿站 4 个、旅游公厕 8 座、文化广场 24 处。开通安陆城区至镇区、景区的旅游公交专线，新建文旅服务中心、"非遗"展示中心各 1 处。

③ 产业强镇—李店镇

李店镇围绕"近郊工业镇、盛世新乐园"功能定位，突出"区位、工业、景区、文化"四大优势，用"个性化、特色化"发展模式，高水平推进"功能镇区"建设，形成了乡村发展城镇化、镇村建设景观化的发展新格局。李店镇计划投资 5040 万元，分两年实施镇区功能建设。已全面完成集镇店招和雨棚、遮阳棚整治拆除、镇区道路提档升级等工程，路面刷黑 40000 平方米，更换大理石路缘石 9800

米，共栽植樱花树 1400 多棵，绿化灌木 21000 平方米。将镇区空地修建成公园并配建停车设施，不仅解决了停车难问题，也给居民提供了休闲健身、散步休憩的好去处。投入资金 15 万元启动了黑臭水体治理工作，对镇区入口两处塘堰集中治理，清理周边杂树及垃圾，并完成清淤工作。计划对 3000 平方米的综合农贸市场进行改造升级，实现分区划片，打造高标准综合农贸市场（附图 1-9）。

洑水镇涢水古港项目

李店镇公园

烟店镇文化广场

烟店镇旅游环线

附图 1-9 安陆市"擦亮小城镇"成效图

资料来源：笔者自摄

（3）存在的问题与困难

一是融资工作进展不快。各乡镇都已成立镇级融资平台，但各乡镇可抵押的优质资源有限，导致融资平台运营不畅，融资额度有限，银行放款不及时，尚不能为乡镇"擦亮小城镇"建设提供有力的资金保障。部分乡镇符合融资条件的土地面积较小，增加了融资的难度。

二是产业植入相对滞后。产业植入相对于镇区风貌建设进度滞后，还没有形成成熟的、有规模的商业片区，不能为镇区的整体经济发展提供足够的支撑。

三是项目建设标准不高。乡镇在实际建设过程中，由于镇区现有规划布局、地形地势等原因，导致改造困难，难以形成特色突出、和谐有序的整体风貌。此外，由于银行放款不及时，乡镇资金压力较大，施工队伍力量跟不上要求，建设中难以提标提质，导致实际建设标准和预期存在差距。

1.2.4 三类县：远安县小城镇建设情况

（1）主要做法

①坚持三级联动

立足全域，全面坚持县城、小城镇、乡村系统谋划，结合前期研究人口转移规律和乡村振兴规划成果，围绕推进以县城为核心的城镇化建设这一核心目标，强化县城综合服务能力，把乡镇建成服务农民的区域中心，构建城乡融合发展新格局，将全域划分为县城转移核心区、城乡融合区、过渡安置区、逆城镇化康养预留区四大分区。根据到2035年人口转移带来的需求变化预测，围绕"大战略、大产业、补短板"等方面谋划项目。近期项目，围绕补齐民生短板，聚焦乡镇水、电、路、通信等基础设施，以及环保、物流等公共服务设施，谋划补短板、惠民生项目共计48个。中期项目，根据"推进传统产业转型升级、支持新兴产业发展壮大、加快现代服务业高质量发展"三大策略，结合乡镇实际和未来产业发展重点进行谋划，如，嫘祖镇围绕打造生态磷都，花林寺镇围绕打造环百里荒乡村振兴示范区，旧县镇、洋坪镇绕沮河生态产业带建设，茅坪场镇围绕页岩气开发，河口乡围绕"康养+旅游"新业态，共谋划基础设施和公共服务设施配套项目32个。远期项目，重点围绕"新型工业强县、乡村振兴筑基、全域旅游富民"三大战略的实施，谋划了抢先机、强优势的特色项目共计18个；围绕推进村庄差异化发展，谋划了包括基本医疗、养老等设施配套项目共计28个。

②聚焦人居环境改善

以乡镇集镇为龙头，围绕建设秩序、交通秩序、经营秩序、环境秩序"四大重点"，大力开展综合整治行动，全面改善城镇人居环境。以拆违控违为突破，治理建设秩序。严格做到"无审批、不建设"，坚持"严查存量、严禁增量"的原则，拆除违法建（构）筑物；坚持属地管理原则，统筹各部门建设行为，清理"空中蜘蛛网"、沿街雨棚、遮阳棚，规范沿街标识标牌、空调外机、防盗窗、广告牌等设置。以动静结合为重点，治理交通秩序。设置道路照明、交通标识标线、信号灯、指示牌等提高通行效率；利用空闲地建设公共停车场，合理划定停车范围，规范静态交通；开展车辆乱停乱靠、安全隐患车辆上路、非法出租运营、随意占道上下客、占道卸货等违法违规行为整治。以规范有序为标准，治理经营秩序。整治道路及其沿线店铺违规占道堆放、占道经营、占道设摊等行为；对所有露天餐饮、烧烤摊点、小商品流动摊点统一划定区域进行经营；新建集贸市场，引导销售农副产品的流动摊点进入农贸市场经营。以干净整洁为核心，治理环境秩序。完善镇区污水管网配套，推进接户管建设工作，加强污水处理厂和收集管网运行维护管理；全面落实"河库长"制，开展河道、库塘、沟渠等公共水域综合治理；开展爱国卫生运动大扫除，新增垃圾分类投放设施，并建立长效保洁机制。以传承乡愁为特色，系统塑造风貌。保护集镇现有生态本底，延续小城镇空间格局、传统风貌和空间尺度，全面统筹山、水、林、田、河湖、道路、建筑等要素，补齐广场、特色节点、路灯照明等基础设施；大力开展山边、水边、路边补植增植行动，实施颜值行动；通过"点、线、面"三维度塑造，实现人居环境和城镇风貌的整体提升。

③ 争取多元投入

各成员单位积极策划申报项目，对上争取资金。县级财政统筹整合乡村振兴资金予以配套，补充乡镇基础设施建设资金缺口。发挥政府资金引导作用，吸引社会投资参与美丽城镇建设。重点解决"路""水""险""丑""乱"的问题，全面提升小城镇生产、生活和生态环境质量，全县小城镇普遍达到干净、整洁、有序的要求，实现"山水格局美、城镇品质美、乡村田园美、地域人文美"的目标。

（2）"擦亮小城镇"成效

① *产业特色型—嫘祖镇*

镇政府为"擦亮小城镇"行动，三年已自筹投入资金4262.82万元。"十个一"建设的完成度好，整个街道外立面卫生干净整洁，有良好的街道秩序，有手拉式的垃圾亭；集镇已完成雨污分流及水电的管线入地；打造有嫘祖镇化石古街，延续保持传统风貌，尊重原有风貌，有一定历史文化价值；嫘祖镇还围绕提升集镇功能，做优做精做细集镇布局，谋划了嫘祖文体活动中心新建项目、新建集贸市场建设项目、康庄路改造项目、新建停车场项目、中心小学环线道路硬化及停车场项目、安置小区等项目。同时，社会治理体系治理能力建设显著提升。创新推进移风易俗项目化治理工作，规范化建设"三室一窗口"，建设家庭文明诚信档案，发挥道德理事会作用，评选季度"红黑榜"。借力"智慧嫘祖"功能建设，兜住兜牢基本民生底线。

② *产业特色型—洋坪镇*

洋坪镇结合集镇综合改造、品质提升系统工程，投资1680余万元，将位于洋坪镇一桥边一片占地面积约 8600 平方米的闲置土地，改建为镇新时代文明实践文体广场，并配套建设全民健身设施、运动场、休闲广场及公园，不仅美化环境、提升功能，而且增强了集镇承载力和吸引力。启动了贯穿整个集镇的道路环境改造，主路车道加宽 3 米，地埋各类线缆 4.3 万米，并对临街建筑进行立面改造，翻修人行道地砖，同步新建 1 个停车场，增设 100 余个停车位，极大缓解了交通压力。与此同时，坚持常态化抓好动态管理工作，全面整治占道经营、车辆乱停乱放等问题（附图 1-10）。

嫘祖镇小游园

嫘祖镇人居环境整治

洋坪镇临街立面改造

洋坪镇足球场

附图 1-10　远安县"擦亮小城镇"成效图

资料来源：笔者自摄

（3）存在的问题与困难

一是项目推进缺乏资金。虽然，当前"擦亮小城镇"工作取得了很好的成绩，人民群众也普遍认可，但离人民群众对美好生活的需求还有一定差距，仍需要持续加大投入力度，改善小城镇环境，达到"持续擦亮"的目的。建设小城镇是一项持续性的工作，部分集镇基础设施和公共服务设施项目已纳入项目库，但由于资金等问题，目前尚不能完工。

二是基础设施缺乏维护。小城镇建设和管理同等重要，有些地方按照"十个一"的要求都已经全部完成设施建设，但对于建成的基础设施缺乏维护，没有既要建设好又要维护好的思维。

三是基层一线缺乏人员。当前，村镇工作主要依靠镇、村两级干部抓具体落实，但乡镇普遍缺乏专人负责村镇管理工作，部分工作人员身兼数职，没有时间去思考，工作往往是粗线条地完成，达不到很好的效果。

1.3 西部地区：四川省小城镇调研报告

1.3.1 全省基本情况

西南地区省份仍处于城镇化快速发展阶段，小城镇量大面广，存在区域发展不均衡、产业支撑能力不足、服务设施建设相对落后、体制机制不健全等问题，大而不强、多而不优的特征十分显著。一方面，四川省委、省政府一直高度重视小城镇发展，持续出台多项政策文件。在新的发展阶段，更是将推动中心镇改革发展作为优化全省县域空间布局、夯实乡村振兴产业基础、增强新型城镇化承载能力、提升基层治理服务效能的重要抓手。系统提出小城镇"六大提升工程"和"五项改革措施"，实施小城镇建设管理补短计划，推动小城镇建设发展。实施中心镇改革建设以后，中心镇在住房条件改善、基础设施建设、公共服务配套、场镇人居环境与城镇风貌提升等方面成效显著，一大批中心镇迅速崛起，起到承载产业集聚、分担县城功能、支撑县域发展的重要作用。另一方面，为了应对发展需求，解决乡镇发展滞后的问题，四川省对城镇体系进行大幅改革调整，全省乡镇数量不断优化。尤其是通过县域内乡镇片区划分，以片区统筹镇村建设发展，有利于引导公共资源和市场要素充分流动、合理集聚、优化配置，在县域内培育更多具有较强支撑力和带动力的新引擎，为乡村振兴和新型城镇化提供更大承载空间，也为县域经济高质量发展夯实底部支撑。

2019 年初，四川省启动了全省乡镇行政区划和村级建制调整改革（以下简称"两项改革"）。至 2021 年，四川全省乡镇（街道）从 4610 个减至 3101 个，减少 1509 个、减幅达 32.7%；建制村从 45447 个减至 26369 个，减少 19078 个、减幅达 41.98%。全省镇村数量调减、布局调优、成本降低、效能提高，资源要素进一步优化，镇村有机整合、产业集中连片、适度规模发展成效初现。项目组选取了具有代表性的成都市周边县——崇州市，以及专业功能县——西昌市进行调研，对其县域镇村建设成效进行总结，以期为西南地区的县域城镇村建设发展提供有效参考。

1.3.2　崇州市小城镇建设情况

（1）基本概况

区位优势明显。崇州市位于四川省岷江中上游川西平原西部，是省辖县级市，由成都市代管。下辖 6 个街道、9 个镇、94 个行政村、78 个社区。截至 2022 年末，崇州市常住人口 74.18 万人。崇州市位于成都都市圈核心圈层，是城郊三城中与成都最近的县级市，有多条快速路、城市干道与成都市互通，受到成都的辐射带动作用较为明显。

文化底蕴丰富。崇州市可考文明史达 4300 余年，是古蜀文明的源头之一，是长江上游农耕文化的发祥地，是诗人唐求的故乡，杜甫、高适、裴迪、赵抃、陆游等都曾写下不少歌咏崇州山水的诗篇。崇州文旅资源丰富，境内有天府国际慢城、竹艺村、街子古镇、元通古镇等 4 个国家 AAAA 级景区。

地形地貌多元。市域总面积 1089 平方公里，地处四川省岷江中上游川西平原西部，山地、丘陵、平原兼有，高中山区占 38.4%、低山和丘陵为 8.7%、平坝为52.9%。山地的镇、村较少，镇村主要集中在低山丘陵和平坝地区。

经济发展潜力大。2022 年地区生产总值 461.8 亿元，在成都排名较后。三次产业结构中仍然以工业为主。但作为四川省首批命名的历史文化名城，国家新型工业化产业示范基地（大数据特色）、国家智慧城市试点城市、国家全域旅游示范区创建单位、国家农业综合标准化示范市、国家家具质量提升示范区，未来农业与第三产业发展具有较大的潜力。

城镇化发展整体处于加速阶段。2022 年，县域常住人口规模 74.18 万人，城镇化率达到 54.33%。从全国人口普查数据来看，"六人普"至"七人普"人口增加约10%（附表 1-2）。从城镇化发展来看，正处于城镇化加速推进的阶段，城镇化潜力较大，城乡人口格局仍处于不稳定的发展时期。

崇州市历次全国人口普查数据　　　　　　　　　　　附表 1-2

指标	"七人普"	"六人普"	"五人普"
常住人口（人）	735723	661120	650698
城镇人口（人）	391259	206448	147466
城镇化率（%）	53.18	31.22	22.66

资料来源：历次全国人口普查数据

县域内部分化明显。受省级经济开发区辐射带动的影响，9 个建制镇中，除了经济开发区涉及的 3 个镇及周边乡村人口处于增加态势，其余镇和大多数乡村人口处于持续流出状态。多数乡镇乡村空心化、老龄化现象非常普遍，村民以外出务工为主。

（2）镇村体系规划和调整

行政区划调整引导作用明显。2020 年，崇州市进行了镇村行政区划调整，将原有的 25 个乡镇调整为 15 个乡镇，有效提升了公共服务设施、基础设施的集约程度。

镇村格局不断完善。根据《崇州市国土空间总体规划（2021-2035 年）》，崇州市将形成"1+11+28+N"的国土空间城镇格局，确定了 28 个中心村。按照地形、人口、产业、交通划分为三个片区，以片区的方式对建设空间、设施建设和产业发展进行统筹引导。

以国土综合整治促进空间优化初见成效。对于镇村布局调整的实施方面，崇州市进行了 2 个镇的国土空间综合整治，在镇域范围内进行了镇区和村庄的撤并集中，进展明显。其中，比较有代表性的是白头镇镇区的集中建设和合并后的新村五星村的集中建设，不仅带动了空间的集约，更有效地促进了经济发展和各类设施建设的集约，取得较为明显的效果。

镇村空间仍有待进一步推进优化。一方面，大部分的自然村仍相对分散，面临设施服务能力不足、全覆盖所需投入量大等问题，镇村体系需要进一步整合；另一方面，保护与发展的关系需要进一步协调。崇州市村庄文化特色鲜明，村庄蕴含的历史文化较为丰富，特色明显。按照林盘保护、传统村落保护等要求，村庄整理应当在尊重肌理和适度集约之间找到平衡。

（3）建设现状与存在问题

①公共服务设施建设覆盖率较高，但服务质量仍需提升

城乡生活圈初步建立，但仍需要进一步统筹。目前，全市形成了"城市 – 镇 – 中心村"三级城乡生活圈，其中，中心镇统领 4 个片区、28 个中心村统领 41 个村级片区，城乡生活圈体系相对集约、合理，符合城镇化趋势。但同级生活圈设施配置仍缺乏差异化引导。

教育需求不平衡问题突出。镇村教育需求逐渐减弱，学校虽然已经有所撤并，但必须配置的幼儿园、小学普遍存在生源过少、教育质量偏低等问题。崇州市曾经尝试采用"寄宿制"增加学校服务范围，但由于缺少用地、距离过长不便于就学等实际问题无法落实。

基层医疗资源闲置现象普遍。小城镇硬件水平均较为完善，但由于服务水平不高，"小病到大医院"的现象明显，导致基层医疗资源闲置。崇州市在"医疗共同体"方面已经进行了初步探索，以部分乡镇医院为试点进行了实施，对提升基层医疗水平的作用初现。

文体设施与旅游结合较好，利用率较高。崇州市镇村文化底蕴深厚且旅游发展相对成熟，文化体育设施利用率较高，文化活动体系相对成熟。"文旅管家评分制度"较好地保障了文化设施正常的运转和维护。

养老设施体系完善，但镇村居家养老服务仍有欠缺。全市建立相对完善的"养老服务综合体＋日间照料中心"体系，但镇村养老设施的水平和服务仍有待提升。居家养老服务主要针对特困人群，距离全覆盖仍存在较大差距。

②市政基础设施配置较为完善，但仍有部分薄弱环节需要加强

城乡一体化供水基本完善。原为分散式水塔供水，近年改造为以地表水为水源的城乡一体化供水体系。利用地形差布置供水管网的方式，节约了部分投入，但整体由于地广人多，总体造价较高。

小城镇污水设施实现全覆盖。崇州市的 6 个社区和 9 个镇污水管网在 2008 年已经实现全覆盖，各个镇已经按需求建设了污水处理厂。农村地区污水处理设施采用"集中与小型分散化结合"的形式，与主管网就近的村庄纳入城镇污水处理体系，与主管网较远的村庄采用化粪池等小型分散化处理设施。

垃圾收运体系建设完善。村收集、镇转运、县处理（焚烧发电）体系已经建立，新建镇、村设施相对比较完善，但是受制于用地闲置，现状的镇村垃圾处理设施仍然面临一定的缺失，尤其是镇区垃圾桶、村垃圾收集站用地受限。

消防设施覆盖面广，但服务水平仍需提高。全市已经建立"中心消防站＋微型消防设施"的体系。但是由于乡村面积广大，乡村消防需求较高。目前的中心消防站覆盖半径过大，导致部分消防出勤时间过长，无法满足需求。微型消防站消防技术人员的素质参差不齐，部分人员实践技术无法满足标准，导致微型消防站的作用难以发挥。

（4）运营维护模式与难点

基础设施维护面临资金压力。基础设施的维护费用较高，尤其是污水处理设施和垃圾处理设施。乡镇污水处理厂运营的收支不平衡，财政投入压力大；全市垃圾处理中心收支不平衡严重，每年收回的垃圾处理费用仅 0.2 亿元，相比超过 3 亿元的维护成本差距较大。

公共服务设施运营维护整体情况较好，但存在建设和管理运营投入不均衡问题。尤其是养老设施方面，资金补贴主要针对建设阶段，对于运营阶段的补贴相对较少，导致大量公立养老设施落成后运营情况较差。

（5）主要特征小结

崇州市作为大城市都市圈核心区的县城，受大城市带动明显，但其经济发展水平一般。多次镇村行政区划调整，镇村格局不断完善，有效提升了公共服务设施与基础设施的集约程度。由于大部分的农村居民点仍相对分散，面临设施服务能力不足、全覆盖所需投入量大等问题，镇村体系需要进一步整合。

在设施建设方面，小城镇公共服务设施覆盖率较高，但面临服务质量不高的问题；城乡生活圈初步建立，仍需要进一步统筹。镇村教育需求不平衡问题突出，基层医疗资源闲置现象普遍、镇村医院服务水平不高。养老设施的水平和服务仍有待提升。市政基础设施配置较为完善，污水、垃圾等设施推进成效明显，但仍有部分薄弱环节需要加强。在设施运维方面，面临较大的财政压力。

整体来看，作为西部大城市周边的县城，对接大城市的建设发展依旧不足，县域内部发展不平衡问题突出。城乡基础设施一体化程度低，污水、燃气、供热等市政公用设施尚未实现互联互通。县、镇、村之间交通、物流、信息等方面垂直联系较强，但镇与镇之间缺少横向联结联系的有效管网，制约了商品和要素在城乡之间双向流动。未来应重点积极承接成都的辐射带动，着力提升镇村基础设施和公共服务水平，逐步实现城乡居民生活质量等值。同时，要强化县域城乡融合发展的要素保障，有效提升整体发展水平。

1.3.3 西昌市小城镇建设情况

（1）基本概况

西昌市地处四川省西南部，安宁河谷地区，是攀西地区政治、经济、文化和交通中心，是古代"南方丝绸之路"上的重镇，被誉为"蜀滇锁钥"。是四川省凉山彝族自治州辖县级市、首府。截至 2022 年 10 月，全市下辖 7 个街道、11 个镇、7个乡、129 个村、45 个社区。

地形地貌丰富，经济发展水平不高。市域面积 2881.62 平方公里，呈"七分山地三分坝，坝内八分土地二分水"的地理格局。2022 年全市 GDP 为 567.35 亿元，人均 GDP 约 69688 元，突破 1 万美元。三产结构呈"321"排序，一二三产占比为9.14 ：44.11 ：46.75。

随着城镇化快速推进，常住人口逐年增加。2022 年城镇化率 66.63%，2017–2022 年年均增长约 2.79%，增速较快。"七人普"常住人口 95.5 万人，相比"六人普"增加 24.5 万（与绵阳市相当），人口流入量大。另有大量周末生活、季节性休闲度假的"双栖人口"。

西昌市的典型性主要表现在：①地处西南山区、民族多元，对西南少数民族地区县域发展具有代表意义；②经济发展水平相对落后，但生态环境优越、战略资源富集，可以代表我国西部民族地区大部分经济发展处于平均水平或是平均水平偏下的县域单元。总体而言，城乡设施统筹建设初见成效，城区生活圈建设相对完善，但乡镇设施建设仍然滞后。尤其是农村地区，设施建设亟待补齐。公共服务设施方面，城乡呈现较大差异。基础设施方面，道路、给水设施相对完善，污水治理工艺、设施运营模式等存在较多问题，燃气设施建设严重滞后。环卫设施的社会化运营探索初见成效。

（2）镇村体系规划和调整

市域"点—轴"状镇村空间基本形成。历经多年发展，西昌市基本形成以中心城区为核心，礼州镇、黄联关镇为重点镇，其余各乡镇为支点，沿安宁河谷"点—轴"发展的镇村空间格局，并初步形成"中心城区—重点镇——般乡镇"的三级城镇体系。

河谷乡镇联动趋势明显，山区发展缓慢。从现状发展来看，中心城区人口集聚较快，礼州镇和黄联关镇联动周边乡镇发展的趋势初步显现，佑君镇因重大交通基础设施规划建设，与中心城区一体发展的趋势愈加明显。而山区乡镇发展相对缓慢，人口外流明显、经济发展相对落后。

以片区为单元统筹乡镇规划建设。2022 年以来，四川省推进县域乡镇划片工作，片区划分经历了"调查摸底、基础研究、初选方案、优化完善、方案确定"等阶段，要求因地制宜划定城市片区、城乡融合片区、农村片区及村级片区等四种类型，通过片区统筹，实现支持县域内片区实现高质量发展，加快形成"主干牵引、强支带动、多点支撑"的发展格局。依据《西昌市乡村国土空间规划编制项目》相关内容，全市主要包括 6 个乡镇级片区规划、17 个镇区详细规划、41 个村级片区规划（另外含 29 个村庄规划）。未来以片区单元推进镇村建设，对于镇村体系的调整及村庄布点的意义重大。

（3）建设现状与存在问题

城乡统筹初见成效，偏远地区小城镇设施建设滞后。调研结果显示，安宁河谷地区城乡产业、设施建设取得初步成效，城区及其周边小城镇服务设施建设相对完善，且服务质量较高。但山区小城镇因地处偏远，贫穷落后，基础设施和公共服务仍存在较大短板，特别是对于镇域自主搬迁群体的住房、教学、医疗等方面的保障较为困难。

小城镇公共服务设施建设短板明显。教育设施服务不均衡现象严重，坝区镇由于自主搬迁人数多，导致学校拥挤；山区镇由于人口流失严重，就读学生人数锐减。文体设施方面，部分乡镇街道受土地、资金等影响缺少文化站。医疗养老方面，现有镇区日间照料中心以提供文娱活动为主，养老设施供给无法满足需求，老年食堂、上门护理和照顾的需求更为迫切。小城镇医疗硬件逐步提升，但软件较差；行政村均配备卫生室，但偏远山区卫生室维护比较困难，缺少人力财力支持。

道路、给水设施建设相对完善，但仍需进一步提升。目前，西昌全市农村道路（4.5米）系统建设相对完善，覆盖各自然村。主要存在农村道路建设标准偏高，有一定的浪费；乡镇城乡公交在线路组织、运营等方面仍存在问题，需要优化。平原地区小城镇供水管网覆盖完善，基本满足供水需求；山区地区供水水源以山泉水为主，存在供水标准偏低、水质难以达到要求等问题。

污水治理在工艺、运营模式等方面问题突出。西昌市乡镇污水处理采用不同的处理模式，主要分为三类。一是，对于距离城区、集镇或已建成污水处理设施较近且具备纳管条件的地区，接入现有污水处理设施进行处理；二是，对于对离城区、城镇较远、人口相对聚集或生态环境较为敏感的地区，建设集中式污水处理设施进行治理；三是，对于居住较为分散、地形地貌复杂、人口较少的地区，采用低能耗或无动力技术分散处理，就地就近实现资源化利用。但在实际建设中，生活污水治理工艺仍需改善，主要原因是农村生活污水治理工艺复杂，现有处理模式难以适应当地彝族日常习惯。此外，"重建站、轻管网"的问题较为严重，管网建设不完善导致污水收集量无法达到运营要求，无形中造成了前期建设投入的浪费。

环卫运营模式有待改进。西昌全市垃圾收运模式基本形成，生活垃圾采用"户分类、村收集、乡镇集中、市清运处理"的模式。但在运维管理方面还存在较多问题，比如，乡镇垃圾收运设施设备管护不到位、收运能力参差不齐、管理存在盲区等问题。厕所改造方面，全市全部采取水冲式户厕的模式，并结合区域地质地形、经济水平、民风民俗、产业发展等因素，灵活选择粪污处理方式，目前，河谷地区成效较好，山区厕所改造仍需加强。

燃气设施建设严重滞后。西昌市地形较为复杂，从河谷到高山，燃气管道建设难度大。现状小城镇镇区均未铺设燃气管道。同时，由于缺少管输天然气气源、LPG 使用成本高且存在安全隐患等原因，致使天然气设施建设严重滞后，燃气普及率不高。

（4）运营维护模式与难点

目前，全市服务设施存在运营维护困难，资金需求较大，融资渠道单一等问题。以污水处理设施为例，目前已明确自主搬迁户由迁入地进行管理，但由于全市自主搬迁户人口基数大，涉及 2.8 万余户、13.26 万人，该部分居民生活污水难以全部纳入污水处理体系。究其原因，主要是治理资金需求较大且资金来源较单一，乡村振兴衔接资金、上级生态环境专项资金均难以给予足额支持，仅靠地方财政难以满足需求。在供水、环卫等方面，缺少人力、资金等支持，致使后期维护困难。以礼州镇环卫市场化为例，三年管理费约 1192 万元，硬件投入约 562 万元，对于乡镇的财政压力巨大（附表 1-3）。

西昌市礼州镇村镇环卫市场化费用预算总表   附表 1-3

类别		费用（元）	构成说明
管理费用分摊	实际发生成本基数	295700	人工成本 + 耗材成本
	公司管理成本（成本基数 ×3%）	8871	—
	企业合理利润（成本基数 ×3%）	8871	—
	税费（成本基数 ×6%）	17742	—
月度管理费用小计（元）：		331184	
年度管理费用小计（元）：		3974208	
三年管理费用小计（元）：		11922624	
一次性硬件投入（元）：		5616000	

（5）主要特征小结

西昌市作为西南欠发达民族地区的典型代表，城乡设施统筹初见成效。全域沿安宁河谷"点—轴"发展的镇村空间格局基本形成，"中心城区—重点镇——般乡镇"的三级城镇体系基本完善。河谷地区城乡联动趋势明显，但山区发展相对缓慢。在设施建设方面，城区生活圈建设相对完善，但小城镇设施建设仍然滞后。

公共服务设施方面，城乡呈现较大差异。教育设施方面，不同地区小城镇服务水平不均衡问题突出。医疗养老方面，小城镇医疗硬件逐步提升，但软件方面欠缺明显，镇区现状养老设施供给无法满足需求。基础设施方面，小城镇道路、给水设施相对完善，污水治理工艺、设施运营模式等存在较多问题，燃气设施建设严重滞后。环卫设施的社会化运营探索初见成效，但投资金额较大，难以普及。

整体来看，作为西部欠发达地区县城，西昌市中心城区带动乡镇发展的能力存在不足，设施建设短板突出。未来应重点破解城镇化质量不高、农村发展滞后的双重难题，提高城区和中心镇的经济发展水平与辐射带动能力，同步推进县镇村发展建设。

附录2 | 小城镇规划研究案例

2.1 现代化探索：临海市括苍镇现代化美丽城镇建设方案

2.1.1 规划背景与城镇概况

（1）规划背景

全域旅游示范和共同富裕示范是浙江新时代区县市发展建设的重要趋势。2017年11月，临海市列入浙江省全域旅游示范市创建名单，按照深化"全境景区、全域旅游"的要求，推动景区镇、景区村的全面建设。2021年，编制了《临海奋力打造共同富裕示范样板实施方案（2021–2025年）》，全面实施新时代美丽城镇和美丽乡村建设行动。《2023年临海市政府工作报告》进一步提出，要求各镇立足优势、推动差异化发展，鼓励各镇走特色化、精品化发展之路。

对于小城镇的发展定位，临海市提出，到2022年底小城镇基本达到美丽城镇"功能便民环境美、共享乐民生活美、兴业富民产业美、魅力亲民人文美、善治为民治理美"的"五美"要求，其中5个成功创建成为省级样板镇，括苍镇就是其中之一。2023年开始，在"五美"基础上探索现代化先行先试，以"现代化美丽城镇"创建对标新阶段共同富裕示范区的更高目标和要求，打造中国式现代化小城镇建设的临海样板。

对于小城镇的建设框架，根据相关导则，这一轮"现代化美丽城镇"创建特别重视城镇体检和五个现代化项目生成的逻辑性和实施性。紧密围绕"现代化有何差距、现代化有何目标、现代化如何迈进、现代化如何落地、现代化如何长效"这5个问题，建构"一套体检、一张蓝图、一系列行动、一揽子引导、一些计划"的"5个一"内容体系。

（2）城镇概况

括苍镇位于临海市域西部，镇域面积156平方公里，辖27个行政村，4.3万人口。全镇交通便利，距市区仅15公里，拥有杭绍台高速出口，金台铁路、351国道及复线穿镇而过。境内括苍山是浙江省十大名山之一，主峰米筛浪海拔1382.6米，是浙东南第一高峰，境内还有浙江十大秀谷之一九台沟、国家传统村落黄石坦和浙江省历史文化名村张家渡等知名景点。先后获国家级生态镇、国家级卫生镇、浙江括苍山国家森林公园、省旅游强镇、小城镇环境综合整治省级样板镇、浙江省美丽乡村示范镇等美誉。良好的生态环境、丰富的自然景观及人文景观，使括苍成为一块神奇的旅游胜地。自 2000 年开始，括苍镇先后举办了 21 世纪曙光节、括苍山登山节，以及级别高、难度大的国家专业性顶级赛事，如"柴古唐斯·括苍越野赛"和"括苍山爬坡王国际骑行挑战赛"，前者举办了 8 届，吸引了 32 个不同国家、国内全部省份近 2.3 万名选手参赛，后者举办了 7 届，吸引了 8 个国家的单次 500 多名自行车高手参赛。此外，还有徒步、溯溪、攀岩、骑行、汽车越野等项目，是开展户外休闲活动的理想地方，年吸引游客超 140 万人次。

（3）存在问题

一是基础设施待完善。道路交通方面，存在断头路，不同等级、功能道路之间缺乏合理衔接，道路系统待优化。部分路段道路质量不高，存在路面磨损、积水等现象，道路交通安全设施缺乏。沿街摆摊、堆放杂物、随意停放非机动车现象普遍，街道和交通秩序需提升。公交服务时空分布不均，站点缺乏标牌，公交信息难以查询。市政设施方面，镇区南部的消防设施较少，垃圾分类收集实施情况欠佳，需提升设施服务配置。旅游设施配套较落后，缺乏高品质旅游厕所、标识指引等设施。

二是公共服务品质待提升。文体设施方面，文体服务体系有待进一步提升。公共文化设施免费开放制度、活动前期公众知晓和参与程度不足，公共文化设施使用程度不高。公共体育设施配置尚未体现运动休闲的小镇特色。镇区缺少较高品质的商业综合体和住宿服务，难以满足居民和游客日渐增长的品质需求。农贸市场"脏乱差"现象反弹，农贸市场的经营模式有待改进。"医养结合"工作推进缓慢。

三是人文环境待优化。张家渡历史文化名村中的传统民居群有待充分利用，黄石坦村民宿有待进一步宣传运营。王士琦墓、大岭山石窟造像两处省市级文物保护单位历史文化价值发掘和利用不足。"非遗"文化景观化实施程度有限，部分体育游艺、民俗活动类型的"非遗"难以充分展示，"非遗活、旅游火"的目标任重道远。有部分老字号店铺尚未恢复，老街业态仍需丰富。

四是产业发展缺乏统筹。全镇没有集中储存、销售、转运特色农副产品的市场。特色农产品虽然已经初步形成统一包装、设计、规划，但是实施效果不佳，宣传力度不足，知名度不高，导致特色农产品附加值低。旅游开发不足，缺乏全域资源统筹的顶层设计。旅游结构单一,当地特色资源与新业态融合度不高,以休闲观光为主,消费带动能力弱。旅游投入不足,基础设施、公共服务设施建设水平滞后。括苍云径和九台沟景区两条主要旅游线路未形成环形游线。

五是长效管理机制待完善。智慧平台后期运营维护困难。镇域内镇村有待进一步联动,共同整合土地资源、开展生态治理等。

(4)案例的代表性

括苍镇是临海市域西部山地型小城镇,生态、历史、人文资源丰富,是临海市"七山一水两分田"县域单元的缩影。作为临海市的重点旅游乡镇和运动休闲小镇,依托"山、水、林、云、雪、雾"等自然资源和人文历史优势资源,发展农旅结合、旅游康养产业等创新业态,培育成为国家生态旅游度假区和国家体育旅游示范基地。本案例反映了典型的农文旅体深度融合的小城镇建设前沿探索,也是浙江省现代化美丽城镇建设模式的实践者。

2.1.2 规划的主要内容

括苍镇现代化美丽城镇建设的总体定位为中国户外运动胜地和长三角山地度假休闲目的地(附图 2-1、附图 2-2)。按照"运动胜地·云境括苍"的特色发展思路,紧紧围绕"现代化美丽城镇省级样板镇"的创建目标,结合全域旅游开发工作,以"体育 + 星空 + 休闲"三大产业发展平台,推动文旅体深度融合,将括苍打造成为世界级越野赛事举办地、中国户外运动胜地、长三角山地度假最佳目的地。

附图 2-1 规划主题和内容框架

资料来源:笔者自制

一核	城镇服务核心	括苍山景区（远景）
	集政务、教育、养老、文体、旅游配套等服务于一体的服务核心	以米筛浪峰为中心的括苍山顶综合旅游服务集群

两径	26公里括苍云径	20公里传统村落探秘径	括苍山自驾环（远景）
	连通张家渡和括苍山景区的旅游公路	串联黄石坦、新树坑等传统村落的旅游公路	两径联通形成一条括苍山自驾环线

四片区	生态田园休闲区	现代城乡生活区	旅游运动度假区	山水揽胜休闲区
	丰富的北部耕地田园景观区	括苍镇区及城郊乡村	括苍镇区及城郊乡村	沿方溪水库的观光休闲带

一带	永安溪户外诗意休闲带（远景）
	沿着永安溪建设跨镇域的绿道，打造永安溪户外诗意休闲带，串联城镇、乡村、生态空间、历史文化资源点

附图2-2 规划镇域空间结构

资料来源：笔者自制

（1）以补齐民生短板、提升旅游配套为重点，推进基础设施现代化

一是优化整合现有市政设施管网规划，一体化推进设施建设、管理和运维。包括持续推进镇区一、二级污水管网工程，镇区华润燃气管网工程等项目；加强"污水零直排区"的监督管理；推进电力设施扩容和风貌整治；开展"无废小镇"建设行动；推行垃圾源头减量，探索使用者付费制度，可回收和有机垃圾抵扣收费；加快建设镇区垃圾中转站，加强垃圾分类中转的效率；探索动态排班、定点定时垃圾收集的机制，在节假日期间和卫生环境较差的区域增加保洁力度；开展镇区公共厕所提质增效工程，结合商贸和旅游设施配建高品质旅游厕所，提出公共厕所和旅游厕所长效管护方案。

二是畅通对外交通框架，完善对内交通网络，提升道路安全性和连续性。特别是提升旅游交通和宣传服务，增加镇区停车位和停车指示牌，更新地图信息，近期推进小镇客厅停车空间增补工程；优化城乡公交站点布局和设施配置，推动城乡公交与旅游巴士功能相融合，加强特色旅游宣传方式，近期开展"公交＋"城乡公交旅游宣传建设项目。

（2）以提升服务品质、打造医养示范为重点，推进公共服务现代化

一是建设运动康复中心，支撑运动休闲小镇建设。建立运动康复中心，提供运动康复、户外急救、高山疗养等特色医疗服务，由市县两级医院补充流动医务人员。完善无障碍设施，空间以水平联系为主，减少垂直交通依赖。

二是提升设施品质，打造全龄友好文体设施。合理配置活动空间，将老年文化活动及服务设施与幼儿活动设施联合设置，盘活场地空间、增加人气，实现"一老一小"服务精准化、高效化，做到"日日有活动、周周有安排、月月有主题"，增加白象书院线上讲座、家长远程参与所需的电子设备，补充活动所需的文具耗材，补全体育运动场馆，提升镇区小微触媒空间。

三是转型提升传统农贸市场，建设运动休闲小镇主题城镇商贸综合体。以运动休闲小镇为主题，建设商业综合体，以"跑道+散步道"串联起休闲、商业和景观空间，打造屋顶潮流运动空间，利用中庭打造"百变运动场"；引入星级酒店、运动服饰品牌商店、户外用品品牌商户、"括苍云味"地方特色美食品牌商户、运动理疗等业态，满足居民品质餐饮购物需求，以及户外运动爱好者与游客住宿、购物、极限运动的装备补给需求。

（3）以活化历史资源、强化文体品牌为重点，推进人文环境现代化

一是"老街焕新"提升张家渡老街整体形象。优化提升老街立面景观，在街道、公共建筑中布置"快闪艺术装置"，培育网红项目，进行整体运营和业态植入；借助国际赛事提升人气，结合赛事举办月份，分季度实施主题运营策划，吸引客流。

二是"一院一策"盘活张家渡老街存量资源。围绕庭院、私有房屋制定修缮名单，建立张家渡村房屋更新图则导则。修缮改造西溪草堂，对存在安全隐患、坍塌破损的老房危房进行修缮；以院落为单位"一院一策"制定房屋改造使用、出让租赁的制度模式，建立产权主体自愿参与、多方协商的平台。

三是塑造风貌轴线，提升小镇风貌引导性。开展括苍路—长安路风貌轴线塑造及引导性形象提升工程，塑造运动休闲小镇特色风貌，打造括苍越野胜地"运动度假驿站"，塑造括苍户外运动胜地的品牌形象，加强运动休闲小镇的镇区特色风情。

（4）以加快产业建设、打造全域旅游为重点，推进经济产业现代化

一是继续打响特色农业品牌。立足自身优势，把握西部和山区镇政策窗口期，积极做精高山蜜露桃、高山蓝莓等特色水果品牌，促进农业丰收、农民增收。鼓励优质农业主体参加中国农产品博览会，奋力夺取展会金奖，打响括苍品牌。

二是积极发展村级共富经济。全面实施"片区聚富型、特色创富型、联村促富型"共富模式，重点加快品牌带动式、产业赋能式共富工坊建设。

三是创建现代农业示范园区。依托现状特色农业产业，主动加强与农业科研单位、大专院校的合作交流，引进推广农业新品种、新技术、新设施，积极创建现代农业产业园区，推进农业绿色高质量发展。大力培育农业龙头企业、农民专业合作社、家庭农场、种养大户等新型农业经营主体，不断提升产业标准化、规模化、品牌化水平，延伸农业产业链条，推进一二三产融合发展。

四是打造特色旅游主题和精品旅游线路。重点打造"括苍山门至米筛浪""方溪水库至黄石坦景区""张家渡古街至象鼻岩"等三条旅游线路，形成"古街＋研学""度假＋美食""体育＋休闲"三大主题游线。

五是做强特色体育赛事。紧紧围绕柴古唐斯体育赛事大 IP，打造柴古唐斯括苍训练营、绿野仙踪女子仙境跑、小柴古系列亲子越野跑、小勇士训练营等精品赛事，促成"柴古唐斯"落户括苍。组织开展中国·临海括苍山自行车爬坡赛，"最高难度爬坡"吸引华东地区爬坡爱好者尽数到场、决胜括苍，打造长三角山地度假最佳目的地、中国户外运动胜地。

（5）以加强镇村联动、健全长效机制为重点，推进社会治理现代化

一是加快推进共富示范带建设。以古城文化、自然风光、传统村落为特色，沿线打造露营、漂流、特色民宿、特色田园风光等节点，形成一条文化多元、风貌独特、产业共富的具有示范效应的括苍－尤溪－府城共富示范带。

二是加快智慧化服务平台建设。通过梳理政务服务事项实施清单，细化办理流程，让政策"多跑腿"、群众"少跑腿"，日常事项通过数字政务平台一键办理，确保政务服务平台规范高效运行。

三是探索积分超市，激发群众参与基层治理。把积分兑换超市作为激发广大群众主动参与基层社会治理的有力抓手，制定积分兑换超市实施方案，按照"试点先行、逐步拓展，以点带面、影响一片"的原则，在张家渡村、岭溪村、黄石坦村先行建设示范点。

2.1.3 规划的创新探索

现代化美丽城镇是美丽城镇的 2.0 升级版，是浙江省推进"两个先行"的重要抓手，也是中国式现代化在城乡建设领域的浙江探索。这一轮规划建设方案创新有两点。

首先是建立问题和目标双导向的现代化建设框架。通过五个现代化的城镇体检，从面上形成体系化的 14 个板块提升内容，既解决民生实际需求又突显小城镇发展特色。从点上出亮点，根据居民的问卷调查找到老百姓"急难愁盼"的短板设施，梳理市级重点项目，谋划括苍镇的文旅特色型、运动休闲型的项目。

其次是面向实施制定分级分期的项目库。根据民生优先和特色创建的原则，制定"重点项目 + 入库项目 + 其他储备项目"三个层次的项目库。第一层级重点项目，是面向实施、极为重要、具备资金保障的项目；第二层级入库项目，是全面梳理城镇问题得出的分板块、分领域的项目；第三层级其他储备项目，是可灵活调整的支持发展定位的必要性项目，但因资金等各要素保障不足而列入后期实施计划（附图 2-3）。

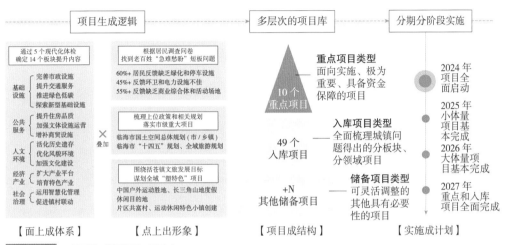

附图2-3　项目生成逻辑和项目库

资料来源：笔者自制

通过这个建设方案框架和项目库，凝聚了小城镇近中期发展建设涉及的多方面内容，整合成较为成熟和稳定的决策底盘，最终有力推动面向现代化的"规划—建设—管理"的一体化。

2.2　片区统筹：合肥市巢湖半岛城镇群总体发展规划

2.2.1　规划背景与城镇概况

（1）规划背景

① 新趋势："湖湾经济"兴起

"知者乐水，仁者乐山"，近年来我国"湖湾经济"兴起，形成了河北雄安新区、东莞松山湖科学城、苏州太湖科学城、杭州青山湖科技城等一批依托湖区规划建设的创新发展单元，反映了我国经济社会发展模式的逐步转型。一是从中心集聚逐步走向区域协同，在交通和信息基础设施支撑下，都市圈内的新节点价值凸显；

二是环境品质较高的新经济起势，创新驱动发展成为主要方向。巢湖半岛紧邻巢湖及合肥中心城区，范围内各个镇（街）区位交通、景观条件优越，战略价值将进一步凸显。

②新格局：合肥深度融入长三角一体化发展

长三角一体化发展战略加快实施，合肥在新发展格局中战略地位提升，肩负着带动全省加快融入长三角一体化发展的重要任务。未来合肥将按照"中心引领、两翼齐飞"的发展思路，以G60科创走廊等为依托，逐步强化东向联系，促进市域发展更加均衡。巢湖半岛位于合肥东西联系长三角核心区的主要发展通道上，将成为合肥融入区域发展格局的关键战略节点。

③新使命：打造巢湖"最好名片"

2020年，习近平总书记在安徽合肥考察调研时强调，巢湖是安徽人民的宝贝，是合肥最美丽动人的地方，一定要把巢湖治理好，把生态湿地保护好，让巢湖成为合肥"最好名片"。纵观环巢湖的乡镇发展，巢湖半岛的景观条件、区位条件、城镇基础最优，未来将成为合肥打造巢湖"最好名片"的示范区域。

（2）城镇概况

巢湖半岛位于安徽省合肥市，地处合肥市中心城区与下辖巢湖市中心城区之间，在两市市区的半小时通勤圈范围内，是合肥都市圈范围内的重要功能节点。巢湖半岛具体包括巢湖市（合肥市下辖县级市）中庙街道、黄麓镇、炯炀镇，以及肥东县（合肥市下辖县）的长临河镇、桥头集镇的全部行政范围，陆域面积460平方公里。

现状巢湖半岛的五个镇（街）中，桥头集镇、黄麓镇和炯炀镇为典型工业镇，长临河镇为农业镇，中庙镇为特色旅游镇。桥头集镇以建材、磷化工、机械产业为主；黄麓镇的工业实力强，富煌工业园区以钢结构、新型建材为主，而且文化教育基础好；炯炀镇以水泥及新型建材、服装、纺织、汽车配件和机械加工等传统工业为主。长临河镇自古即为农业镇，传统农产品有水稻、棉花、花生、玉米、山芋、大豆、芝麻、甘蔗等，同时依托老街具备一定的文化旅游产业基础。中庙镇以农业和旅游为主，宗教旅游资源丰富。

（3）主要问题

作为合肥都市圈范围内的重点小城镇，巢湖半岛小城镇的发展潜力大，成为下阶段合肥市以及巢湖市发展的重点区域。但当前发展潜力尚未转化，巢湖半岛小城镇仍面临一系列问题挑战。

①功能定位不清

虽然发展条件优越，但巢湖半岛的小城镇一直存在功能定位不清的问题。多年来，巢湖半岛定位几经演变，从 2012 年"国际慢城"，到 2017 年"国际健康城"，再到 2018 年"半岛生态科技组团"，各镇街的功能定位模糊。各镇街定位方面，中庙街道房地产倾向严重，文旅服务支持不足；黄麓镇现有的高校对创新带动不足。同时，巢湖半岛与周边的合巢产业新城在定位协调上存在一定问题，巢湖半岛整体上与合巢产业新城缺乏协同，在项目引进过程中甚至存在同质竞争的问题。

② 发展动力不足

虽然资源禀赋较好，但巢湖半岛发展动力不足，对优质项目、产业缺乏吸引力。主要受三方面的制约：一是发展阶段影响，合肥当前刚刚进入从中心集聚向区域辐射的转型阶段，城市的创新资源、产业资源等对巢湖半岛尚缺乏足够的带动；二是设施支撑不足，支撑半岛区域发展的交通设施建设较为缓慢，特别是方兴大道东延、S105 快速化改造等设施建设进展缓慢，巢湖半岛的区域联系不便利；三是发展平台较低，缺乏合肥市级重大发展平台和创新要素支持，目前，主要是依靠各个镇进行招商与产业引进，难以吸引高水平的产业。

③ 空间布局不优

与城市相比，巢湖半岛的小城镇具备明显的生态与景观优势，但小城镇的空间布局却缺乏系统的考虑，在一定程度上有照搬城市模式的问题，与山水特色、地理特征的呼应不足。规划需要按照小城镇的特点，对空间布局进行优化调整。

④ 建设品质不高

半岛文化底蕴深厚，包括巢居文化、战争文化、传统乡建与教育文化、农耕文化和宗教文化等，但对于文化挖掘存在较大的欠缺，对山水资源的重视不够，在发展建设过程中没有充分利用境内丰富的自然资源和延续历史文化资源。镇村的建筑风貌杂乱，缺乏统筹的设计管控。新建建筑的设计忽视了对历史的传承，表现出过度的房地产化，与当地的地域传统文化和整体风貌不协调。临湖建筑高度失控，部分项目建筑体量、风貌、色彩等与城镇总体环境协调不足（附图 2-4）。

（4）案例的代表性

巢湖半岛的小城镇，功能上紧密联系、风貌上相互影响，需要跳出"各自为政"的发展思路，用"统筹"的方式加强对小城镇发展建设的指引。因此，本案例反映了典型的"片区化统筹小城镇发展建设"模式，通过对小城镇进行整体定位、合理分工，对小城镇的空间布局、设施建设、景观风貌等进行总体考虑，引导小城

附图2-4 巢湖半岛中庙街道建设环境图
资料来源：笔者自摄

镇功能协同、合理布局、精品建设。

2.2.2 规划的主要内容

（1）明确主导功能

① 总体定位与产业体系

巢湖半岛的功能定位首先要立足合肥都市圈，协同好与各个功能板块的关系。总体上看，合肥都市圈内的制造业功能重点向三大产业新城（下塘、合巢、合庐）转移集聚。巢湖半岛因临近巢湖，小城镇不适合集中布局制造业，而是应当充分发挥景观优势，联动主要科创平台，发展科创功能。一是承接合肥未来大科学城重大原始创新的分支研发、孵化转化功能，形成区域内重要的创新功能承载区；二是承接合肥高新区高新技术产业转移，发展与巢湖半岛资源条件匹配的科技产业；三是承接G60科创走廊研发与孵化功能，成为合肥东向融入长三角的重要创新节点。

以此为基础，规划坚持"举生态旗、打科技牌、走创新路"，提出"绿色半岛、科创明珠"的目标愿景，以及三大定位：一是合肥滨湖科学城的生态科技组团，巢湖半岛作为合肥滨湖科学城的特色化功能组团，融入滨湖科学城一体化发展；二是环巢湖绿色发展的核心区，加强环巢湖整体的建设管控，引导环巢湖发展的要素资源重点向巢湖半岛聚集；三是G60科创走廊的先行示范区，合肥承接的G60科创走廊科创资源外溢，未来主要向巢湖半岛地区聚集（附图2-5）。

同时，按照"科创+"的模式，规划构建创新生态系统，形成以科创为引领，文化旅游、高等教育、科技研发融合互补的功能体系。一是文化旅游"塑形象"。结合景观、文化等优势，发展文化创意、休闲度假、健康养老等产业，塑造巢湖半

附图 2-5　巢湖半岛与区域功能协同发展

资料来源：笔者自绘

岛的品牌形象，改善整体环境品质，提高知名度和影响力。二是高等教育"聚人气"。适度发展与科创功能联系紧密的理工类、专科类院校，为巢湖半岛集聚人气的同时，加强人才支撑与保障。三是科技研发"提能级"。布局发展实验室、研发总部、孵化转化、智能制造等功能，提升巢湖半岛在区域网络中的能级，引领未来发展方向（附图 2-6）。

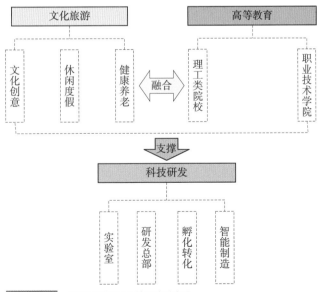

附图 2-6　巢湖半岛产业体系规划图

资料来源：笔者自制

② 小城镇差异化定位引导

在总体定位和产业发展方向的引导下，规划坚持每个镇都要有自己的功能特色，引导各镇结合资源禀赋因地制宜、差异化定位与发展。长临河镇历史文化资源禀赋突出，同时也是距合肥中心城区最近的小城镇，未来重点发展文化旅游、孵化转化等功能；桥头集镇山体资源丰富，适合重点布局运动休闲、健康养老等功能；中庙镇文化厚重，具备旅游服务基础，同时也是距离巢湖最近的小城镇，可重点布局综合旅游服务、科学研究等功能；黄麓镇高教基础好，发展空间相对充足，适合打造科创中心，重点布局科技孵化等功能；烔炀镇距离巢湖较远，有一定的缓冲空间，同时也具备产业基础，可打造科技产业基地，重点发展智能制造等功能。

（2）优化空间布局

规划形成"一廊一带五极多点"的规划空间结构（附图2-7）。"一廊"即融入区域科创走廊，布局重要的科技创新功能；"一带"即山湖生态景观带，连通山湖，整合山体资源、预控水系生态廊道，突出小城镇的生态优势；"五极"包括长临河、桥头集、中庙、黄麓、烔炀等5个依托城镇形成主要的功能组团；"多点"即结合村庄改造，形成多个特色功能节点。

空间布局方面，主要结合小城镇的特点和区域地理格局，坚持三个原则。一是延续小镇形态，坚持依托现有城镇组团式布局，不集中"造城"，避免连片蔓延。二是突出江淮特点，顺应江淮地区岗冲相间、陂塘密布的自然地理格局特征，空间

附图 2-7　巢湖半岛规划空间结构示意图
资料来源：笔者自绘

布局与地形、山水相融，塑造空间特色。三是保持山湖对话，规划布局预留主要山系与巢湖的生态、景观通廊，严格控制在廊道内的新增建设。

（3）塑造风貌特色

① 加强风貌分区管控

按照"山湖相依、田园相伴、创新相融"的总体风貌定位，划分四类风貌管控分区。湖滨风貌区充分利用堤岸及滩涂塑造开放连续的公共岸线。沿山风貌区显丘露坡，随坡就势，最大限度保留山体形态，避免遮挡。田园风貌区展现半岛山湖塘田的乡野特色。城镇风貌区体现江淮神韵，蓝绿网络交织，注重组团式开发。

② 加强建筑风格引导

巢湖半岛的建设风貌表现出朴素无华、融合多元文化的特点，反映了江淮建筑的基本特征，并融合了徽州、江浙、江西等地的特点。规划建筑风格以现代建筑风格为基底，在建筑布局、街巷肌理、屋顶形式等方面充分融入江淮元素（附图 2-8）。

（4）加强重点城镇建设指引

巢湖半岛范围较大，小城镇建设也要突出重点。因此，规划选取黄麓科创中心

附图 2-8 **巢湖半岛传统建筑形式**
资料来源：笔者自摄

附图 2-9 黄麓科创中心设计示意图
资料来源：笔者自绘

进行重点研究，按照"以自然启发创新"的设计理念，统筹水安全、水环境安全、水景观，营造最具魅力的创新环境（附图 2-9）。

一是塑造平缓大气的城镇形态，加强西黄山—巢湖之间生态廊道管控，合理控制开发强度，重点打造半岛大道景观形象带、治中路景观形象带，形成城镇重要景观形象通道。二是打造开放连续的公共空间，以水为媒、以园为底、以场为魂，形成联通感强的系列公共空间，提升活力品质。三是融合地方文化元素与现代风格及材质应用，划分现代型、生态型、滨水型等风貌分区，形成地域特色的城镇风貌。

（5）加强区域协同与要素保障

巢湖半岛小城镇建设，要在更大的区域范围内进行统筹协调，强化要素保障。一是加强科创资源导入，引导未来大科学城、合肥高新区部分创新资源向半岛集聚，引导 G60 科创走廊的资源外溢主要向半岛集聚。二是强化基础设施支撑，加快推进方兴大道、S105 快速化改造等区域交通设施建设，加强巢湖半岛与合肥中心城区及长三角核心区方向的连接。三是强化空间保障，探索存量空间优化、集体建设用地盘活等多种路径，提升节约集约用地水平。

2.2.3 规划的创新探索

（1）功能统筹：处理好"科"与"旅"的关系

对于小城镇的发展而言，科学确定发展定位是开展各项建设活动的前提，也是引导小城镇因地制宜差异化发展的基础。规划充分研究了产业发展规律，结合巢湖半岛资源特点，构建"科旅融合"的产业体系。一方面，突出科技创新的主导地位，将主要的增量空间用于保障实验室、研发总部、孵化转化、智能制造等需求；

另一方面，结合巢湖半岛小城镇的资源禀赋，通过提升发展文化旅游产业，提高规划区整体的形象与环境品质，提高小城镇对创新人群的吸引力，发挥对科技创新的支撑作用。

（2）空间统筹：处理好"聚"与"散"的关系

巢湖半岛小城镇建设的空间模式选择，是规划需要统筹的重点内容。规划结合主导功能、景观资源，按照城乡融合的理念，依托现有城镇和村庄布局各类功能空间，塑造"大珠小珠落玉盘"的整体空间意向。巢湖半岛总体上强调小城镇的"分散、慢生活"，与城市的"集中、快节奏"差异互补。所谓"聚"，是节点式组团发展，依托城镇重点发展科创等功能。所谓"散"，是簇群式分散发展，利用村庄、工矿存量用地，主要布局旅游、康养等。通过聚散结合的空间模式，实现城乡融合与功能协同（附图2-10）。

（3）风貌统筹：处理好"显"与"隐"的关系

半岛的区位特点，决定了其风貌统筹的重要性。规划探索多种措施，融合自然山水与人工建设，巧妙化解空间冲突，提升小城镇的景观风貌。一是"显山露水"，沿山、邻河、近湖区域采取更加克制的建设方式，建筑高度、体量控制更加严格，更加突出山水特色，避免建筑"喧宾夺主"。二是"沿路不靠路"，避免小城镇传统的"骑路"带状发展的模式，综合满足车行、步行空间的需要，塑造更为整体精致的道路景观系统。三是适当"遮挡"，针对现状部分高层建筑，优化道路两侧绿化设计，增加乔木种植，从人的视角避免太过突兀。

（4）建设统筹：处理好"宽"与"严"的关系

小城镇要保持适宜的空间尺度和机理，但同时又要兼顾发展建设的空间需求，因此，需要统筹好"宽"与"严"的关系。一是沿山、滨水区域管控严一些，平原地区宽一些，合理调配空间资源，在凸显山水特色的同时，保障必要的空间需求。二是建筑高度控制相对严一些，对建筑密度相对宽一些，抓住品质管控的重点，在提高景观效果的同时，为各类功能培育留有空间。三是对增量建设管控相对严一些，对存量建设更新相对宽一些，增量空间的功能、风貌等严格

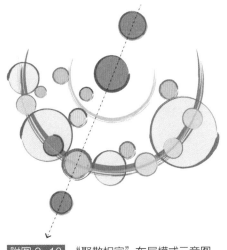

附图2-10 "聚散相宜"布局模式示意图
资料来源：笔者自绘

按照高标准打造，对存量空间优化创造相对灵活的政策环境。

2.3 镇村联动：西昌市黄联关镇乡村振兴规划

2.3.1 规划背景与现状概况

（1）规划背景

党的十九大提出乡村振兴战略以来，乡村振兴成为我国进入社会主义新时代解决"三农"问题的总抓手，是近年来重要的国家战略。乡村振兴战略以全面实现农业强、农村美、农民富为目标，以提高乡村发展水平、乡村建设水平、乡村治理水平为重点，强调乡村产业、人才、生态、文化和组织的全面振兴。打赢脱贫攻坚战、全面建成小康社会之后，中国"三农"工作的重心已经由脱贫攻坚转移到全面推进乡村振兴上来，高质量推进乡村全面振兴已经成为新时期"三农"工作的中心任务和总抓手。作为西南民族地区的典型代表，西昌市以乡村振兴为工作总抓手，坚持农业农村优先发展，把全面巩固拓展脱贫攻坚成果作为底线任务，保障粮食和重要农产品稳定安全供给始终作为头等大事，大力实施"农业强市"战略，纵深推进乡村全面振兴建设，激发乡村振兴更强内生动力，奋力建设宜居宜业和美乡村。黄联关镇作为市域南部的重点乡镇，是发展建设的重点。

同时，2020年成渝地区双城经济圈建设上升为国家战略，作为国家级战略资源创新开发试验区、成渝地区阳光康养度假旅游"后花园"的安宁河谷，将迎来重大发展机遇。作为安宁河谷与螺髻后山重要的乡镇之一，黄联关镇应积极融入安宁河谷的发展中，借助便利的交通区位条件与石榴、葡萄等特色产业优势，带动黄联关镇的发展；发挥客家文化、彝族文化等优势，推动产业融合发展，建设旅游名镇；发挥市域南部重点镇的辐射带动作用，推动乡村振兴发展。

（2）现状概况

黄联关镇位于西昌市南，距城市中心30公里。东靠螺髻山，西临安宁河，南与德昌县接壤，北与经久乡和西溪乡相连，是安宁河谷典型的农业地区。全域西低东高，西部为安宁河谷平原，地形较为平坦，海拔高度在1450～1550米之间，东部为螺髻山脉，海拔高度在1550～4200米之间。黄联关镇域内螺髻山山体主要为东西向走势，坡向以南向（含东南、西南）和北向（含东北、西北）为主。同时，安宁河谷是四川的大风区之一，风能资源十分丰富。

黄联关镇距西昌青山机场驾车约为 40 分钟，拥有黄联关、黄水塘、黄水塘南（成昆复线）等火车站。雅攀高速在境内通过，108 国道纵贯南北，串联各个村庄。同时，黄联关镇是凉山彝族自治州主要的客家人聚居地，客家、彝族文化特色鲜明。拥有汉代东坪冶铜遗址（省级文物保护单位）、土林、石榴种植等特色资源。

黄联关镇下辖行政村 6 个，2020 年全镇常住人口 23737 人，户籍人口 21197 人，自主搬迁 7173 人（自主搬迁人口主要是指户籍不在本地，自发从外地搬迁至本地，且一般居住在高山、半高山等偏远地区的人口）。经济发展以农业为主，石榴等农产品初具规模，但"散乱小、碎片化"生产方式特征明显。产业融合发展不足，第三产业发展相对滞后，资源优势尚未转化为经济优势。镇区的规模较小，设施建设相对落后，难以辐射带动镇域发展，与市域南部片区中心镇的地位不匹配（附图 2-11）。

（3）规划解读

在新的发展形势与发展要求下，"一带一路"倡议、乡村振兴战略、凉山"3+6"西昌经济圈战略部署、《攀西城市群规划（2014-2030 年）》、《关于构建大城建支撑发展格局的实施意见》、西昌都市区的构建等相关政策、文件和规划的出台，成昆复线、西昭高速等重大基础设施的建设，对黄联关的社会经济发展产生影响，为黄联关的加速发展注入新的能量。

附图 2-11　西昌市黄联关镇镇区
资料来源：笔者自摄

在《西昌市城市总体规划（2011–2030年）》中，黄联关定位为二级城镇、属于工贸型城镇；《黄联关镇总体规划（2013–2020年）》中，黄联关定位为国家级生态城镇，西昌市的南部卫星城、中心镇、攀西地区的现代客家风情旅游小镇，市域南部交通枢纽、物流集散和旅游服务中心，经久工业园区配套服务基地之一，第三产业核心增长极；在《西昌市国土空间总体规划（2021–2035年）》中，黄联关镇是西昌市南部发展的重点镇。由此可以看出，黄联关镇作为市域重点镇，发展潜力巨大。

（4）存在问题

近些年，黄联关镇建设已取得不小的成绩，但在灾害应对、发展水平、产业结构、乡村建设等方面仍存在诸多问题。

经济发展水平不高，带动作用不强。黄联关经济增长相对明显，但是经济发展总体水平不高，城镇化动力不足。镇区规模偏小，产业发展相对滞后，建设仍处于起步阶段，难以产生辐射带动作用，与西昌南部地区中心镇的定位不匹配。

产业结构有待优化，发展特色不突出。黄联关是农业大镇，农业产值占了一半以上，产业结构相对滞后，与周边的安哈镇、阿七镇以及德昌县麻栗镇等乡镇之间存在产业差异化发展不足、同质化竞争严重等问题。作为生态、文化等资源丰富的乡镇，黄联关镇还未发挥产业融合发展的优势。

集镇建设相对滞后，人口外流严重。集镇建设主要沿108国道布局，分布零散，商业业态低端，缺少高品质的文化、体育、医疗、农贸市场等设施，无法满足基本需求，导致人口吸引力不足。集镇排水管网系统不完善，部分区域居民生活污水仍以明沟直排为主，对环境产生污染。从人口流动来看，全镇外流人口约7000人，人口外流现象明显。通过访谈了解到，外流人口去向以西昌市及周边邻近县城为主。

服务设施建设薄弱，环境保护压力大。黄联关镇在农田水利设施、农村安全饮水、市政基础设施及公共服务设施等方面建设薄弱，尤其是农村干渠、防洪沟渠还有待疏导，防洪河堤有待修缮。同时，作为螺髻后山及安宁河谷产业带的重要乡镇之一，生态环境压力不断加大，土地、水等资源约束加剧，在严守生态保护红线、环境质量底线、资源利用上线的大背景下，黄联关发展面临巨大挑战。

地质灾害频发，森林防火任务重。黄联关镇全域共有8处泥石流、1处不稳定斜坡、1处崩塌、6处滑坡共计16处地质灾害隐患点，其中4处险情等级为中型。灾害总规模约36万立方米，威胁财产六千余万元，涉及村民11237人、272户。地质灾害隐患点主要集中在螺髻山侧的书夫村和哈土村。此外，螺髻山原始森林防火压力巨大，散落分布的高山地区居民点引导搬迁任务重。

（5）案例的代表性

黄联关镇是西昌市域南部重点镇，也是安宁河谷地区典型的农业大镇。地形地貌复杂、生态资源丰富、民族特色鲜明、历史人文积淀深厚。在以县域为重要抓手，统筹新型城镇化和乡村全面振兴的背景下，黄联关镇的振兴发展对于推动西昌市县域新型城镇化、支持安宁河谷地区的建设有着重要的意义，其建设发展、镇村统筹模式对于西南地区县域小城镇建设具有典型的示范作用。

2.3.2　规划的主要内容

（1）明确目标与战略定位

近期做强镇区。通过"增减挂"、全域土地综合整治等，引导人口向镇区集聚；调整产业结构、延续优势产业，推动产业融合发展；加大高质量公共服务供给，完善镇区功能；充分利用客家文化、彝族文化等特征，建设特色城镇组团，增强吸引力。

远期打造市域副中心。规划期末，将黄联关打造成为产业融合发展、设施配套完善、人居环境优美的"西昌市南部副中心，以现代农业为基础，旅游、商贸服务为主导的现代客家风情旅游小镇"。

远景打造市域现代化小城市。远景将黄联关镇建设成为西昌市域现代化小城市。形成服务西昌南部地区的区域型政治、经济、文化中心，为构建大西昌城市发展格局提供战略支点。

（2）统筹镇域发展建设

统筹镇域建设，形成"12345"的镇域发展布局。"1"即构建一大门户，将黄联关镇区建设成为西昌南部重要的城市门户；"2"即发展两大核心，黄联关镇区生活服务核心和黄水片区产业服务核心；"3"即推进三大创建，创建农业产业强镇、文化旅游名镇、美丽宜居特色镇；"4"即实施四大举措，坚持规划引领、推进产业融合、完善基础设施、畅通资源要素流动；"5"即建设五大片区，黄联集镇生活服务片区与黄水集镇产业服务片区、北部现代农业种植区、中部优质林果种植区、南部特色果蔬种植区、东部生态旅游开发区（附图 2-12）。

统筹城乡聚落建设。加快推进镇区提质升级，加大镇区公共服务供给，引导人口向镇区集聚，做大做强中心镇。通过"增减挂"、全域土地综合整治，实现人口集聚，为产业发展提供充分的支撑。强化黄联关镇文化吸引力，突出客家文化，整

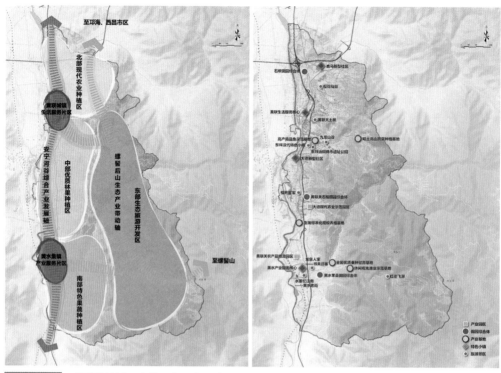

附图 2-12 黄联关镇域五大片区分区与重点项目分布图

资料来源：笔者自绘

治镇区建设，建设具有客家特色城镇风貌的城市重要功能组团。农村聚落按照"产居一体，联合打造"的思路，通过土地整合、设施完善、产业引入等措施，建设产居一体的新农村社区建设。以农文旅全产业链打造为核心，利用闲置农房，发展乡村观光休闲产业。

推行全域土地综合整治。优化国土空间生态结构，统筹农用地整理和居民点格局优化，开展建设用地增减挂钩，逐步引导经济条件差、自然条件恶劣的村庄人口向城镇、中心村集中。逐步完成风景区范围内海拔 1800 以上村庄的搬迁安置；对于海拔 1800 以下的村庄，引导人口向基础设施完善、环境条件较好的村庄进行集中安置；对于风景区外地势相对平缓、受交通线路切割的村庄，严格禁止其外延扩张并进行逐步调整，优化居民点现状散乱布局。充分利用村内空闲地、闲置宅基地，腾退出新的建设用地指标。

（3）夯实产业发展基础

突出以人为本，坚持"以产立镇、以产带镇、以产兴镇"的整体思路，以推动三产全面融合为抓手，优化镇域产业结构，发掘新动能、培育新产业、构建新格局、塑造新体系，构建"生态为底、农业为基、旅游为特"的黄联关产业发展新模式，以线串点、以点带面、连片发展，拉长产业链、延伸价值链和效益链，通过产业间的相互补益和全面开发放大系统性效益能量，实现黄联关镇从资源到产业、产业到经济、经济到发展，最终实现一二三产业深度融合、生产生活生态"三生同步"、产业健康文旅"三位一体"，促进农业高质高效、乡村宜居宜业、农民富裕富足。

推进现代农业发展。一是优化农业产业空间布局。结合黄联关地理环境特点，落实西昌市农业产业发展空间布局的要求，聚集现代农业要素动能，助力安宁河谷争创国家级现代农业示范区。打造特色水果（石榴）、绿色蔬菜、优质蚕桑繁育基地、传统粮油、生态渔业、优质烟叶等六大特色优势农产品示范区。二是夯实现代农业发展基础。继续推进高标准农田建设，着力提升农业综合生产能力。创建产业联动示范、构建区域物流网络、推进电子商务试点、完善绿色循环物流。三是构建现代农业产业体系。加快建设现代农业产业基地，培育新型经营主体，加快品牌培育，强化农业科技支撑。

构建文旅发展新格局。规划形成"一带四区"的文旅产业空间布局。"一带"即安宁河谷特色农业观光带，围绕生态田园观光功能、特色农业休闲功能、主题度假功能等，大力发展"农文旅+庄园"，共同发展大农业经济和"农文旅一体化"庄园经济，打造成为高品质的农业度假带和农业生态观光走廊。"四区"分别是以鹿马现代农业小镇和石坝田园综合体为主的特色田园观光区；以黄联关土林和九龙山谷为核心节点的山水探秘旅游区；以黄联关石榴田园综合体为主的客家文化体验区；以水墨江南、龙泉人家、红崖飞瀑为核心的山地生态度假区（附图 2-13）。

（4）做强镇区，完善功能

针对镇区功能不完善、建筑质量较差、风貌特色不突出等问题，提出"拉框架、置功能、优人居、强特色、塑风貌"的应对举措。

"拉框架"主要是完善镇区道路建设，通过环镇路的建设，将乡镇建设空间由铁路、高速路包夹地区向安宁河一侧扩展，拉大集镇建设框架；"置功能"将集镇行政办公服务功能由铁路东侧迁移至西侧，方便群众办事，集镇生活、集镇商业服务等功能全部在铁路西侧；将铁路东侧的功能置换为旅游度假配套服务的酒店、停车场、民宿、购物等功能，便于土林旅游产业的开发，保留学校和物资仓库；"优人居"主要是严格控制建筑退界，提升人居环境，镇区建设走向拥河发展，建设安宁河防护带和西溪河景观公园游憩带；"强特色"是指破除集镇建设沿 108 国道贴

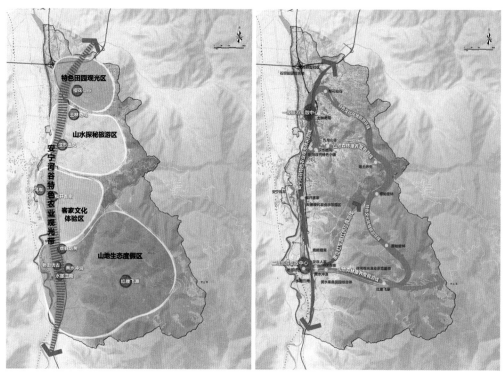

附图 2-13 黄联关镇文旅产业空间布局与旅游精品线路图

资料来源：笔者自绘

皮式发展，重构城镇建设风貌，将杂乱无序的现状建设进行适度整合，形成川滇特色风貌的崭新面貌；"塑风貌"是指建设突出地域特色、川滇文化融合的城镇风貌，严格控制建设强度，建设以多层及以下为主，布局以联排为主，突出川滇文化交融所形成的地域建筑特点，民居延续"一正两厢带跨院""三厢一照壁"的建筑组合，保存条石基础、夯土墙、出挑坡屋顶、"黑、黄、红"装饰木构件等传统民居元素（附图 2-14、附图 2-15）。

（5）强化项目实施保障

聚焦发展目标，坚持交通设施引领和居民安置优先、产业发展优先、公共设施优先的原则，将规划内容一一分解，形成乡村振兴项目库。按照农用地综合整治、环境治理、道路交通、新村建设、基础设施建设、公共服务设施建设、历史文化保护、产业发展、绿化美化、社会治理等十大方面，完整梳理出百余项乡村振兴支撑性项目和提升型项目，对空间位置、建设主体、建设时序等内容进行系统规划，形成重点建设项目一览表。

同时，要加强财政保障。建立健全实施乡村振兴战略财政投入保障制度，全

附图 2-14　黄联关镇区总平面图
资料来源：笔者自绘

附图 2-15　黄联关镇区鸟瞰图
资料来源：笔者自绘

面落实财政支农投入持续增长机制，确保财政投入与乡村振兴目标任务相适应。创新乡村振兴投资模式。充分发挥金融机构、农业投资平台、各类投资引导基金在农业投融资等方面的带动作用，积极鼓励各类市场主体参与乡村振兴发展。支持以市场化方式设立乡村振兴基金，撬动金融资本、社会力量参与，重点支持乡村产业发展。完善农村金融服务机制。推进农村信用体系建设工程，积极开展信用户、信用村、信用乡镇创建活动，完善激励措施，建立健全农民信用联保制度，鼓励有条件的地区引入征信机构，参与农村信用体系建设。

2.3.3 规划的创新探索

（1）因地制宜精准施策，推动农村居民点布局优化

在坚持安全底线、生态底线的原则下，充分考虑地形地貌、生产生活需求等。因地制宜精准施策，推动农村居民点布局优化。

河谷地区：顺应田园耕地、河流水网等自然肌理，按照"宜聚则聚、宜散则散"进行布局，充分利用场地原有的林盘、池塘等景观资源合理组织村庄空间形态，村庄空间布局形态与周边环境和谐相融。

浅山地区：逐步推进迁村并点，实施减量。村庄布局遵循地形地貌，道路网络随坡就势，建筑布局层叠错落，控制规模适中的建筑聚落组团，避免出现大规模地形改造的开发建设模式。

高山地区：整体搬迁为主，结合现状宅基地设置休闲农庄建设用地（包括餐饮、小型零售、公厕、旅游咨询等旅游度假配套服务设施功能），实施减量规划，严格控制建设总量，避免对生态环境产生影响。

引导自主搬迁：将自主搬迁户从高山区、生态敏感地区、地质灾害风险区、交通设施公共服务设施无法覆盖地区搬迁至新型农村社区，结合镇村企业、农业生产、旅游发展等多渠道、多方式提供就业岗位，逐步解决自主搬迁人口生活生产需求。

（2）推动乡村振兴建设项目与全域土地综合整治相结合

全域土地综合整治有助于解决乡村振兴发展空间不足、耕地占补平衡压力大、资金难以平衡、生态环境改善不够、村庄整体建设效果不明显等问题。

规划坚持节约优先、保护优先、自然恢复为主，强化山水林田湖草整体保护与综合整治，优化国土空间生态结构，完善国土空间生态功能，提升国土空间环境质量。强化系统性治理思维，统筹农用地整理和居民点格局优化，考虑不同村庄区位、发展基础、发展方向等差异，因地制宜推动乡村全域土地综合整治。整治规划以黄联关镇全域土地为规划对象，充分结合西昌市"三调"结果，开展潜力分析和评价。在项目安排上，考虑项目的可实施性，依据镇社会经济发展情况选择确定。

依据市级国土空间规划初步方案，黄联关镇自然生态保护与修复类型主要包含河谷农业综合整治与山区生态保护修复两大类。其中，河谷地带以农业综合整治类项目为主，山区以生态保护修复类项目为主。包含乡村综合整治重点工程、退化土地治理重点工程、生物多样性保护重点工程等，可进一步细分为高标准农田建设、农村居民点整理、宜耕后备资源开发、水土流失治理、小流域综合治理、地质灾害防治、河道水污染治理、山溪河流综合治理、生物多样性保护等工程。

（3）以项目库为抓手，推进规划实施落地

发挥项目建设作为乡村振兴战略的重要支撑和载体作用，聚焦于阶段目标，细化项目内容，明确目标、主体、内容和时序等，切实落实规划内容，提升规划的可操作性。

依据建设需求，分期实施。近期项目包含道路交通工程、市政基础设施、公共服务设施、集中建设区、安置区、旅游配套服务设施、工业园区、物流仓储用地、公墓等。交通设施方面要争取泸黄高速黄联关出入口建设、108国道改造、镇区南北向主要通道建设（经久工业园至黄水塘南站）等；公共设施方面要完善医院、养老院、文体场馆建设；产业发展方面建设黄水塘农产品加工及物流仓储产业园、旅游服务设施等。中期项目包含提升人居环境、其他配套开发、村民安置、其他连接性交通工程、大土林景区建设、土地综合整治与生态修复、土地政策落地等。远期项目包含农村聚落人居环境提升、土地整治、旅游品牌与农业品牌创建、全域旅游打造与三产融合发展、乡村振兴等。

后记

2022年，我们团队系统调研了浙江省美丽城镇建设情况，并开展了相关评价工作。在工作过程中，我们看到浙江省小城镇发展的活力和建设的成效，也激发我们对小城镇问题做进一步研究的兴趣。此后，我们又先后承担住房和城乡建设部村镇建设司委托的一系列小城镇相关课题，通过近两年的研究，我们深感小城镇在我国经济社会和城镇化发展过程中仍有不可或缺的作用，但总体来看，目前社会上对小城镇的未来有分歧、有困惑，小城镇在国家层面的战略地位也有待明确。因此，我们在这些课题研究的基础上，结合团队多年规划项目积累，进一步总结思考形成了本书。我们期待，通过本书的出版，能够引起更多人对小城镇发展建设的关注，共同为小城镇的美好未来贡献力量。

本书编写经历了确定写作大纲、分工撰写、反复研讨、集中统稿等过程。第1章由陈鹏、魏来执笔；第2章由郭文文、田璐执笔；第3章由陈宇、李亚执笔；第4章由魏来、田璐执笔；第5章由李亚执笔；第6章由郭文文、张雨晴执笔；第7章由魏来执笔；第8章由郭文文、张雨晴执笔；第9章由蒋鸣执笔；第10章由陈宇、魏来、蒋鸣、李亚执笔；附录1由蒋鸣、李亚、郭文文执笔；附录2由魏来、蒋鸣、李亚执笔。陈鹏、陈宇、魏来还做了统稿、修改工作。全书由陈鹏策划组织、确定内容框架和文稿最终修订。

本书的诞生，离不开许多人的支持与帮助。在此，要向他们表达我们最真挚的感谢。住房和城乡建设部村镇建设司牛璋彬司长、侯文俊处长、苗喜梅处长为我们提供了丰富的课题研究和实地调研机会，这也是形成本书最重要的基础。北京大学曹广忠教授、中国人民大学邻艳丽教授、北京建筑大学单彦名教授、中国城市和小城镇改革发展中心政策研究部张晓明副主任，以及中国城市规划设计院靳东晓、陈明、赵一新、王新峰在课题研究及书稿编写过程中，给我们提供了宝贵的建议。书稿中的调研报告、相关规划项目也得益于许顺才、程颖、国原卿、张昊、王潇、班东波、王磊、孙慧敏、吴姗姗、宋知群等同志的贡献，以及浙江省住房和城乡建设厅、湖北省住房和城乡建设厅、合肥市自然资源和规划局、巢湖市自然资源和规划局、临海市住房和城乡建设局、西昌市住房和城乡建设局等单位的大力支持，在此一并致谢。

最后，谨以此书献给中国城市规划设计研究院建院七十周年！